2021-2022年度河北省社会科学基金项目

新媒体环境下
河北历史文化名城
形象的设计与传播研究

赵小芳　著

北方文艺出版社

哈尔滨

图书在版编目(CIP)数据

新媒体环境下河北历史文化名城形象的设计与传播研
究 / 赵小芳著. —— 哈尔滨：北方文艺出版社,2022.6
ISBN 978-7-5317-5622-4

Ⅰ.①新… Ⅱ.①赵… Ⅲ.①城市规划－建筑设计－
研究－河北 Ⅳ.①TU984.222

中国版本图书馆CIP数据核字(2022)第102251号

新媒体环境下河北历史文化名城形象的设计与传播研究
XINMEITI HUANJINGXIA HEBEI LISHI WENHUA MINGCHENG
XINGXIANG DE SHEJI YU CHUANBO YANJIU

作　者 / 赵小芳
责任编辑 / 周洪峰　　　　　　　　封面设计 / 左图右书
出版发行 / 北方文艺出版社　　　　邮　编 / 150008
发行电话 / (0451)86825533　　　　经　销 / 新华书店
地　址 / 哈尔滨市南岗区宣庆小区1号楼　网　址 / www.bfwy.com
印　刷 / 武汉新鸿业印务有限公司　开　本 / 787mm×1092mm　1/16
字　数 / 225千　　　　　　　　　　印　张 / 17.5
版　次 / 2022年6月第1版　　　　　印　次 / 2022年6月第1次印刷
书　号 / ISBN 978-7-5317-5622-4　定　价 / 57.00元

作者简介
AUTHOR

　　赵小芳(1984—),女,汉族,河北正定人,副教授、硕士生导师、设计系主任,就职于河北经贸大学艺术学院,主要研究方向:视觉传达设计。近年来,主持省部级、市厅级课题10余项,参与多项国家级省部级课题,出版著作3本,发表学术论文6篇,其中5项研究报告获省部级批示,指导大学生参与的"互联网+"、创新创业项目多次获得国家级以及省级奖励。

前　言
PREFACE

　　城市是人类文明的焦点。中国作为有着悠久历史的文明古国，也有着久远的城市史。随着历代政治、经济、文化和社会的发展，在广阔的中华大地上诞生了许许多多各具特色的城市，这些城市集中体现了中华民族辉煌灿烂的文化。自1982年起，国务院将保存文物特别丰富、具有重大历史价值和革命意义的城市公布为"历史文化名城"，迄今已有108座城市戴上了国家历史文化名城的桂冠，它们是历史遗留给我们的珍贵财富，并且在今天的经济建设和社会生活中仍然发挥着巨大的作用。作为鲜活的生命个体，每座名城都有着自己的个性和特色；作为具有相同冠名的群体，它们的发生、发展、演变又是有规律可循的。历史文化名城公布以来的20余年间，保护与破坏、保护与发展的矛盾始终纠结在一起，研究名城的形成因素与兴衰变迁、名城的物质与文化构成，对于探究其特色、制定合理的保护和发展方略都是必要的前提和基础。

　　我国经济建设的快速发展，对历史文化名城的保护来说，既是良好的机遇，又是严重的挑战和冲击。一些历史文化名城在追逐物质财富和发展的机遇中，忽视对历史文化遗产的保护。一些珍贵的历史建筑被推土机夷为平地，一些珍贵的历史文化正在悄然消失，城市的特色和灵魂正在趋同化中脱壳而去。程度深、影响大、情势危急的千城一面、千楼一面问题，已引起人们的高度关注。历史文化名城的保护与发展，越来越受到人们的重视，有识之官员、有识之政府越来越多，许多历史名城的文化遗产和历史街区得到了有效保护，城市现代化建设和历史文化遗产浑然一体，交相辉映，文化遗产和生态环境深度融合,既显示了现代文明的崭新面貌,又彰显了历史文化的奇光异彩。

历史文化名城不是考古的遗址、废弃的旧墟,而是今天还在使用、今后还要发展的活的有机体。对它们的保护与一般文物古迹、风景名胜地保护有很大的区别,它们的发展也不同于新兴城市可以在白纸上画图,自由挥洒。历史文化名城的保护和发展有其特殊性和复杂性。对历史文化名城的确认,有助于在城市建设中把握好名城保护与发展的关系。既要把文物、古建筑保护好,并使周围的环境与之相协调,组成完整的历史文化名城风貌,维护城市有价值的个性特征,又要进行城市建设,使城市在珍视和保护历史遗产的基础上不断向前发展,特色鲜明,风韵独具,充满生机和活力。

目 录
CONTENTS

第一章 历史文化名城概述

我们伟大的祖国是一个具有五千年文明史的古老国度,勤劳的祖先创造了悠久的历史和灿烂的文化,使她与古印度、古埃及、古巴比伦一起获得了世界"四大文明古国"之美誉。这是我们取之不尽、用之不竭的精神财富。作为人类活动一定区域内的政治、经济、文化的中心和物质与精神相结合的重要载体,历史文化名城是中华民族传统文化中一笔宝贵的遗产。

第一节 历史文化名城的定义

一、关于"历史"和"文化"的诠释

历史、文化是我们经常运用和碰到的词汇。好似一对形影不离的孪生兄弟,互为联系,相辅相成。

历史是自然界和人类社会的发展过程,也指某种事物的发展过程和个人的经历。20余年前,当我就读大学历史系的时候,一位教授向我们讲述了从他老师那儿传承下来的一个观点。历史是什么? 只要你抓住英文里的五个 W,就抓住历史了。接着他就列举这五个 W:Who,When,Where,What,How。也就是说:什么人,什么时间,在什么地方,做了什么事,怎么做的。笔者一直铭记这几句话,此后离开学校,走向社会。总觉得还有一个 W 需要充实,那就是 Why——为什么。只有对历史事件、历史现象作出解释、说明它为什么这样,找出一些带有规律性的东西,解释出内中说不清道不明的现象,才算弄清了"历史"的含义。

而文化则是一个复合的整体,包括知识、信仰、艺术、法律、道德、风俗,以及人们作为社会成员所获得的一切其他能力和习惯。李亦园教授根据罗素的名言对文化作了精彩的解释,认为人类从最早开始成人一直到现在,都必须要克服限制他的行为的三个对象:自然界、他人与自我。人类

为了克服自然这个敌人,便创造了物质文化(或称技术文化),包括衣食住行所需之工具以及现代科技;为了与他人相处,便创造了社群文化(或称伦理文化),包括道德伦理、社会规范、典章制度、法律等;为了克服自我,便产生了精神文化(或称表达文化),包括艺术、音乐、文学、戏剧以及宗教信仰等。李亦园教授把抽象的文化表述为有血有肉的内容,为我们打开了一扇睿智的窗户。①

作为一定区域内政治、经济、文化的中心和物质与精神的结晶,城市是历史文化的重要载体,这是不言而喻的。

二、中国历史城市的特点

城市是随着国家的产生而出现的产物,也是其社会发展和民族文明程度的象征。它们的布局,大多以宫室为主体,辅以官署和生产生活有关的建筑以及城垣、壕沟等防御设施。纵观世界各国城市建筑的历史发展进程,莫不如此。

翻开卷帙浩繁的中华五千年文明史,从大量的考古学材料我们得知,夏、商、西周时期的都城建设已处于积极的探索阶段;春秋战国时期则发展为相当整齐的布局,都城已以宫室为主体。一方面在漫长的封建社会中陆续出现了长安、洛阳,开封、南京、北京等当时世界上规模宏大的城市,其他各地地方行政中心的省、府、州、县城也都按着行政等级,形成了一定的布局原则。此外,由于中国封建社会中央集权政治制度的深刻影响,自汉代以来建造了许多防守据点的城市。另一方面,中国古代各地的城市建设创造了许多因地制宜的布局方式。斗转星移,这些城市逐渐成为中国古代政治、经济、文化的中心,或是近、现代革命运动和发生重大历史事件的地方。由许多这样重要的内核所构成,中国作为历史悠久的文明古国之美名,流芳千古,福泽后世。

综合考察中国历史城市,有以下几个鲜明特点:

一是中国历史悠久,文物众多,历史性城镇遍及全国,其数量多达2000余个,传统特色十分浓郁。这些城镇拥有优美的自然环境,名胜古迹以及各具特色的乡土建筑,充分显示了中华民族灿烂文化的深厚内涵。

二是中国的历史文化名城大多是按规划建造的,根据大量的考古资料

---

① 木基元. 云南历史文化名城研究[M]. 昆明:云南大学出版社,2012.

和文献记载足以证明,从春秋战国延续到明清时代,古代的都城和地区统治中心,以及一些重要的边防城市。

三是由于幅员辽阔、民族众多,地理与环境差异等特性,中国的城市类型呈现出多姿多彩的发展态势。

四是中国历史古城都有文化职能,城市既是政治经济中心,也是文化中心,城市具有各种职能。古城中的官衙、宗教寺庙、学宫等是城市中最突出的建筑物,也是今天主要的文化名胜古迹。

五是中国的城市从未出现过衰落,不像欧洲曾出现过几次城市衰落。中国古代社会长期处于统一的大帝国,且中国古代文化长期不衰,经济发展又比较缓慢,因而城市延续着发展。

从一定意义上而言,城市是人类社会经济文化发展的产物,是标志人类所处时代和所处地域的社会缩影,它反映了某个时代和地域在政治、经济、文化上的最高成就,是一批长期积累起来的历史文化遗产。

三、历史文化名城的核定标准

什么是历史文化名城?1982年11月19日由第五届全国人民代表大会常务委员会第二十五次会议通过的《中华人民共和国文物保护法》对此作了明确的定义:"保存文物古迹特别丰富,具有重大历史价值和革命意义的城市。"这是国家为了保护和弘扬祖先遗留下来的历史文化遗产的一项重大战略决策,具有权威的政策效力和重要的意义。意在呼唤广大民众对人类文化遗产的尊重与保护意识,同时更主要的是把它纳入整个国家的发展建设规划中。

历史文化名城的提出,实际上是文物保护与城市建设二者之间的一个结合点。珍贵的文物古建筑,包括历代城市的布局和丰富的文化传统,是我们必须保护和弘扬的精华所在,而随着社会的变迁,我们又必须对自己周围的生存环境做现代化的建设,这是历史发展的必然趋势。

历史文化名城的概念的提出与完善,也经历了一个从无到有、逐渐发展的过程。著名学者罗哲文教授撰文回忆说:"我记得在选择第一批国家文化名城的时候,曾经考虑到历史文化名城所必须具备的四个条件:第一是要有悠久的历史或是有特殊重大的历史事件(包括革命史或其他重大历史事件);第二是要有较多的历史文化遗存,也就是说要有丰富的文物古迹或革命遗址和文物;第三要有较多的文化传统内容,如诗歌、曲艺、戏剧、工艺美术、土特名产、风味食品、民俗风情、历史文化名人等等;第四是这个城镇长期以来一直在使用和发展着,而且今后还要继续发展。这四个条件或者完全具备,或者大部具备,才能构成历史文化名城。"

在公布第一批历史文化名城时,《中华人民共和国文物保护法》尚未出台,国家基本建设委员会、国家文物事业管理局、国家城市建设总局等部门向国务院提交的《关于保护我国历史文化名城的请示》中,指出许多城市是"我国古代政治、经济、文化的中心,或者是近代革命运动和发生重大历史事件的重要城市。在这些历史文化名城的地面和地下,保存了大量的历史文物和革命文物,体现了中华民族的悠久历史、光荣的革命传统与光辉灿烂的文化"。这一提法虽强调了"历史上有重要价值"及"保存了大量文物"两大主题,但仍显得笼统空泛,随着《中华人民共和国文物保护法》的颁布实施以及第二批历史文化名城的调查、论证与审定,其核定标准进一步得到明确,也反映出了我国名城保护思想认识上的逐渐深化和发展:

第一,不但要看城市的历史,还要着重看当前是否保存有较为丰富、完好的文物古迹和具有重大的历史、科学、艺术价值。

第二,历史文化名城和文物保护单位是有区别的。作为历史文化名城的现状格局和风貌应保留着历史特色,并具有一定的代表城市风貌的街区。

第三,文物古迹主要分布在城市市区或郊区,保护和合理使用这些历史文化遗产对该城市的性质、布局和建设方针有重要影响。

建设部、文化部《关于请公布第二批国家历史文化名城名单的报告》中还同时富有战略眼光地指出:"我国是一个有悠久历史和灿烂文化的国家,值得保护的古城很多。但考虑到作为国家公布的历史文化名城在国内外均有重要影响,为数不宜过多,建议根据具体城市的历史、科学、艺术价值分为两级,即国务院公布国家历史文化名城,各省、自治区、直辖市人民政府公布省、自治区、直辖市一级的历史文化名城。"

这些日渐成熟的审定标准为第二批、第三批名城的推荐遴选工作统一了思想,奠定了基础。它不但尊重"历史",并看重"现存",且明确提出了保护"代表城市的传统风貌街区""历史性地段"的重要概念,提出的公布省级历史文化名城一说也得到了各省区的积极响应。

第二节 国内外历史文化名城小史

一、中国历史文化名城小史

(一)中国古建筑纳入文物保护范畴的历程

文物是人类在历史发展过程中的遗物、遗迹。中国作为一个具有悠久历史和灿烂文化的国度,也有上千年的文物保护史。"文物"二字联系在一起使用,始见于《左传》,文指文字,物指物色。一直到明清时期,文物的范围主要指金石、石刻、书画、印章、陶瓷等,基本上涵盖了器物学的范围。20世纪初期,才有了现代意义上的文物概念。

真正把"工匠之作"——建筑物纳入文物保护行列的第一人是当代著名建筑学家梁思成教授。梁先生认为:"中国建筑既是延续了两千余年的一种工程技术,本身已造成一个艺术系统,许多建筑物便是我们文化的表现,艺术的大宗遗产。"[①]1929年,建筑学家朱启钤等人发起成立了中国营造学社,并相继由梁思成、刘敦桢等主持,用科学方法对中国的古建筑进行"法式"(即形式和结构)和文献方面的实地调查测绘和考证。他们是在一批外国学者竞相进入中国拍摄、测绘、举办展览、出版书刊等大量事实的刺激下拍案而起的爱国知识分子。营造学社在极其困难的情况下,经过长期艰苦的实践,对全国重点地区的古建筑进行了科学的调查研究,发表了一批高水平的论著,出版了《中国营造学社汇刊》《清式营造则例》等书刊,深刻地揭示了中国古建筑的历史、艺术、科学价值,最为重要的贡献是提出了对古建筑的保护要保持其历史原貌,对古建筑的维修要"整旧如旧"、恢复原状的观点。

中国文物学界的前辈们至今仍津津乐道地向后人传扬着新中国成立前一件脍炙人口的事:中共中央派人请梁思成先生等编制发到解放军中的《全国重要文物建筑简目》,要求在解放全国各地时,注意保护文物建筑。这本编录于1949年3月的中国现代最早记载全国重要古建筑目录的专书,共收入22个省、市的重要古建筑和石窟、雕塑等文物465处,并加注了文物

---

①张廷栖. 保护与传承 南通文史文存[M]. 苏州:苏州大学出版社,2017.

建筑的详细所在地、文物的性质种类、文物的创建或重修年代以及文物的价值和特殊意义；为了对特殊重要的文物建筑加强保护，简目将文物建筑分为4级，以圆圈为标志，用圈数多少表示其重要程度。1949年3月，解放军全面进军前，该书以手刻油印本首次发至军中，1949年6月、1950年5月多次重印，为各级政府科学保护文物提供了重要的参考资料。

中华人民共和国成立后，出任了清华大学建筑系主任的梁思成先生还积极建言献策，通过对北京城市保护的分析研究，提出了中国城市整体保护的思想：

第一，北京古城的价值不仅是个别建筑类型和个别艺术杰作，最重要的还在于各个建筑物的配合，在于它们与北京的全盘计划、整个布局的关系，在于这些建筑的位置和街道系统的相辅相成，在于全部部署的严肃秩序，在于形成了宏伟而美丽的整体环境。

第二，中国古代的城市有许多是按规划建设的，有些城市虽然看不出明显的规划意图，但自发形成的布局和路网系统也能反映出时代的特征和地方特色，包含着城市的历史信息。它们有着值得保存的建筑个体和城市整体的配合关系，有着值得保护的规划格局或空间部署的秩序，有着值得保护的文物环境。有鉴于此，只保护一个个的文物建筑是不够的。

针对北京市的规划建设与保护，梁先生提出：一是开辟新区保护旧城，避开明清时代形成的老城区，在其西面设立新的行政中心；二是保留和利用北京城墙，作为新旧城区的隔离带，利用城门控制交通，利用城墙及护城河绿化带建成环城立体公园。尽管后来的北京城市建设严重违背了梁先生的初衷，然而作为一个爱国的学者，他对名城保护所倾注的拳拳之心则是名垂青史的。

（二）国家历史文化名城的审定与公布

从法律意义上对中国的历史文化名城进行科学的保护，肇始于20世纪80年代初期。当时一部分政协委员、有识之士、专家学者经过长时间的考虑和调查研究，认为应把古建筑文物、古城格局、传统风貌等作为新的城市规划与建设的组成部分。他们在前人的基础上，积极参照国外的经验，提出了把历史文化名城作为整体保护的意见。这一意见很快被国家主管部门采纳，由原国家基本建设委员会、国家文物事业管理局、国家城市建设管理总局提出了报告和第一批拟公布为国家历史文化名城的名单，国务院审定后,于1982年2月8日对外公布了第一批国家历史文化名城。

第一批国家历史文化名城共有24座,具体名单是:

北京、承德、大同、南京、苏州、扬州、杭州、绍兴、泉州、景德镇、曲阜、洛阳、开封、江陵、长沙、广州、桂林、成都、遵义、昆明、大理、拉萨、延安、西安。

首批历史文化名城的公布,不仅使古建筑文物的保护能更好地纳入城市建设的范围,而且扩大了文物保护单位的界限,可以更好地考虑周围环境与彼此之间的联系,组成完整的历史文化名城风貌,足以成为中国文物保护史上的一个里程碑。与此同时,不少城市积极挖掘和准备材料,跃跃欲试地争取历史文化名城的桂冠。

时隔四年,国务院于1986年12月8日批转建设、文化部报告,公布了第二批历史文化名城38座。它们是:

上海、天津、沈阳、武汉、南昌、重庆、保定、平遥、呼和浩特、镇江、常熟、徐州、淮安、宁波、歙县、寿县、亳州、福州、漳州、济南、安阳、南阳、商丘(县)、襄樊、湖州、阆中、宜宾、自贡、镇远、丽江、日喀则、韩城、榆林、武威、张掖、敦煌、银川、喀什。

1982年和1986年,国务院先后批准了两批共62座城市为国家历史文化名城,对于促进文化古迹的保护抢救,制止"建设性破坏",保护城市传统风貌等起到了重要作用。从1991年起,建设部、国家文物局即请各省、自治区、直辖市人民政府在认真调查研究的基础上,慎重提出第三批国家历史文化名城推荐名单。对各地区提出的推荐名单,经有关城市规划、建筑、文物、考古、地理等方面的专家根据名城审定原则反复酝酿、讨论审议,提出了37个城市作为第三批国家历史文化名城名单,国务院于1994年1月4日批准公布,具体名单为:

正定、邯郸、新绛、代县、祁县、哈尔滨、吉林、集安、衢州、临海、长汀、赣州、青岛、聊城、邹城、临淄、郑州、浚县、随州、钟祥、岳阳、肇庆、佛山、梅州、海康、柳州、琼山、乐山、都江堰、泸州、建水、巍山、江孜、咸阳、汉中、天水、铜仁。

至此,我国已公布三批国家历史文化名城。共99座。全国31个省、自治区、直辖市(除我国台湾地区尚未公布外)均有了历史文化名城,其中四川、江苏、河南等省的数量高达7个。

我们还发现这样一个有趣现象:在中国历史文化名城分布图上,从呼和浩特斜拉一条线直达昆明,即成所谓东西部地区,西部地区的名城有23座,而东部地区的数量多达76座,占了总数的3/4之强。

根据国务院于1986年公布第二批国家历史文化名城时所提出的由各省、自治区、直辖市可以自行公布省级历史文化名城的要求,各省、自治区、直辖市积极组织、推荐、筛选,至2000年12月已公布省级历史文化名城达200多个。

三、国外历史文化遗产的保护

就世界范围而言,因为欧洲拥有丰富的历史文化遗产,其保护思想也相对早一些问世。对文物建筑和历史纪念物的保护行为至少可以追溯到古罗马时代,文艺复兴又带来了新的发展,为此意大利的威尼斯城至今还保存着原来的风貌。

世界各国对不同类别的文物,各有其通用的称呼,但尚无概括所有类别文物的统称,欧洲各国使用的拉丁文、英文、法文等的词义,与我国的古物、古董之意相近,而日本又称"有形文化财",则近似于文物。在国际社会里,由联合国教育科学文化组织(UNESCO,简称教科文组织)会议通过的一系列有关保护文物的国际公约中,一般把文物称为"文化财产(Cultural Property)"或者"文化遗产(Cultural Heritage)"二者所指内容各有侧重,前者是指可以移动的文物,后者专指不可移动的文物。在世界范围内第一个指出把古建筑修复置于科学基础之上的是19世纪中叶的法国人V.I.杜克,1844年他在为巴黎圣母院进行修复时提出了"整体修复"古建筑的原则;几乎在同一时期,英国人J.拉斯金提出与之截然相对的观点,他认为对古建筑只能作经常性的保护,修复就意味着破坏,修复后的古建筑只不过是一个毫无生气的假古董。

1880年意大利人C.波依多对以上二人的观点均做了驳斥,他认为古建筑的价值是多方面的,而不仅仅是艺术品,必须尊重建筑物的现状。20世纪初期,G.乔瓦诺尼进一步充实了波依多的代表理论:古建筑是历史发展的见证,要保护建筑物所蕴含的全部历史信息,包括它所在的原有环境,对历史上的一切改动或增添的部分都要保护。1933年,由国际联盟倡议成立的"智力合作所"在雅典召开国际会议,通过了以乔瓦诺尼的理论为基础而形成的《雅典宪章》；1964年5月通过的《威尼斯宪章》，也是《雅典宪章》的继承和发展，它特别强调"不得整个的或局部的搬迁古建筑"。呼吁利用一切科学和技术来保护和修复古建筑。

为保护好具有历史、艺术、科学价值的文化遗产，世界上许多国家采取了保护政策，加强保护规划，并专门为之立法；苏联早在1949年就公布了历史名城，至20世纪80年代便达到957个历史文化名城、名镇，把这些城市置于建筑纪念物管理总局的特殊监督之下；英国于1965年公布了324个历史文化名城、镇、村；1926年，美国恢复和保护了威廉斯堡18世纪殖民地时期的古城，重现了这座历史上北美政治、文化和经济中心重要城市的迷人风采，并把凡有200年以上历史的城市，均列为历史文化名城；日本于1971年发布了《关于古都历史风土保存的特殊措施法》，对历史文化名城加强了保护。

第三节　历史文化名城的特点和类型

一、我国历史文化名城的特点

任何事物都有自己鲜明的特点及个性，在其发展进程中都有规律可循。追随着其不断拓展的运动轨迹，我们可以更好地把握其特点，展示这一事物的方方面面。

历史文化名城的特色是独具魅力的。透视我国历史文化名城，犹如打开了一缸尘封已久的美酒，香飘四溢。我国的历史文化名城，从各个不同的侧面体现了中华民族的悠久历史、光荣的革命传统和光辉灿烂的文化。综合归纳历史文化名城的特点，不外乎有以下几点：历史悠久，古迹多；风景秀丽，名胜多；人文荟萃，名流多；资源丰富，物产多；开放较早，交往多；民族团结，见证多。

（一）历史悠久，古迹多

众所周知，我国是一个有着五千年文明史的泱泱大国，世界上最早的古人类——"元谋人"就诞生于这个古老的国度。我们勤劳的祖先发明了火药、指南针、活字印刷术、造纸术等人类文明，我国与古埃及、古印度、古巴比伦一道跻身于"四大文明古国"之优秀行列,称奇于世界民族之林。从东至西,由南及北,99座历史文化名城犹如繁星点点的民族历史文化博物馆,是中国历史文化的积淀,也是中华民族历史发展的最好见证。我们可以追随历史的足迹,一步一步地从历史文化名城中拾捡昨日的记忆,找寻人类的童年、青年与壮年,从而也可以获知我们人类社会的发展进程。

比如,我们可以从历史名城中一环扣一环地找到人类历史各个阶段的"闪光点":寻梦于北京周口店遗址,与旧石器时代的"北京人"作古今的对话;驻足于西安新石器时代的半坡人遗址,每一件精美的陶器会向你倾诉祖先们的创造与才智;徜徉于滇池之滨,晋宁石寨山出土的青铜器,则会给我们追述"汉习楼船""汉孰与我大"的历史故事;漫步于南京、北京、西安、洛阳等故都名城,无不感受到中华民族发展的气息,一砖一瓦,甚至一草一木,都默默地记录着逝去的历史事件,无声地传诵着美妙动人的民间故事。①

据统计,目前我国已知的地上地下不可移动文物有近40万处,根据其自身的历史、艺术、科学价值的大小,分别被确定为县级、市(州)级、省级和国家级的文物保护单位,国务院已先后公布了五批共1268处全国重点文物保护单位。而大多数驰名中外的古建筑、古遗址、古墓葬就分布于这些历史文化名城中。

(二)风景秀丽,名胜多

我国幅员辽阔,国土资源面积多达960多万平方公里。广袤的土地,在亿万年的物换星移中塑造出各具特色的风景区。由于地形的变化,地貌的差异,再加上气候温差的不同,形成了中华大地上四时花开不败、迷人景致多姿多彩的自然风景资源。被称为"世界园林之母"的苏州古典园林便是其中的一个杰出代表。给历史文化名城增添了极其重要的内涵。苏州园林模拟自然景色,以亭台楼阁、假山水池、树木花卉为主体,辅之以回廊、小桥、曲径、匾额、碑刻,使中国山水化鸟画的情趣和唐诗宋词的意境融为一体,构成了巧妙的园林景观。大理古城是南诏、大理国时期的重镇,加上崇圣寺三塔、南诏德化碑等古迹,沉积着许多历史的积淀,古城以苍山为屏、洱海为镜,旖旎的自然风光演绎出"风花雪月"(即下关的风、上关的花、苍山的雪、洱海的月)等千古绝唱;唐代著名文学家韩愈的名句

---

①马骋.文化产业政策与法律导论[M].上海:上海书店,2016.

"江作青罗带,山如碧玉簪",则点化做出了桂林山水的奇秀与婀娜多姿。

(三)人文荟萃,名流多

翻开中国历史文化名城的发展史,我们可以发现,在长期的历史发展进程中,各名城孕育和涌现了一批杰出的人物,包括思想家、文学家、科学家和民族英雄等等,他们与千万大众一道为名城的发展作出了卓著的贡献,他们既是名城历史的缔造者,又是名城文化的继承者和发展者。是他们真实的记录,使我们得以获知各名城的发展轨迹。以"究天人之际,通古今之变,成一家之言"为宗旨,写下中国第一部不朽史书《史记》的著名史学家司马迁,其故里陕西韩城被公布为第二批历史文化名城,其宗祠司马祠一直是文人骚客凭吊怀古的场所。江苏历来是文人辈出的福地,在清代114个状元中,江苏籍的便有49个。历代文人墨客留下的吟诗酬唱,也是历史文化名城一笔不可多得的精神财富及无形资产,如唐代诗人杜牧的绝句便是对扬州的千古绝唱:"青山隐隐水迢迢,秋尽江南草未凋。二十四桥明月夜,玉人何处教吹箫?"

(四)经济发达,物产多

丰富的文化内涵,为经济的繁荣发展奠定了坚实的基础,我国的历史文化名城,除极个别是因历史上防御外敌入侵而构筑的军事要塞外,大多处在交通较为便利、物产富庶的地区,由此就因人烟较为集中,带来了经济的相对繁荣。历史文化名城大多在东部地区,地处交通要塞,成为内外贸易的重要枢纽,带动各行业的发展,成为经济发达、物产丰饶的地区。如我国"瓷都"景德镇,历史上制瓷业十分发达,制瓷工艺达到很高水平,其产品质量之高雅得到众口夸赞,整座城市从经济上的兴衰到街市的布局、建筑上的格局,全都同制瓷业结下了不解之缘。以保存古城风貌见长特别以票号著称的平遥、素有"井盐博物馆"之称的自贡、苏州刺绣、成都蜀锦、北京景泰蓝等在历史文化名城的质因素构成中占重要的位置,且饮誉世界。

(五)开放较早,交往多

我国自古以来便是一个开放的国家,与世界各国有广泛的文化经济交流,西汉张骞出使西域,唐鉴真东渡日本,明郑和七次下西洋以及元代马可·波罗、明代利马窦来华等一直是中西文化交流史上的美谈。历史上许多城市便已成为我国重要的对外经济、文化交流的口岸,也在一定程度上吸引了外国先进文化,再加上我国东南沿海地区旅居海外的侨胞出入境频繁,由此而形成了同海外侨胞千丝万缕的联系,在多姿多彩的文化景观上又增加了一道对外开放、侨乡文化的光环。如广州、泉州等,许多瓷器便沿着海上丝绸之路运往五大洲,此外,还通过陆上丝绸之路(西北)和西南丝绸之路(古称蜀身毒道)运往西亚和中亚地区,增进了与世界文化的交往。由于中国船舶设计精密,结构紧牢,适航性好,故亚、欧一些国家的造船业多仿效中国船型,公元1605年(明神宗万历三十三年),西班牙驻菲律宾的总督就主持制造过大批的中国船。

(六)民族团结,见证多

"民族团结,见证多"也是我国历史文化名城的一个显著特点。众所周知,我国是由56个民族组成的一个团结美满的大家庭,各民族胼手胝足,为开拓疆土、捍卫祖国版图的完整作出过巨大的贡献。富有各民族建筑特色的历史文化名城,是他们保留本民族文化特色,努力学习汉文化和其他兄弟民族文化的结晶。在号称"月光之城"的拉萨,我国著名的宫堡式建筑群布达拉宫相传是公元7世纪吐蕃赞普松赞干布与唐联姻时,为迎娶文成公主而建。该建筑群全部为石木结构,五层宫顶覆盖金瓦,外观气势恢宏,体现了藏汉文化的融合;拉萨大昭寺前还保存有公主柳、唐蕃会盟碑等古迹。又如纳西族聚居的丽江古城,作为中国少数民族创建经营的古城,有水乡之容,具山城之貌,历800多年的风雨斑驳仍独具风采;丽江古城布局突破中原建城框限,街道布局、水系利用、民居构造等奇章妙笔让人称奇,使这里成为保存和弘扬纳西文化的重要载体。"华夏失礼,求之四夷",世界上罕见的象形文字在这里依然存活,"中国古代音乐的活化石"余音未绝,这便是少数民族对丰富、传承中华民族优秀文化的重要贡献和鲜活见证。

二、中国历史文化名城的类型

从分门别类的角度考察中国历史文化名城,分析梳理其脉络,有助于总体把握名城的特质,制定切实可行的保护发展路子。国内一批学者对此有多种分类方法,我们在此列举两种权威的分类法:

全国知名的文物保护专家、国家历史文化名城保护专家委员会副主任郑孝燮教授认为,按照历史和自然文化特性,中国历史文化名城可分为7个类型:①历史上以政治中心为主的都城、省城、州城或府城、县城;②风景如画,依托山水名胜和重点文物古迹为主的名城;③以传统手工业、商业特别著称的名城;④少数民族地区传统文化特色突出的名城;⑤边境、口岸及长城沿线以军事防御为主的历史城镇;⑥以海外交通为主的港口名胜;⑦重点革命纪念地名城。

郑老还特别指出:其中有不少名城可以兼有几个特征。

在这一观点的基础上,建设部国家历史文化名城研究中心主任、同济大学建筑城规学院博士生导师阮仪三教授作了进一步的阐述,他根据名城的历史形成,自然和人文地理,以及它们的城市物质要素和功能结构等方面仔细对比分析,也划分为七种类型,并引证实例及列表说明,增强了学术感染力。

(一)古都型

以都城时代的历史遗存物、古都的风貌或风景名胜为特点的城市,北京、西安、洛阳、开封、安阳等。

我国封建社会长达两千多年,封建王朝君主为了显示自己的地位,巩固其统治政权,登基后便喜好大兴土木,修建帝王行使政权统治和居住的宫殿、坛庙、陵墓、园囿,有的城市长期作为国都,有的成为六朝古都,而有的城市则长期作为陪都。随着岁月的流逝、朝代的更迭,城市形成了一定的规模,且按照中国封建王朝都城建造的规矩不断复建和扩大。由于经历的时间跨度很长,在这些都城的地上地下都遗留下了丰富的文化遗存。

(二)传统城市风貌型

完整地保留了某时期或几个时期积淀下来的完整建筑群体的城市,如平遥、韩城、镇远、榆林等。通过对以上城市的考察,我们会发现:传统的城市建筑环境不仅在物质形态上使人感受到强烈的历史氛围,同时也可以观赏到良好的建筑美学价值之所在。通过这些物质形态,可以折射出某一时代的政治、文化、经济、军事等诸方面深层的历史结构,这类城市不仅文物保存较好,由于发展缓慢或另辟新城发展整个城市,无论是格局、街道、民居和公共建筑物均完整地保存着某一时代的风貌,如云南的大理、丽江古城在保持自己浓烈的民族地方特色时,也兼有这方面的特点。

(三)风景名胜型

风景名胜型城市拥有优美的自然景色和秀丽风光,再加上内涵丰富的人文景观,便对城市文化特色的形成起了决定性的作用,建筑与山水环境融为一体而凸显出鲜明的个性特征,如桂林、漓江、承德、镇江、苏州、绍兴等城市。因拥有得天独厚的喀斯特地貌,造就了如诗似画甲天下的"桂林山水";素有"五岳之首"之美誉的泰山,不仅是我国重要的风景名胜区,岱庙、关帝庙等重要古迹镶缀其间,渗入了几分浓重的齐鲁文化色彩;乐山本身便是岷江、大渡河交汇处一个风景迷人的城市,隔江而立的乐山大佛与长眠于斯的麻浩崖墓,更是乐山文化的主要内核;由于伟大的文学家鲁迅的降生,绍兴这个春秋时期就已见史迹、充满江南情调的水城越来越为人所知,漫步绍兴,举手投足,一切景致如在画中,仿佛都是你我曾经历过的昨天的故事。

(四)地方特色及民族文化型

我国56个民族都各自有相对聚居的地域空间,千百年的历史发展使一些少数民族聚居的城市逐渐形成了自己独具一格的民族文化特色,而且成为中华民族文化不可分割的一个组成部分。在我国99座历史文化名城中,有一批富有独特个性的城市,如散发出浓烈藏族文化气息的拉萨,日喀则,江孜;维吾尔族聚居地、丝绸之路重镇喀什;白族文化的故乡大理;藏彝文化走廊重镇、纳西族美丽的家园丽江;还有展示金戈铁马的北国天骄故园——呼和浩特;另外,保留了较为浓重的汉文化特色的潮州也可划入此列,这里有着丰富的潮汕文化积淀,在文化艺术、民俗民风上都保留着自己传统的特点。

(五)近现代史迹型

在我国现已公布的历史文化名城中,不乏在近代史上曾经发生过具有重大历史意义的事件,或是曾一度成为叱咤风云的重要政治活动中心的城市,许多文物和建筑都记载着中国人民革命斗争的光辉历程。睹物生情,可以激发起后人对历史事件的无限追忆。树立中华民族强烈的自信心,是进行爱国主义教育的最有力的教材。因此,这一城市的气质特征得到升华,显示出一种气壮山河的特色,从而受到海内外人上的崇敬。最有特色的是遵义、延安、上海、重庆、天津、南京、广州等,如遵义会议会址、延安窑洞、上海南湖、南京雨花台、广州黄花岗、北京卢沟桥等,均能激起人们难以抑制的爱国热情。

(六)特殊职能型

我国古代城市中有一批功能相对独立、专一的城市。这种出众的职能在历史上众多城市中处于突出的地位,并且逐渐成为这些城市的显著特征,如自贡、景德镇、亳州、泉州、平遥、寿县。安徽寿县,便是因为地处淝水边,积累了防阻洪水的筑城技术和一整套过硬的防水措施,成为对中国古代水利科学作出重大贡献而被列入名城的城市;甘肃的武威、张掖,最初作为抵御外侮而建设的边防城市,后边境逐渐安定,军防性质由此转向对外交通贸易,但原有格局依然保存着。

(七)一般史迹型

一般史迹型历史文化名城是以分散在全城各处的文物古迹作为历史的传统体现的主要方式的城市。许多历史城市由于受到一些人为及自然的破坏,其原有城市格局遭到破坏,另外一些城市则由许多零散的文物古迹所组成,形不成系统的理论,或找不到最能代表该城市的特色文化,但这些多以省城为主的城市历史较为悠久,文化延续性也强,故被列入一般史迹型,如长沙、济南、武汉、正定、吉林、襄樊、成都、沈阳等。

三、国外历史传统城市的类型和特点

通过对历史文化名城的分类,我们可以根据不同的类型采取和制定不同的保护方法,当然城市属性是错综复杂的,有的往往包含有多种属性特征、这需要我们在实际工作中做到具体问题,具体分析,同时也可结合参照一些国外对历史传统城市的分类经验,指导我们的工作。

在本节中,我们着重考察一下日本和欧洲的分类方法。

(一)日本古城镇分类方法

日本学术界迄今对历史传统城市未有明确的分类办法,足达富士夫先生在日本观光资源保护财团编辑的《历史文化城镇保护》一书中,从景观整治的角度提出了城市景观的分类标准,他把城市类型分为四类,同时指出每一城市常具多重类型的身份。

1.眺望景观型

眺望景观型即从远处或外侧观赏城市的景观,从而获得城市的整体形

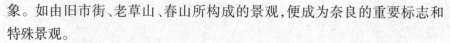

象。如由旧市街、老草山、春山所构成的景观,便成为奈良的重要标志和特殊景观。

2.城镇景观型

城市的传统、文化的氛围,是由沿街道的建筑物在极近的距离内观赏所形成和可感受到的,建筑的高度、形式、色彩,直到窗花、格扇、墙壁的装修,都极为精致,从而形成传统建筑物群地段的城镇或城市。如位于长野县的妻笼宿,岐阜县的高山镇。

3.环境景观型

城市景观由村落、建筑群、树木、丘陵、田野、文物遗址等组成,而以环境作为第一要素的传统城市,如奈良县中部的飞鸟镇、山口县西之京、京都府的嵯峨野。

4.展示景观型

以广阔的视野或从飞驰的列车上眺望之景观为特色的城镇。如湖东地区、奈良盆地、石符东野等。

(二)欧洲历史传统城市的分类

欧洲的历史传统城市分类,大致分为以下三种类型:

1.地区中心城市

地区中心城市如巴黎、伦敦、巴塞罗那、罗马、开罗等世界著名城市,既集中了各国文化最优秀的遗产,又是一个国家或地区的政治、文化、经济中心,它们的保护策略,一般是以严格地保护政府法定的各个保护区为主。在城市建设中旧区改造也提倡维护原有的风貌,但并不意味着在整个城市(包括新城建设部分)维护"伦敦风貌"。

2.历史性城镇

历史性城镇一般规模较小,完整地保留着某一时期的历史风貌,或者在中心地区保存有完整的历史地区,不管是作为建筑学意义上城市设计优秀遗产而保护,还是作为城市设计中的积极因素而保护,都以保持城镇的完整历史风貌、改善内部生活设施、适应现代化生活作为出发点。如英国的切斯特,德国的雷根斯堡、亚琛等。

3.旅游型城市

旅游型城市是如意大利威尼斯、南斯拉夫斯普利特等具有突出旅游价值的城市。鉴于这些城市内的居民大多已迁出,无形中正上演"空城计",

严格保护文化遗产,并管理好纷至沓来的旅游者,继续抓好旅游事业,已成为这些城市的头等大事。

第四节 历史文化名城研究方法论

一、历史文化名城的功用分析

(一)历史文化名城是中华民族悠久历史、古老文明的象征

历史文化名城作为人类物质文明和精神文明的遗存,同许许多多文物一样,不仅从各个侧面、各个领域反映各个历史发展阶段的政治、经济、文化、科技以及社会生活的概况和特征。而且凝聚着每一个民族在生存、发展过程中所形成的共同心理、性格、传统和精神,积淀着极其丰厚的文化矿藏,因而被视为文明的标志和民族的象征,是最富有特征的中华民族的精神财富。

从这个意义上而言,利用历史文化名城无比丰富的自然、人文资源,对广大人民大众进行爱国主义教育,使我们的人民对祖先创造的灿烂文化产生一种自豪感,对建设祖国的未来充满信心。历史文化名城便延伸为一个民族赖以生存、发展的精神支柱,成为爱国思想和民族自信心的重要源泉。

(二)历史文化名城是我们进行城市建设的光辉典范

中国古代历来就有一套完整的建城制度,兴建都城是"国之大事"。封建时代的郡城都是严格按照封建规范建筑的,所有建筑的地点、面积的大小、城墙的高度、城门的数目、城内建筑物的种类、市场的位置、道路的宽狭等等都有一定的制度,都要合乎"王制",不得违背。历史文化名城在城市选址、城市功能、布局空间,建筑的体量、形式,风格、材料、色彩及装饰,建筑物与周围山水绿化空间的呼应等诸多细节上都给后人留下了取之不尽、用之不竭的宝贵经验。

唐长安(今西安)是当时世界上最大最繁华的城市之一,城市规划功能分区明确,街道宽广整齐,为世界所罕见,并且是日本的平城(今杂良)、平

安(今京都)两京的规划蓝本。明、清北京城精心的规划和完善的建设,向来为世界各国建筑师和城市规划史学者们所青睐。试想,如果我们置身在一个既无历史、又无文化的城市环境,那与囚禁于鸟笼有何区别呢?因此,历史文化名城给后人的许多可贵的启示,仍然值得我们在现代化发展中继承和弘扬。

(三)历史文化名城是发展旅游业的重要载体,是世界了解中国的"窗口"

大量事实表明,历史文化名城已经越来越重要的成为我国社会经济发展中的"助推器"。历史文化名城以它深刻的历史文化底蕴,旖旎多姿的自然风光吸引着来自五洲四海的宾朋们。历史文化名城的公布,促进了名城的经济发展,特别是旅游业已成为各名城异军突起的"支柱产业"。历史文化名城以其特有的历史文物和周围环境。吸引着国内外游客,成为世界了解中国、认识中国的重要"窗口"。据对44个国家历史文化名城的统计,仅1992年的旅游外汇收入就达103.3亿元,占当年全国旅游外汇总收入的67.7%。[①]

二、历史文化名城的保护研究现状

从1982年国务院正式公布第一批历史文化名城以来,至目前全国范围内已有99座保存文物特别丰富、具有重大历史价值和革命意义的城市先后三批被纳入了国家历史文化名城的名录。我国的名城保护研究已进入了一个重要的阶段,其成果集中在以下几个方面。

(一)我国历史文化遗产保护体系基本形成

通过公布99座国家级历史文化名城和近200座省级历史文化名城,再加上国家、省、州、县各级文物保护单位的公布,以及丽江、平遥两座名城以整体保护的方式跻身世界文化遗产名录,标志着我国保护历史文化遗产的完整体系已基本形成。它不仅使文物古迹及其赖以存在的历史环境得以全面保护,充分展示文物古迹的历史价值、艺术价值和科学价值,而且从单个的文物古迹、成片的历史地段乃至更大范围的古城,包括古城鲜明的规划格局和传统风貌特色,都可得到有效保护,有利于从整体上提高我

---

① 王晓静.我国区域与国家级历史文化名城文化政策研究[M].上海:上海交通大学出版社,2019.

国历史文化遗产的保护水平,并加速与世界文化遗产保护体系的接轨,同时还促进了名城经济特别是旅游业的迅速发展。

(二)名城保护与管理正向法治化迈进

加强法制建设,依法保护名城,是搞好历史文化名城的重要保证,国务院颁布的文物保护、城市规划、环境保护等法规中,都制定了有关历史文化遗产保护的条文;云南省在制定《中华人民共和国文物保护法》本省实施办法时,富有远见地专列了"历史文化名城"一章;北京、西安、韩城、丽江等城市分别颁布实施了有关历史文化名城的管理条例和办法;1993年,建设部和国家文物局共同草拟了《历史文化名城保护条例》,标志着我国的历史文化名城保护正朝着立法化和制度化迈进。

(三)名城保护建设纳入了城市规划的科学轨道

国务院明确提出,由省、市、自治区的城建部门和文物、文化部门负责编制各名城保护规划;1980年由国家建设委员会制定了《城市规划编制及批准的暂行办法》,1983年又由城乡环境保护建设部发出了《关于加强历史文化名城规划工作的通知》,促进保护工作纳入城市规划的范畴;1994年9月建设部、国家文物局颁布了《历史文化名城保护规划编制要求》,进一步明确了保护规划的内容、深度及成果,使绝大多数名城至今已完成编制保护规划,一批保护和改建工程相继按规划实施,获得了成功。

(四)学科机构与科研论著雨后春笋般地问世

学术科研机构雨后春笋般地问世、科研论著迭出,也是我国历史文化名城保护工作一个令人欣慰的成果。1984年国家有关部门便成立了相关的科研学术团体,至今在全国范围内已召开了近10届学术讨论会,编印会刊资料,及时传递各名城的信息;《中国文物报》《文物工作》《中国名城》《中国名城报》等报刊也在竭力地为名城保护鼓与呼;1994年3月,由建设部、国家文物局聘请周干峙、郑孝燮、罗哲文、谢辰生、阮仪三等专家共同组成了"全国历史文化名城保护专家委员会",切实地行使技术咨询、执法监督等职能;同济大学等院校还充分发挥自身优势,接受建设部委托,举办名城干部培训班,邀请国内外专家举办讲座,培养了一批高级人才;西北大学历史文化名城研究中心在西安宣告成立,并积极开展了许多卓有成效的工作。《中国历史文化名城辞典》《中国历史文化名城大辞典》《历史文化名城保护理论与规划》《云南历史文化名城》《世界文化与自然遗产丽江古城》《世界文化遗产丽江古城》等著作,画册相继与读者见面,表明我国的历史文化名城研究已进入了一个崭新的时期。

三、历史文化名城保护研究的新思路

如上所述,20年来,我国历史文化名城保护工作从无到有,取得了令人瞩目的成就,极大地宣传了中华民族的悠久历史,对于激励和振奋新一代中国人"知我中华、爱我中华"产生了极其重要的影响。然而,我们也必须清晰地看到,名城保护中仍然存在一些亟待解决的问题:一是"建设性"破坏现象日趋严重;二是法制建设薄弱;三是一些名城保护规划深度不够,不能有效地指导名城的保护与建设;四是资金匮乏,直接影响了名城保护和建设工作的开展。

面对这样的情况,我认为今后历史文化名城保护研究工作的新思路,应把握这样一个原则:认识是基础,规划是前提,保护是关键,发展是出路。

(一)认识是基础

无论做什么事,统一思想,达成共识至关重要,从第一批历史文化名城颁布已20年,国家的《历史文化名城保护条例》迄今未出台,这是一件十分尴尬的事,实际上还在处于一种无章可循的混沌状态。统一思想应从立法开始,有法律上的保证方可统一规范、达成共识,国家有关部门才能严格遵守该条例,舆论部门以及学术科研机构才能开动各种机器,利用各种机会和方式进行宣传、教育。随着"保护名城,人人有责"的良好意识逐渐深入人心,人们对自己朝夕相处、赖以生存的美丽家园,岂有不爱不护之理?上上下下达成共识,是保护名城的重要基础。

(二)规划是前提

科学规划,精心保护,合理建设,不做历史的罪人。应该把规划工作置于保护工作的重要前提下,美国华盛顿规划委员会主席便是由美国总统兼任的。这给了我们一个良好的启示,在我国的首都以及省城等重要名城的规划工作中,应由相应重要的领导人出任该区域规划委员会主任,并由各方专家组成,作为规划建设管理的最高决策机构,委员会应关注重要片区、风景区、省级以上文物保护区和人文景观以及历史文化保护区内建筑

及广场的规划设计等项目。规划一旦确定,则必须按章办事。

(三)保护是关键

历史文化名城应该保护什么? 1994年,建设部、国家文物局联合召开全国历史文化名城工作会议,把保护内容概括为:①保护文物古迹和历史街区;②保护和延续古城传统格局和风貌特征;③继承和发扬优秀历史文化传统。

认清了方向,明确了职责,关键就是落实保护措施,城市建设、文物部门20年来联合管理名城的经验是成功的。在不断总结的基础上,充分调动社会力量共同承担保护管理职责,并实行奖惩淘汰制,名城保护定可谱写新的篇章。

(四)发展是出路

经济要发展,城市要建设,名城要保护。在发展中保护好名城,是时代赋予我们的职责。

我们绝不能死板地谈保护名城,而不谈其发展问题,若如此,我们只能是保护一座古遗址、一座僵死的空城。我们更需要以一种鲜活的心态、发展的眼光关注保护工作。

社会发展的步伐越来越快,名城保护的担子越来越重,这是一个不可回避的现实问题。

我们决不能以牺牲历史文化为代价换取经济的发展,这已经成为世界范围内一个强有力的呼声。中国历史文化名城委员会发布了《昆明宣言——保护、建设、利用好历史文化名城,迈入21世纪》;在"中国文化遗产保护和城市发展:机遇与挑战"国际会议上,中外专家又共同达成《北京共识》。从《昆明宣言》到《北京共识》,从历史文化名城到整个人类文化遗产,从专家学者到人民群众,善待人类文化遗产已为越来越多的珍视历史的人们所认同。

把握住机遇和挑战,保护、建设、利用好历史文化名城,共同迈向21世纪,是历史赋予我们的光荣使命!

第二章 历史文化名城的物质与文化构成

　　根据历史文化名城的定文和审定原则,历史文化名城由物质要素和非物质要素共同组成。物质要素包括文物古迹和近现代史迹、历史街区以及具有历史特色的城市格局和风貌;非物质要素指名城历代积累下来的传统文化内容。历史文化名城在其长期的发展过程中曾经作为国家的国都、诸侯国或封王国的都城,边疆省区地方政权的所在地、革命历史和重大历史事件的发生地、海外交通港口城市、商贸城市、风景游览城市以及历史重镇等,在中国社会发展中发挥了重要作用,是各个历史时期政治、经济、科学、艺术、民族、宗教乃至社会各个方面的综合反映。它们有形与无形的历史文化遗存丰厚,在中国的城市体系中凸显出特殊的历史、科学与美学价值,呈现着多姿多彩的面貌。

第一节 文物古迹和近现代史迹

　　文物古迹和近现代史迹是名城历史发展过程和文化成就的实物见证,古文化遗址、古墓葬、古建筑、石窟寺、石刻、壁画、近现代重要史迹和代表性建筑等不可移动文物以及历史上各个时代的重要实物、艺术品、文献、手稿、图书资料、代表性实物等可移动文物是构成历史文化名城的基本组成要素。展现名城文化景观,彰显名城文化特色的文物古迹与近现代史迹主要包括:

一、古城墙

　　早在春秋战国时代建筑城墙即成为城市建设的定式,并形成城郭之制。几千年来,城墙实际上和"城市"是同义语。只是到了现代社会,城墙的防御功能渐失,对交通又形成一定的障碍,加之人们思想认识上存在误区,古城墙被拆除殆尽,仅存的几座较完整的古城墙便成了其所在历史文化名城的重要标志。我国现存较完整的古城墙建筑有南京古城墙、西安古城墙、荆州古城墙、平遥古城墙等。

南京城墙建于元至正二十六年（1366年），完工于明洪武十九年（1386年），历经21年，原长37.676千米，为古代世界之最，开13门，现存尚有21千米多，城门4座，水门1座。南京城墙一反以往都城墙方矩形的古制，因山川地势蜿蜒起伏，呈不规则形。现存中华门是明城墙13门中最大的一座，原名聚宝门，有3道瓮城，27个藏兵洞，雄姿巍峨，恢宏壮观，世所罕见，是南京市的标志建筑之一。现南京市正积极对明城墙及周边地带进行整治，恢复旧观。[①]

西安城墙是全国古城墙中保存较完整、规模最大的一座，建于明洪武年间，在唐长安城皇城城墙的基础上扩建而成，周长13.7千米，内为夯土，外包青砖，城四角各有一座角楼，四门各有三重门楼，城外有护城河，整个城墙构成严密的防御体系。民国以后为方便交通新辟12座城门，城墙东北角因修建火车站打开缺口。从1982年起，西安进行环城公园建设，对城墙进行加固补修，疏浚护城河，植造环城绿色林带，拆迁城墙附近的高层建筑，重现城墙古朴、厚重的雄姿。西安城墙已成为西安古城最显著的标志。

据江湖之会、镇巴蜀之险的荆州历来是兵家必争之地。荆州古城数次被毁，现存城墙为清顺治三年（1646年）依明代旧城基重建，唯东南角、西南角和小北门等处遭乾隆五十三年（1788年）大水冲毁后，在次年修缮时退入十数丈，因而城池呈不规则长方形，周长10.5千米。墙角及墙底下过水洞以条石垒砌，墙体以大青砖砌筑，城周围绕10米宽的护城河。古城有城门6座，均有瓮城并曾建有城楼，现存清道光十八年（1838年）重建之大北门朝宗楼古朴亦然，东门宾阳楼是20世纪80年代按照原貌复建的。荆州古城墙是我国南方保存较完整的古城，被称为"不可多得的江南完璧"，古色古香的城池与城标"金凤腾飞"成为该市的象征。

现存平遥古城墙筑于明洪武三年（1370年），嘉靖、万历及清代有过补修，周长6163米。该城墙不仅保存完整，而且富有文化寓意，是北方汉族地区城池的标本。城墙上建有3000个垛口、72座敌楼，象征孔子的3000弟子、72贤人。城墙有6座城门，各有瓮城，形如龟，有"龟城"之说，寓意

①张书畅，李健. 河东文物古迹[M]. 济南：济南出版社，2018.

"固若金汤,吉祥长寿"。南门为头,门外水井两口,似龟眼;北门外形向东弯曲,似龟尾东甩;东西四门中下西门、上西门、上东门的瓮城城门分别向头的方向弯曲,如龟正在爬行,唯正对京城官道的下东门向东直开,便于交通,又寓意恐龟跑脱宝地,故拴于城东北8里处的麓台塔上。

保存于名城中的古城墙片段、城门为数多一些,它们是古城沧桑的见证物,在名城的物质构成中占据比较突出的地位。如,赣州城墙。位于章、贡两江沿岸,经900多年的不断修缮,自北宋嘉祐年间(1056~1063)开始以砖石砌形成环绕赣州城长6.5千米的砖城墙,现仍存东、北、西临江部分共3600米,是古老的宋城赣州代表建筑之一。

寿县古城墙。安徽省唯一保存完整的古城池。寿县地处襟江扼淮的重要位置,一直是兵家必争的军事重镇,加之城址地势低平,常有水患,故历代对城垣的修建十分重视。现存城墙为北宋熙宁年间(1068~1077年)重建,经明清多次整修,周长7147米,有四门,各有瓮城。四门外侧均有青石云梯,为涨水堵门时城内外上下船的通道。城墙内侧东北和西北各有一涵,系砖石结构的圆筒状坝墙,称为"月坝",与城墙等高,用于内水外泄,使城内免遭洪水侵袭。

临海台州府古城墙。周长实测6000米,原有7门,现存较完整的西、南两面,计2200多米,城门尚存4处,是浙江省唯一保存较好的城池,也是该市仅有的2处国家级重点文物保护单位之一。

潮州府城墙。明洪武三年(1370年)增筑,周长5817.9米,随着朝代变迁,南、西、北三面均被拆除,唯东面临江长2132米保存,至今仍起着堤防的作用。

大理古城墙。建于明初,原四面各长1500米,宽12米,高6米,设4门及门楼。现存南城墙西段300米,西城墙中段、北段共800米,东城墙南、北两段300米和南、北城门,城内棋盘式的布局至今未变。从1998年起,大理市修复了部分古城墙,对古城内的一些街道进行改造,复建五华楼、文献楼,使古城成为大理旅游区的最重要点之一。

榆林古城墙。始建于明正统二年(1437),成化二十二年(1486年)、弘治五年(1492年)、正德十年(1515年)三次扩建,史称"三拓榆林城"。之后又相继完成以青砖包砌、增高加厚的工程,周长6600多米,至今历经600余年,大部分完好。榆林城墙在历史上发挥过巨大作用,不仅用以防御入侵之敌,也有效地抵挡了风沙与洪水对城区的威胁。

开封古城墙。前身为唐德宗建中二年(781年)永平军节度使李勉建造的汴州城,北宋为东京内城,现城墙为清道光二十二年(1842年)重建,高5~8米,有马面81座,城门5座,系全国重点文物保护单位。

此外保留有部分城墙的还有正定、衢州、长汀、商丘、浚县、襄樊、长沙、海口、乐山、泸州等名城。

北京城墙曾是国内最雄伟、最具历史风貌的城墙,也是北京帝都历史的象征,惜于20世纪50年代拆除,现仅存皇城正门天安门、内城正门正阳门、内城九门之一德胜门箭楼和内城东南角楼等建筑,提示北京城墙曾经的风姿。苏州故城自周敬王六年(公元前514年)伍子胥建造阖闾大城起,2500年来基本在原址发展,位置、规模、格局变化不大,现古城墙残留无几,城门尚存盘、管、金三座,其中盘门是保存最为完整的一座,元至正十一年(1351年)在原有基础上修建,至正十六年(1356)张士诚增筑瓮城,水陆两门交错并列,两道陆门中间为瓮城,是全国仅存的较为完整的水陆并联城门。盘门古城门是苏州古城建筑的标志。

二、古城遗址

多数历史文化名城在其发展过程中,由于自然环境的变化、战争的破坏以及其他人为因素的影响,城址并非一成不变,而是经过了一次或多次地迁移,那些被遗弃的旧城址也就成了某一段城市史的见证。

著名古都洛阳有4000余年的城市史,先后有夏、商、周、东汉、魏、西晋、北魏、隋、武周、后梁、后唐、后晋等王朝在此建都,留下5座不同时期的都城遗址:夏代末期二里头遗址、商代前期尸乡沟商城遗址、东周王城遗址、东汉迄北魏历时330多年的汉魏洛阳故城遗址和隋唐东都城遗址。5大都城遗址沿洛河排列,举世罕见,被史学界誉为"五都荟洛",是洛阳这座历史最悠久的古都无可辩驳地证明。

古都西安城址也有过数度迁移。先是西周文王和武王建丰京、镐京于沣河两岸,揭开了西安城市史和都城史的篇章,周王朝都于丰镐300年,平王东迁后城址废弃。秦人在西安境内建有栎阳城,曾作为秦国都、秦末项羽主分关中时塞王司马欣的都城和汉高祖刘邦的都城。汉高祖五年(公元前202年),迁都于在龙首原新建的长安城,西汉以后,新莽、东汉(献帝)、西晋(愍帝)、前赵、前秦、后秦、西魏、北周、隋相继以汉长安城为都,直到隋文帝开皇二年(582年)迁大兴城,历时近800年。隋文帝在龙首原以南修建了一座规模更大、布局极为整齐的城市,名大兴城,唐代称长安城,是当时世界上最大、最辉煌的城市,也是西安城市史上光耀无匹的精彩篇章。唐末天佑元年(904年),朱温挟持唐昭宗迁都洛阳,命长安居民按籍迁居,毁长安宫署民居,使隋唐长安300年帝都成为废墟。今西安古城及城郊即在隋唐长安城的基址上发展而来。丰镐遗址、秦汉栎阳城遗址、汉长安城遗址和隋唐长安城遗址连缀起西安的建都史。

今天北京城的老城区继承的是明清北京城,而北京作为王朝都城始于金代,元代开始正式作为全国的首都,今存的金中都城遗迹、元大都土城遗迹是反映北京都城历史和城市变迁的重要实物。

云南名城大理兴起于南诏国时期。南诏国先都于位于今大理古城南7千米处的太和城,唐大历十四年(779年)异牟寻迁都于苍山中和峰、龙泉峰下的羊苴咩城,南诏以后的大长和国、大天兴国、大文宁国、大理国均继续以羊苴咩城为都,直到明初筑大理府城后羊苴咩城才逐渐被废弃。太和城、羊苴咩城见证了大理历史上民族政权的兴亡。位于海南岛上的名城海口,古时偏远荒凉,但境内的汉代珠崖郡古城址、唐代崖州颜城遗址、唐代旧州遗址等都用事实说明,早在汉武帝时期已在海南开郡设县,唐代亦曾在海口境内置崖州城。

郑州市境内保存着为数众多的古城遗址,有距今5300年仰韶文化时期的郑州西山古城址,龙山文化时期的新密古城寨古城址,是中华始祖轩辕黄帝的活动中心;夏代早期的登封王城岗古城址、新密新寨古城址,分别是夏代的"禹都阳城、启都黄台";商代早中期的郑州商城遗址、小双桥遗址,分别是商汤居住的亳都和仲丁所建的隞都;此外还保存着数十个以郑韩故城为代表的西周至春秋战国时期诸侯国的王都,包括密国故城、会吓国故城、巩伯城、郑州管国、条伯城、东周华阳城等。这些古城从五帝时代一直延续到春秋战国时期,对探讨中华文明起源及中国的古都学研究都有着十分重要的意义。

邯郸是战国时期赵国的首都,是当时黄河北岸地区最大的政治、经济、军事、文化中心,持续繁荣至汉代以后衰落。曹魏至北齐时期,境内兴起邺城,曾是"六朝故都",盛极一时,隋代遭到毁弃。隋唐以后直到20世纪

20年代,位于今邯郸东部的大名一直是北方的重镇。赵邯郸故城遗址、邺城遗址、大名故城遗址共同见证了邯郸历史发展的几个不同时期。

内蒙古首府呼和浩特地处塞上,自古是中原各王朝的塞上重镇和一些游牧部族政权的统治要地,境内古城遗址众多,战国云中城、西汉成乐城、拓跋魏盛乐城、隋唐大利城与单于都护府城、唐东受降城、辽丰州城与东胜州城、明归化城、清绥远城均有迹可寻,俨然一部实物的北方边塞历史大书。

三、宫殿、宫殿遗址、衙署

我国古代多数城市以突出政治中心为主,城市规划和建设受到城制的影响,宫、殿、衙、署在城市中占据突出的地位,它们也是城市曾经的政治地位的体现。

北京是中国最后的封建王朝明、清的都城,宫殿建筑保存完好。紫禁城位于北京城的中轴线上,占地面积72万平方米,现存房舍8707间,建筑面积15万平方米,规模宏大、布局严整。外朝主殿太和殿,雄踞于高达8.13米的汉白玉石砌台阶上,面阔11间,进深5间,重檐庑殿顶,是紫禁城中最壮观、最宏丽、等级最高的建筑,也是中国最大的木构殿堂。殿内金砖墁地,雕梁画栋,陈设奢华,极尽富丽堂皇。故宫建筑群是封建帝王的威严与至高无上地位的象征。位于今沈阳市区的沈阳故宫始建于后金天命十年(1625年),清崇德元年(1636年)建成,乾隆时又有增建,占地6万多平方米,由20多个院落300多间房舍组成,清朝入关前以及入关后皇帝东巡在此听政起居。建筑具有鲜明的满族风格,特别是东路大政殿前对称排列的十王亭,以建筑的形式反映了在清代的军事制度、社会制度、民事管理等方面占有极其重要地位的八旗制度。沈阳故宫是全国仅次于北京故宫的保存较完整的宫殿建筑群,也是沈阳作为清王朝龙兴发迹之地的见证。

除北京故宫和沈阳故宫这两处保存完好的宫殿建筑群外,我国历史上还有过许多著名的宫殿建筑,虽然因为历史的沧桑变幻没能留存至今,但其遗址尚有迹可寻。如西安境内有秦代大型宫殿阿房宫遗址,汉代未央宫、建章宫遗址,唐代大明宫、华清宫、兴庆宫遗址;咸阳境内有秦甘泉宫遗址、梁山宫遗址、秦汉甘泉宫遗址;大同境内有北魏明堂、辟雍遗址;洛阳境内有汉魏明堂遗址、唐东都明堂遗址;邯郸境内有邺城三台遗址;南京有明故宫遗址,等。这些宫殿遗址反映了所在城市的历史地位与影响。

在省城与府、州、县城这些地区中心城市中,体现其城市行政等级的是衙署建筑。如地处太行山东麓的保定,原为北魏设立的清苑区,宋为保塞军,后升为保州,州、县治所始迁至今保定城区。清康熙八年(1669年)起,直隶巡抚由正定移驻保定,保定从此成为直隶省会。雍正二年(1722年),改直隶巡抚为直隶总督,雍正七年(1727年)将原保定府衙改建为直隶总督署,直到1911年清朝灭亡,历经8帝128年,这里始终是直隶省的军政枢纽机关。民国以后则为直隶督军、川粤湘赣经略使、直鲁豫巡阅使、保定行营、河北省政府驻地。清代直隶省是拱卫京师的要地,直隶总督是各省督抚中的津要之职,在曾驻此署的74位总督中,包括李卫、方观承、刘塘、曾国藩、李鸿章、袁世凯等著名人物。该衙署历史内涵丰富,有"一座总督衙署,半部清史写照"之誉,是全国目前唯一保存完好的清代省衙。

南阳知府衙门是国内现存比较完整的古代府衙。这里曾是元、明、清及以后地方行政长官署事和办公的地方,始建于元至正八年(1271年),整个建筑占地7公顷多,有厅堂房屋130余间,中轴线上有照壁、大门、仪门、大堂、二堂、三堂等建筑。院落数进,布局多路,厅堂轩敞,陈设华丽。

绛州大堂是现存最早的州衙建筑,位于新绛城内西部高阜,始建于唐代,现存为元代建筑。大堂面阔七间,进深八椽,面积496平方米,为历代州署衙门正堂。古代州衙正堂通例为五间,绛州大堂独为七间,全国罕见。

江苏省境内唯一留存的州府衙署淮安府署,原为南宋五通庙,元代起改建为淮安路总官府,明洪武三年(1370年)扩建为府署,明清两代均有修葺。清咸丰年间大堂毁于火,咸丰十一年(1861年)重建。现仅存大堂、二堂。徐州徐海道署(俗称道台衙门),是明清两代徐海地区的最高行政机关,现存照壁、二堂、三堂、西厢房,当年庞大的规模和完整的格局仍然清晰可见。

平遥古城是一座保存完整的古代县城的原型,县衙位于城西南部,坐北朝南,占地约2.6万平方米,分左、中、右三路,中轴线上从南向北依次为衙门、仪门、牌坊、大堂、宅门、二堂、内宅等,并向外一直延伸到南横街上。这些院落仍基本保持了明清衙门的特征,气势庄严。

位于云南建水城南的纳楼土司衙署是民族地区衙署建筑的代表。明清时纳楼茶甸长官司(彝族土司)领有红河南北岸一带,为西南三大彝族土司之一。司署原在城西南40余千米的官厅街,光绪九年(1883年)老土司死,临安知府报请云贵白督批准,将其辖地由土司的4个儿子分而治之,以削弱其势力,分后改称土舍,仍冠以那楼司的总名。其第四舍新建衙署一座,高踞于红河北岸山巅,大小房舍70余间,占地2895平方米,四周围以高大护墙,并设以炮楼、碉堡、气象森严,壁垒坚固。

此外,处于运河南北水运枢纽的淮安、扬州两地曾设有管理漕运、盐运的衙门。淮安早在宋代即设有淮南转运使,元设总管府,明清设潜运总督署作为全国潜运的最高官府,在淮安旧城中心镇淮楼北建有总督漕运部院,经历多次战火,今遗址仍存。扬州的清两淮都运盐使司衙署现门厅保存基本完好。

四、钟鼓楼

钟鼓楼是古代城市中突出的标志性建筑,除报时作用外,在城市结构中通常处于显著的地位。元大都和明清北京城的规划建设贯穿了皇权至上的封建礼制思想,中轴明显,整齐对称,充分体现着帝王的尊严。北京钟鼓楼始建于元至元九年(1272年),处于元大都全城平面布局中心的位置,明永乐十八年(1420年)重建,清乾隆十年(1745年)再次重建钟楼。明清北京城较元大都南移,钟鼓楼是北京南北中轴的终点。元、明、清三代,钟鼓楼是都市建设的重要体制之一。西安钟鼓楼建于明代,钟楼在城中东、西、南、北4条大街交汇处,鼓楼在相去不远的西大街北院门南段,是古城明显的标志性建筑。张掖的镇远楼(俗称鼓楼)与西安钟楼形似,位于城区中心,楼的基座有"十"字洞,与东、西、南、北大街相通,登楼全城景物可尽收眼底。淮安城市中心的镇淮楼俗称淮楼、鼓楼,明代贮铜壶刻漏于其上。南京鼓楼位于鼓楼岗高地上,地处全城中心,明代为迎王、送妃、接诏、报时之处,现仍是城市布局的主要节点之一。山东聊城光岳楼建于明洪武七年(1374年),用修城的剩余木料在城中心修建了这座高达九丈九尺的更鼓楼,建筑样式为宋、元建筑向明清建筑过渡的代表作,清康熙、乾隆帝都到过此楼,并亲题匾额。光岳楼建筑雄伟,是中国现存古建筑中最古老、最高大的木构楼阁之一,是聊城的象征。古城平遥的中心有市楼跨街而立,下层为南北通途,建筑典雅精美,为古城中央最高建筑。

五、坛庙、纪念建筑

坛庙是专供祭祀用的建筑,根据考古发掘所得的材料看,至少从新石器时代中晚期(距今约6000年)开始,中国就出现了专门的祭祀性建筑。依祭祀对象的不同,坛庙建筑可分为三类:第一类祭祀自然神,包括天、地、日、月、风云雷雨、先农之坛以及五岳、五镇、四海、四渎之庙等。第二类祭祀祖宗,包括帝王宗庙(太庙)和臣民家庙(祠堂、宗祠)。帝王宗庙被视为统治的象征,具有特殊的神圣性和极其崇高的地位;家庙则被视为家族的根本,是家族成员的精神支柱。第三类祭祀圣哲先贤,包括孔庙、儒家贤哲庙、古圣王庙、贤相良将庙、清官廉吏庙、著名文学艺术家庙、忠臣文士烈女庙等。这些纪念性建筑在历史上出现的数量多,分布范围广,涉及的对象宽泛,形式不拘,表现出活泼多样的风格。

(一)皇家坛庙建筑

由皇帝亲自致祭的天地、日月、社稷、先农之坛和太庙等是都城的主要建筑,城制中不仅明确规定了"左祖右社",其他坛庙也各有方位。北京城至今较完整地保留有这些祀典建筑。在紫禁城南、天安门东侧立有太庙,是明清两代皇帝祭祀祖先的地方;天安门西侧是社稷坛,为祭祀土神和五谷神的场所。城南郊建有天坛,是明清两代皇帝敬天祈谷之地。在受祭的天地神祇中,天帝是最高的神,因此祭天之坛被设计为三层(与社稷坛相同,而地坛为两层,日坛、月坛和先农坛只有一层,层数的多少完全依照其神格而定),天坛也是我国现存最完整、最重要和规模最为宏大的祭祀建筑群。城北部有地坛,是明清两代皇帝祭祀的祇神的场所。城东和城西分别建有日坛和月坛,分别祭祀大明神(太阳)和夜明之神(月亮)及诸星宿神祇。天坛西侧有先农坛,是明清两代皇帝祭祀先农、风云雷雨、岳镇海渎、京郊山川等神的地方。始建于明嘉靖十年(1531年)的历代帝王庙是明清两代帝王祭祀历代帝王、功臣的场所,供奉上至三皇五帝,下至元、明历代帝王167位,东西两列配殿分列79位功臣。北京之前的古都,因距今年代久远,皇家祀典建筑多不存,惟西安南郊隋唐圆丘整体上较为完好,这里曾是从唐高祖到昭宗近300年间17位皇帝进行祭天活动的地方,也是西安作为古都仅存的较完好的皇家建筑。另南京有六朝圆丘遗址。

（二）祠堂

先秦之世，臣民建庙祭祖受到限制，战国以后曾兴起"墓祀"（即在墓葬之所祭祀先人）之风，出现当时称为祠堂的墓前建筑。位于济南市长清区境内的孝堂山郭氏墓石祠就是一座东汉章帝、和帝时期（76～105年）的墓地祠堂，最早见于北魏郦道元《水经注》记载，宋赵明诚曾把它写入《金石录》。这座祠堂不仅是中国现存最早的地面房屋式建筑，祠内保存的36组面相也是汉画像石中的精品。魏晋至北宋，臣民又以建家庙奉祀为主，但数量少，规模小。自南宋朱嘉著《家礼》以后，臣民的家庙称为祠堂。明嘉靖十五年（1536年）准许民间皆得联宗立庙，明清两代民间遍立宗祠，出现了一些规模宏大、建筑精美的大祠堂，成为地方民居建筑的代表。如安徽歙县是宋代著名理学家程颖、程颐和朱熹的祖籍，号称"程朱故里"，文化传统深厚；明清两代，徽商行遍天下，拥有巨资的微商不惜重金大兴文教，从而形成庞大的富商群体和官僚群体。他们在故乡营建了不少富丽堂皇的祠堂，有建于明代的郑村郑氏宗祠、呈坎村宝纶阁（又称罗东舒祠），建于清代的叶村洪氏祠堂、北岸吴氏宗祠、大阜潘氏宗祠等，以宝纶阁最为著名。歙县还有许多纪念性的牌坊建筑，如始建于元代的贞白里坊，明代的忠烈祠坊、许国石坊、龙兴独对坊和棠越石牌坊群等。衢州吴氏宗祠现存建筑为吴氏家族于明嘉靖年间重建，工匠分别来自福建境内的茜淤、安徽境内的徽州和江西境内的婺源等地，因此宗祠的建筑整体呈融各地建筑风格为一体的特征。广州市内的陈家祠堂是清末广东省72县陈姓的合族祠和书院。祠堂从光绪十四年（1888年）开始筹建，光绪十六年（1890年）动工，到光绪二十年（1894年）始落成，前后历时7年。建成后成为陈氏族人举行祭祀和会议的地方，同时设立书院，供陈姓子弟读书就学。陈家祠堂是一组三进六院十九厅堂的建筑群，占地13200平方米，规模很大，装饰尤其精美，每座房子从柱础到瓦脊，缀满石雕、砖雕、铁铸、木雕、泥塑、陶塑和彩画，琳琅满目，广罗历史题材，博采地方风物，用材讲究，实为宏伟瑰丽的民间艺术宝库。

（三）文庙、武庙

祭祀圣哲先贤的建筑首推文庙和武庙，文宣武成之祀本求属于国家宗教体系之中。对孔子的奉祀始于孔子死后的第二十二年（公元前478年），鲁哀公下令将孔子故居3间立为庙，以后随着孔子地位不断被提高，建庙祭孔成为尊孔的重要内容。东汉恒帝元嘉三年(153年)第一次由国家在首都洛阳为孔子建庙祭祀;南朝宋孝武帝曾下诏建孔子庙与诸侯礼仪同等;唐贞观四年(630年)诏州县皆立孔子庙祭拜孔子,这是第一次以国家名义在全国建立孔庙;到唐高宗时又下令督促"诸州县孔子庙堂及学馆有破坏并先来未造者,宜令所司速事营造",孔子之庙遂遍于天下。宋代孔子被加封为"至圣文宣王"孔子嫡长孙被封为衍圣公,沿袭32代。元代成宗大德六年(1302年),在大都建孔庙,大德十一年(1307年)加封孔子为"大成至圣文宣王"。这座位于今北京东城区国子监街的孔庙是明、清三代皇家祭孔之地,加号孔庙作为专门祭祀孔子和历代文人参谒孔子的场所,元、诏书碑也仍完好地竖立在孔庙大成门左侧。今存孔庙中规格最高、规模最大、始建时间最早的是曲阜孔庙,肇始于春秋时期孔子旧居"庙屋三间",经历代不断扩建、重修,形成占地300多亩、房屋466间的规模,仿照皇宫建制,被称为除北京故宫以外中国传统文化的最高殿堂,和孔府、孔林同为曲阜"孔孟之乡""东方圣地"的标志。另外,在曲阜孔子降生地尼山南麓也建有孔庙,称尼山孔庙,大成殿内祀孔子像和颜、曾、思、孟四配像,寝殿供孔子,不输各地方官府修建的孔庙,在城市建筑中居于重要的地位,并各具特色。夫子庙从南宋开始集祭祀、修学、考试于一体,设有科举考场——贡院。

如南京贡院至清同治年间扩建后,有考棚号舍2万余间,居全国各省之冠。夫子庙地处"六朝金粉地"的秦淮河畔,明清是文人墨客的聚集地,商业、市井文化十分繁荣,形成独特的夫子庙文化区。山西平过的文庙是现存孔庙建筑中年代较早的一处,大成殿仍保留宋、金建筑风格。文庙左边是东学,右边是西学,为一庙二学的特殊格局。浙江衢州是孔子后裔的第二故乡。宋靖康之变后,建炎二年(1128)孔子第四十八世孙、衍圣公孔端友奉孔子夫妇楷木雕像,率部分族人随宋室南渡,赐家于衢州。宝祐三年(1255年)以朝廷拨款创建南宗家庙,后经重修、拓建,与北方的曲阜孔庙遥相呼应。江苏苏州的文庙为著名政治家、文学家范仲淹于北宋景祐元年(1034年)创建,将文庙与府学合建在一起,形成庙学合一的体制,这种体制为以后全国州县所效仿,影响极广,其盛时面积广大,屋宇众多。文庙内现存的4块宋代石刻——《平江图》碑、《天文图》碑、《地理图》碑和《帝王绍运图》碑具有极高的历史、科学价值,为海内外瞩目。号为"滇南邹鲁""文献名邦"的建水拥有国内仅次于曲阜孔庙的大型文庙。该庙始建于元至元二十二年(1285年),既是孔庙,又是县学所在地,明、清两代仿曲阜孔庙布局不断扩建,经50多次增修,达到占地7.6万平方米的宏大规模,有6进院落,进深625米,算得上西南地区文庙之首。西北地区天水文庙也始建于元代,经明、清8次修葺扩建,益臻宏伟完善,现大成殿仍保存完好,保持了早期的一些建筑风格。

唐开元中(713~742年),立姜太公尚父庙,为武庙,祭祀牲乐之制如文夷王。上元中(760~761年),尊太公为武成王,祭典同于孔子,人臣文武之道兼备于祭祀。宋代兴起关帝崇拜,宋徽宗封关羽为"文勇武安王",令建关王庙于解州。明代关羽崇拜达到极盛,关羽由王上升为帝,明神宗加以"协天护国忠文帝""三界伏魔大帝""神威远镇天尊关圣帝君"的封号,从此关帝庙取代了武成庙而成为官方武庙,与孔子文庙相对称,在国家宗教中占有重要位置。民间关帝庙遍及全国,北京城在明清两代所立关帝庙就有100余座。洛阳关林传为关羽首级葬处,现存建筑始建于明万历二十四年(1596年),经清乾隆时期增修扩建为今日规模。关林前为关羽桐庙,后为关帝冢,是墓庙合一的形制。荆州关帝庙位于城南门内,相传该处为关羽驻守荆州时故址,庙始建于明洪武二十九年(1396年),惜建筑、文物于日军侵华时遭严重损毁。

(四)上古帝王与各地贤哲祠庙

这是历史文化名城中为数最多的一类祭祀和纪念建筑,是城市传统文化的重要侧面。

上古帝王被视为华夏人文初祖,人们把许多与人类社会关系重大的发明创造都归功于他们,投入很高的热情对他们进行奉祀。甘肃天水是传说中的第一位帝王、三皇之首伏羲故里,伏羲氏创八卦,造书契,定历法,制礼仪,影响深远而广大。天水伏羲庙是现存规模最大、保存最完整的伏羲庙,创建于明成化十九年(1483年),经明清多次扩建维修,形成现在占地10270平方米的大型古建筑群,为海内外炎黄子孙寻根祭祖的圣地。湖北随州厉山(古称烈山)相传是神农氏的出生地,早在魏晋南北朝时该地建有神农社、神农观、炎帝庙等建筑,今遗址尚存,并复建了神农庙。浙江绍兴传为舜避乱巡狩之地,建有舜王庙。

贤哲祠庙纪念与该地有关的忠臣文士、文艺名家等,名城中此类纪念建筑很多。曲阜是圣人之乡,除孔庙外,还有奉祀鲁国先祖元圣周公的周公庙,祀孔子弟子复圣颜回的颜庙。亚圣孟子故乡邹城有孟庙。洛阳是周公完成礼乐之制的地方,周公也是洛邑的营建者,其祠庙也立于洛阳城中。三国时期杰出的政治家、军事家诸葛亮在民间影响极大,在世时已声震于遐迩,死后更不断得到历代统治者的追封,各地曾出现不计其数的诸葛亮祠庙,不过其中最著名的还是与其生平业绩关系最密切的几个地方的武侯祠,即早年躬耕之地的南阳武侯祠,相蜀之地的成都武侯祠和病逝之地的汉中定军山下武侯祠。汉中还有蜀国大将马超墓祠。另一位三国传奇人物张飞曾驻守川北阆中七年,死后身葬阆中,头葬云阳,今阆中有汉桓侯祠墓,重庆云阳张飞庙距今已有170年历史,面江背山,极有气势,庙内更有碑刻、摩崖石刻等珍贵文物。忠臣良将,万代景仰,北方边塞名镇代县曾是北宋名将杨业驻防之地,其后人建有杨业祠;在著名抗金将领岳飞的家乡安阳汤阴和墓葬所在地杭州以及开封均有岳庙;扬州有史公柯,北京有文天祥祠、杨椒山(杨继盛)祠、于谦祠、袁崇焕祠,奉祀的都是气节凛然、彪炳千秋的人物;海口海忠介公庙,纪念清官海瑞;临海威公祠、泉州延平郡王祠,敬奉民族英雄戚继光、郑成功;淮安关天培祠、宁波朱贵祠,纪念清代抗英将领。这些祠庙为名城平添了多种版本及名家对柳文的研究资料。唐元和十四年(819年),韩愈因谏迎佛骨被贬为潮州刺史。他治潮8个月,兴学重教,关心农桑,祛除鳄患,释放奴隶,使潮州生产得到发展,文风蔚起,为潮州赢得"海滨邹鲁"的美名打下基础,后世建有韩文公祠。史称"天南重地"的雷州于西汉始设置郡县,西汉伖离侯路博德和东汉新息侯马援均有功于雷州,东汉时创建伏波祠纪念两位伏波将军。继他们之后,在雷州半岛的开发过程中最为突出的人物是唐代首任雷州刺史陈文玉。唐贞观八年(634年),陈文玉奏请朝廷改"东合州"为雷州,雷州和雷州半岛由此得名。他任职故乡期间德政昭明,去世之后,唐太宗于贞观十六年(642年)下诏建庙祀之,并诏封为雷震王。雷州人则感其恩德,尊为"雷祖",祠乃称雷祖祠,为岭南著名胜迹。自北宋乾兴至南宋绍兴的150年间,先后有寇准、苏轼、苏辙、秦观、王岩叟、任伯雨、李纲、赵鼎、李光、胡铨10位名臣贤相谪居雷州或路过雷州。他们体恤民情,倡办教育,传播中原文化,对促进雷州文化教育的发展作出重大贡献,深受人民的爱戴,南宋咸淳十年(1274年),知雷州军事虞应龙创建十贤祠以为纪念。

历史文化名城中著名的贤哲祠庙还有长沙三闾大夫祠、贾谊祠,岳阳屈子祠,汉中张良庙,韩城司马迁祠,南阳医圣祠(祀东汉医学家张仲景),州华祖庵(祀东汉名医华佗),成都杜甫草堂,西安杜公祠(祀杜甫),遵义郑莫祠(清代西南巨儒郑珍、莫友芝的合祭祀)等。

六、宗教建筑

汉代,佛教传入中国,中国本土也诞生了土生土长的宗教—道教;唐代以来,又有基督教、伊斯兰教、袄教、摩尼教、犹太教等西来宗教传入。随着各种宗教的流传,宗教建筑对城市的格局和面貌产生了影响。

佛寺是许多历史文化名城城市建筑的重要组成部分。中国第一座由官方兴建的寺庙白马寺于东汉永平十一年(68年)在当时的首都洛阳诞生,这座被称为"释源""释氏祖庭"的寺庙奠定了洛阳佛教首传地的崇高地位。郑州市不仅拥有蜚声中外的禅宗祖庭少林寺,中岳嵩山南麓还分布着会善寺、嵩岳寺塔、法王寺塔群、永泰寺塔群、净藏禅师塔、初祖庵等众多的寺塔建筑。河北名城正定城内古建筑密集,多数都是佛教建筑,如始建于隋代的隆兴寺,唐代开元寺钟楼(我国现存唯一的唐代钟楼)、领弥塔,临济宗发祥地临济寺和埋藏临济宗创始人文玄禅师舍利的澄灵塔以及天宁寺凌霄塔、广慧寺华塔等。西安是佛教发展的巅峰时期隋唐时代的都城,现存多数寺庙创建于隋唐,许多还是佛教各宗派的祖庭或重要寺院,市区建于唐代的大、小雁塔雄姿巍峨,展示了古城的朴雅风貌。

紫塞明珠承德不仅拥有规模最大的皇家园林——避暑山庄,还拥有众多的佛寺。自康熙五十二年(1713年)至乾隆四十五年(1780年)前后67年间,清政府围绕避暑山庄先后修建了12座各式风格的喇嘛庙,即溥仁寺、溥善寺、安远庙、普宁寺、普乐寺、普陀宗乘之庙、殊像寺、须弥福寿之庙、普佑寺、广缘寺、广安寺和罗汉堂,今存7座,以辉煌壮丽的建筑和丰富的文物收藏享誉国内外。除这些皇家寺庙外,还有地方政府和民间集资所建的寺庙,总计123座,是一座名副其实的"庙城"。呼和浩特也享有"召(庙)城"之称,当地民间有"七大召,八小召,七十二个兔名召"的谣言,大召、乌素图召、席力图召等著名的召庙都完好地保存下来,成为该城一大景观。至于全民信奉佛教的藏族地区的名城拉萨、日喀则、江孜和同仁,寺庙更是全城的核心建筑。

南方的寺院多与山水风光融为一体。以江山形胜闻名的镇江市区有"京口三山"，金山江天寺一寺独踞，见寺不见山，号为"金山寺裹山"；焦山定慧寺藏于林木深处，见山不见寺，号为"焦山山里寺"；北固山甘露寺筑于主峰之巅，楼台耸峙，铁塔凌空，号为"寺镇山"。寺院在这里成为城市景观的构景因素。福州古有"佛国"之称，宋代有"道路逢人半是僧，城里三山千簇寺"的说法，今存西禅寺、浦泉寺、华林寺、开元寺、妙峰寺、龙泉寺、云门寺等多处寺院，位于山的报恩寺定光多宝塔(白塔)和乌石山的崇妙保圣坚牢塔(乌塔)两塔对峙，是福州"三山两塔一条江"独特城市格局的构成要素。

道教庙宇不及佛寺数量多，不过在名城中也有普遍分布。北京白云观号称道教全真派"北方第一丛林"，是全真派著名道士丘处机的葬地；东岳庙是道教正一派在华北地区最大的庙宇；大高玄殿供奉玉皇，是明清两代皇家道观。都龙王庙、都城隍庙、火德真君庙、大慈延福宫、西顶碧霞元君祠、宣仁庙(风神庙)、凝和庙(云神庙)、昭显庙(雷神庙)、吕祖阁等供奉的都是常见的道教神祇。青岛、都江堰等名城因为境内有道教名山，道观建筑占有更重要的地位。道教当中包含了很多民间信仰，如沿海地区崇祀妈祖，泉州、天津的天后宫都是所在城市的重要建筑。

清真寺是穆斯林聚居区的主要建筑，银川目前就有100多座清真寺，喀什全市有大小清真寺269座，艾提尕尔清真寺居于市中心，是穆斯林做礼拜和举行盛大节庆活动的场所。广州、泉州、扬州等地的清真寺则是城市历史上对外文化交流的证明。基督教教堂多兴建于近代，见于北京、上海、青岛、哈尔滨、武汉、广州等开埠城市。

七、陵墓

历代帝王、王公贵族、名人的墓葬，在某种层面反映了名城曾经的政治地位和文化影响，加上其本身具有的重大历史、科学和艺术价值，使零万成为名城重要的物质构成因素。

(一)帝王陵墓

上古帝王陵是人们缅怀先祖的场所，延安因拥有中华民族始祖轩辕黄帝的陵就而成为中华民族的圣地，安阳二帝陵(颛顼、帝喾陵)、绍兴大禹陵也都是后人致祭的地方。后世帝王陵寝因规模宏大、墓室装饰精美、陪葬品众多而受人瞩目。

"秦中自古帝王州",关中平原是古代建都朝代最多的地区,周、秦、汉、隋、唐历代帝陵和皇亲勋臣陪葬墓集中于渭水两岸,或封土高大,或因山为陵,极为壮观。西安的秦始皇陵陪葬兵马俑坑一经发掘,震惊世界,被称为"世界第八大奇迹",成了西安最负盛名的古迹。咸阳市境内分布有帝陵和陪葬墓1135座,包括著名的汉武帝茂陵、唐太宗昭陵、唐高宗与武则天合葬墓乾陵。九朝古都洛阳有东汉、西晋、北魏各朝帝陵和唐高宗太子李弘恭陂;大同有北魏方山永固陵;南京有吴大帝孙权陵墓、南朝帝陵、南唐二陵、明太祖朱元璋孝陵;北京有金代皇陵、明十三陵和景泰陵;沈阳有努尔哈赤福陵和皇太极昭陵;银川、集安分布着被称为"东方金字塔"的西夏王陵、高句丽王陵,这些都是城市建都史的最好证明。另外,南朝部分皇陵在镇江,后周皇陵和北宋皇陵分别在今郑州新郑市和巩义市,南宋皇陵在绍兴,清西陵在保定易县,这些城市都曾是距离都城不远的地方。

(二)历代王侯墓

历代王侯墓多分布于各诸侯国都和封国都,反映了所在城市历史上区域政治中心的地位。河南商丘三陵台史载为西周宋国国公的三座陵墓;荆州八岭山集中了楚王墓和明藩王墓;寿县有春秋晚期蔡侯墓和西汉淮南王刘安墓;随州曾侯乙墓是战国早期曾国君主乙的墓葬;临淄境内156座古墓大都是春秋、战国和汉代齐国的君王、公侯、卿、大夫、贵族、名士的墓葬;曲阜防山墓群是周至汉代鲁国诸公的墓区,城北还有明安丘王墓;邯郸有战国赵王陵墓群、北朝贵族墓葬群;广州有南越王墓;北京有西汉燕王(或广阳王)墓葬(大葆台汉墓);保定满城汉墓是西汉中山靖王刘胜及其妻的墓葬;徐州有多处西汉楚王墓;扬州天山汉墓是西汉中晚期广陵王家族墓葬;襄阳有明代封海襄宪王、襄定王墓;钟祥显陵是明嘉靖皇帝生父母的合葬墓,以帝陵规格建造;长沙有西汉长沙王室墓和长沙王相软侯利苍墓(马王堆汉墓);南昌有宁王朱权墓;武汉有明朝8代9位楚藩王的陵寝;桂林明代11位靖江王墓葬及其他藩威王室的墓葬背倚尧山,左右两侧群峰林立,构成方圆百里、气象万千的墓群;成都市区东郊十陵镇有10座明蜀王家族墓葬;郑州也有明藩王陵。虽然由于礼制的限制,除去春秋战国出现了一些在各方面都不逊于周天子的诸侯王墓外,秦汉乃至唐宋明清的历代王侯墓葬均无法与同时代的皇陵相比,不过由于各王侯的横征暴敛和特殊爱好,其墓葬的随葬品十分丰富,甚至不亚于皇室陵墓。历代王侯墓所出土奇珍异宝每每轰动世界,随州曾侯乙墓编钟、马王堆汉墓帛画、岸书、地图,满城汉墓的长信宫灯、错金博山炉、金缕玉衣,徐州汉墓的汉兵马俑、金缕玉衣、银缕玉衣等都是非常珍贵的文物。

(三)名人墓葬

历代名人为名城增辉添色,名人墓葬如同名城的文化碑铭。杭州西湖之畔的民族英雄岳飞、于谦、张煌言墓葬,足为绮丽湖山增浩然之气。呼和浩特昭君青冢被文人演绎为千古传奇,也是民族间和善友好的象征。南阳张衡墓、张仲景墓,福州林则徐墓、严复墓、林纾墓是凭吊古代科学家和近代启蒙思想家、文学家的地方。楚汉名城、革命名城长沙历来人文荟萃,境内有南宋相国张浚、赵汝愚,理学家张栻,清代中兴名臣曾国藩,学者何绍基,戊戌烈士谭嗣同,近代爱国志士陈天华、姚洪业,辛亥革命民主革命家黄兴和民主革命烈士刘道一、陈作新、禹之谟、蒋翊武、焦达峰,护国军将领蔡锡等人的墓葬。岳阳屈原墓、杜甫墓、娥皇和女英二妃墓、小乔墓都是历代文人凭吊的风骚胜迹。

八、会馆、古民居

会馆为在外商人、士子聚会栖身之地。通都大邑是会馆较集中的地方,如北京有福建汀州会馆、中山会馆、顺德会馆、南海会馆、湖广会馆、阳平会馆、安徽会馆、湖南会馆,洛阳有山陕会馆、潞泽会馆,襄阳有山陕会馆、黄州会馆、抚州会馆等。会馆通常建造精美,风格独特,有较高的艺术价值。北京汀州会馆是城内少见的具有南方风格的古建筑。聊城山陕会馆自乾隆八年(1743年)始建,前后用了66年,耗银九万二千余两建成,现存山门、过楼、戏楼、左右夹楼、钟鼓二楼、南北看楼、南北碑亭、正殿、关帝庙、财神殿、火神殿、春秋楼、望楼、游廊等亭台楼阁160多间。大殿内雕梁画栋,装饰极为精细;戏楼尤为新奇别致,可与北京颐和园大戏楼媲美。南阳山陕会馆从乾隆二十一年(1756年)年始创,经嘉庆、道光、咸丰、同治至光绪,历时136年,耗费了巨额资金,馆内石雕、木刻、刺绣巧夺天工,在建筑史上占有重要地位。有些会馆还曾经是名人所居,一些重要的历史、文化事件发生地。如北京顺德会馆曾为清代著名学者朱彝尊住宅,名著

《日下旧闻考》撰写于此;康有为自1882年至京直到1898年戊戌变法失败期间一直居于南海会馆,该处是他进行维新活动的地点。

名城中还保留有一些古民居建筑,它们是地方建筑的代表和地方文化的载体,与宫殿、衙署等官方建筑和坛庙、祠堂及宗教建筑一起反映着城市生活的不同侧面。

九、近现代史迹

近现代史迹包括近现代重大历史事件的发生地、近现代名人故居及纪念建筑和近现代优秀建筑,是城市在近现代历史地位的体现。

1840年鸦片战争是中国近代史的开端。南京的静海寺遗迹、太平天国天王府遗址、总统府、中山陵、侵华日军南京大屠杀遇难同胞纪念馆、渡江胜利纪念碑等记载着中华民族在近现代史上天翻地覆的重大事件:1842年,中国近代史上第一个不平等条约——《南京条约》在明代为表彰郑和下西洋之功而奉敕所建的静海寺议定;1853至1864年太平天国定鼎天京;1912年中华民国临时政府成立,中国延续2000余年的封建帝制宣告终结;1927年南京国民政府成立;1937年侵华日军南京大屠杀,制造惊天惨案;1949年4月20日,中国人民解放军发动渡江战役,23日占领南京,结束了国民党在中国大陆的统治。

广州是中国近代民主革命策源地和大本营。康有为在这里宣传维新思想,孙中山在这里领导起义,三次建立革命政权,张太雷、叶剑英等在这里领导广州起义并成立苏维埃政府,相关史迹有万木草堂、黄埔军校、孙中山大元帅府、黄花岗七十二烈士墓、中华全国总工会旧址、广州起义旧址纪念馆、广州起义烈士陵园、孙中山纪念碑、中山纪念堂等。

武汉自20世纪以来,先后成为辛亥革命的中心、国民大革命的中心和抗战初期全国抗日救亡运动的中心,武昌首次起义在这里爆发,京汉铁路总工会在此组织总同盟大罢工,国民政府曾设于武汉,中国共产党八七会议在此召开,武汉三镇的庚子烈士墓(1900年自立军起义领导人唐才常、傅慈祥等7位烈士合葬墓)、三烈士亭(辛亥彭楚藩、刘复基、杨洪胜三位革命党人就义处)、鲁兹故居(辛亥革命时期掩护反清革命志士和进步人士活动的场所及抗战初期周恩来、朱德等开展革命活动的场所)、起义门、武昌起义军政府旧址、辛亥革命烈士墓、黄兴铜像、京汉铁路总工会旧址、施洋烈士墓、武汉国民政府旧址、武昌中央农民运动讲习所旧址、毛泽东旧居、中共五大开幕式暨陈潭秋革命活动旧址、中华全国总工会暨湖北省总工会旧址、八七会议会址、国民革命军第四军独立团(叶挺独立团)北伐攻城阵亡官兵诸烈士墓、向警予烈士墓、红色战士公墓、八路军武汉办事处旧址、苏联空军志愿队烈士墓等昭示着武汉在现代史上的重要政治地位。

第一批历史文化名城中,遵义和延安是作为革命圣地列入的。1935年1月,中国工农红军长征途中,在遵义召开了中共中央政治局扩大会议,成为中国共产党历史上的重要转折点,具有伟大的历史意义。遵义会议后,中央红军在毛泽东指挥下,四渡赤水,取得战略转移中具有决定意义的胜利,遵义以此成为革命历史名城,现存遵义会议会址、红军总政治部旧址、毛泽东等住处、红军烈士陵园及四渡赤水纪念塔、娄山关等,即为这段历史的纪念文物。1935年10月19日,毛泽东率领中国工农红军陕甘支队到达吴起镇;1935年11月7日,中央机关到达瓦窑堡;1937年1月,中央机关和毛泽东等中央领导进驻延安,从此直到1947年3月,延安一直是中国共产党中央委员会的所在地、指导中国革命的中心和领导人民进行抗日战争和解放战争的司令部和总后方。在延安先后召开了著名的中共中央瓦窑堡会议、洛川会议,成立了陕甘宁边区政府,创建了抗日军政大学、鲁迅艺术学院、延安大学,抗战相持阶段,掀起了轰轰烈烈的大生产运动。如今延安吴起镇、瓦窑堡、洛川、凤凰山、王家坪、杨家岭、枣园、南泥湾等处保留有100多处革命旧址和革命烈士陵园,是我国最主要的革命纪念地之一。南昌是中国共产党领导八一起义的地方,现存起义总指挥部旧址、朱德旧居等相关文物,城区梅岭东麓还有方志敏烈士墓葬。长汀是第二次国内革命战争时期中央苏区的中心城市和福建省红色区域的首府,毛泽东、朱德、刘少奇、周恩来、陈毅等在此开展过革命活动,瞿秋白、何叔衡就义于此,现存红四军司令部、政治部旧址(毛泽东、朱德旧居),福建省苏维埃政府旧址,中共福建省委旧址(周恩来旧居),福建省职工联合会旧址(刘少奇旧居),中央红色医院前身——福音医院旧址,瞿秋白烈士纪念碑等大量革命文物是这段历史的真实记录。

另外,中国共产党的诞生地上海以及北京、天津、哈尔滨、长沙、重庆等地也是革命史迹繁复的地方。上海是中国近代以来最大的工商业都会和重要的文化中心,以博大的胸怀包容了一大批叱咤风云的政治家、实业家和科学文化巨人,上海的文物古迹也因此以名人遗迹为特色,孙中山故居、鲁迅故居、宋庆龄故居、周恩来公馆等保存完好。北京也是近现代风云际会之地,有康有为故居、孙中山逝世纪念地、李大钊故居、毛泽东故居、鲁迅故居、老舍故居、茅盾故居、宋庆龄故居、郭沫若故居、齐白石故居、梅兰芳故居、程砚秋故居等多处政治领袖人物和文化名人的活动纪念地。天津曾是遗老遗少、官僚政客、革命家、学者、文学艺术家云集的地方,有张园、静园、李纯祠堂、霍元甲故居、周恩来在津活动旧址、觉悟社旧址、吉鸿昌旧居、梁启超饮冰室、李叔同故居等近现代名人故居。

在上海、天津、武汉、哈尔滨、青岛、广州、北京、南京等近现代经济都会、政治中心城市中,留存有许多新颖别致的建筑,其设计和建造者既有外国建筑师,也有从西方学成归来的中国工程技术人员,这些建筑汲取和反映了当时世界上先进的建筑思潮和建筑方法,在艺术上和建筑学上有较高的价值,同时也是这些城市成为历史文化名城的重要依据和名城风貌的体现。如上海外滩建筑群,天津"金融街""小洋楼"、南开学校旧址,武汉汉口租界建筑、武汉大学早期建筑,哈尔滨中央大街,青岛德国总督府和总督楼、"八大关"建筑群,广州沙面建筑群,北京东交民巷使馆区建筑、清华大学早期建筑、原燕京大学未名湖区、原中法大学、原辅仁大学,南京国民政府各部、院建筑,公馆建筑、原中央大学建筑、原金陵大学建筑等。

第二节　历史街区及具有历史特色的城市格局和风貌

在《国务院批转建设部、文化和旅游部关于申请公布第二批历史文化名城名单报告的通知》中提到历史文化名城的审定原则第二条中说,"作为历史文化名城的现状格局和风貌应保留着历史特色,并具有一定的代表城市传统风貌的街区。"这是我国正式提出将历史街区及具有历史特色的城市格局和风貌作为历史文化名城的构成部分,两者是历史文化名城与文物保护单位的本质区别所在,也是城市历史活的见证。

一、历史街区

(一)历史街区的概念

历史街区是指保存有一定数量和规模的历史建(构)筑物且风貌相对完整的生活地区。该地区内的建筑可能并不是个个都具有文物价值,但它们所构成的整体环境和秩序却反映了某一历史时期的风貌特色,价值由此得到了升华。类似的提法还有历史地段、历史风貌区、历史文化保护区等。对历史街区及城市历史风貌的关注始于1964年通过的《国际古迹保护与修复宪章》(《威尼斯宪章》),其中指出:历史古迹的概念不仅包括单个建筑物,而且包括能从中找出一种独特的文明、一种有意义的发展或一个历史事件见证的城市或乡村环境。1987年,国际古迹遗址理事会通过的《保护历史城镇与城区宪章》(《华盛顿宪章》)中提出了现在学术界通常使用的历史地段和历史城区的概念:"本宪章涉及历史城区,不论大小,其中包括城市、城镇以及历史中心或居住地,也包括自然的和人造的环境。除了它们的历史文献作用外,这些地区体现着传统的城市文化的价值。"①

我国历史文化名城中古城格局风貌完整的为数甚少,绝大多数的名城整体风貌已不存,但还保留有若干体现传统历史风貌的街区。2002年10月修订后的《中华人民共和国文物保护法》正式将历史街区列入不可移动文物范畴,具体规定为:"保存文物特别丰富并且具有重大历史价值或者革命意义的城镇、街道、村庄,并由省、自治区、直辖市人民政府核定公布为历史文化街区、村镇,并报国务院备案。"

(二)历史街区实例及其价值分析

1.北京的40片历史文化保护区

方圆62平方千米的北京明清古城,是在元大都的城市基础上改建而成的,其"中轴对称,平缓开阔,轮廓丰富,节律有序"的特点,集中体现了我国传统城市的规划建设精华,被誉为"人类在地球表面上最伟大的个体工程"。新中国成立以后,在当时的历史条件下,北京古都的最大特征——内外城墙和城楼被拆除,古城整体风貌遭到破坏。1990年北京市政府公布了第一批北京历史文化保护区名单,1993年修订《北京城市总体规划》时,明确提

---

①易振宗,张博.广州十三行历史街区建筑风貌特色探微[J].广州城市职业学院学报,2018,12(1):56-63.

出了25片历史文化保护区的名单。至1999年,《北京旧城历史文化保护区保护和控制范围规划》经市政府批准,最终确定了保护区的范围和界线。其间,牛街历史文化保护区由于改造不当,在1999年划定25片范围时被排除,另增加了鲜鱼口地区,总数仍为25片。其中有14片分布在旧皇城内:南、北长街,西华门大街,南、北池子,东华门大街,景山东、西、后、前街,地安门内大街,文津街,五四大街,陟山门街;有7片分布在旧皇城外的内城:西四北头条至八条,东四三条至八条,南锣鼓巷地区,什刹海地区,国子监地区,阜成门内大街,东交民巷;有4片分布在外城:大栅栏,东、西琉璃厂,鲜鱼口地区。2002年《北京历史文化名城保护规划》开始编制,新增15片历史文化保护区。其中,旧城内继续补充历史风貌较完整、历史遗存较集中和对旧城整体保护有较大影响的街区5片:皇城、北锣鼓巷、张自忠路北、张自忠路南、法源寺;在旧城外确定文物古迹比较集中、能较完整地体现一定历史时期传统风貌和地方特色的街区或村镇10片:海淀区西郊清代皇家园林、丰台区卢沟桥宛平城、石景山区模式口、门头沟区三家店、川底下村、延庆区岔道城、榆林堡、密云区古北口老城、遥桥峪和小口城堡、顺义区焦庄户。北京第一批、第二批历史文化保护区合计共有40片,其中旧城内有30片,总占地面积约1278公顷,占旧城总面积的21%。旧城第一、第二批历史文化保护区和文物保护单位保护范围及其建设控制地带的总面积为2617公顷,约占旧城总面积的42%。这些历史文化保护区的价值与特点如下:

(1)皇城历史文化保护区

皇城被整体设计为历史文化保护区,范围为:东至东黄城根,南至现存长安街北侧红墙,西至西皇城根南北街、灵境胡同、府右街,北至平安大街,内含紫禁城、太庙、社稷坛、北海、中南海及14片第一批历史文化保护区,总用地约6.8平方千米。以皇家宫殿、坛庙建筑群、皇家园林为主体,以平房四合院民居为衬托,具有浓厚的皇家传统文化特色,保存相对完整的皇城是北京体现帝都风貌的核心载体。明清皇城以其杰出的规划布局、建筑艺术和建造技术,成为中国几千年封建王朝统治的象征,具有唯一性、完整性、真实性、艺术性等特征,历史文化价值极高。

皇城的唯一性:明清皇城是我国现存唯一保存较好的封建皇城,它拥有我国现存唯一、规模最大、最完整的皇家宫殿建筑群,是北京旧城传统中轴线的精华组成部分。

皇城的完整性:皇城以紫禁城为核心,以明晰的城市中轴线为纽带,城内有序集合皇家宫殿苑囿、御用坛庙、衙署库坊、民居四合院等设施,呈现出皇权至高无上的规划理念和完整的功能布局。

皇城的艺术性:皇城在规划理念、建筑布局、建造技术、色彩运用等方面具有很高的艺术性。

南长街、北长街、西华门大街、南池子、北池子、东华门大街等6个街区位于旧皇城内故宫的东西两侧,是皇城保护区的重要组成部分。其中南、北长街和西华门大街位于故宫与中南海之间,南、北池子和东华门大街位于故宫和太庙以东、原东皇城以西,是衬托故宫等皇家宫殿建筑群的最重要地区。这些地区在明代主要是为皇宫服务的衙署、寺庙等,自清代以后逐渐演变成以居住为主的街区,目前仍有传统的居住街道的空间尺度、良好的街道绿化(槐树)和较为安宁的居住气氛。南、北长街内有福佑寺、昭显庙、升平署戏楼等文物保护单位,南、北池子内有皇史宬和庙、普度寺大殿、南皇城城墙和军调部(1949年中共代表团驻地)等各级文物保护单位。

文津街、景山前街、景山东街、景山西街、景山后街、地安门内大街、陟山门街、五四大街等8个街区位于旧皇城北部地区,分布在景山、北海等重要文物景点的周围,是最靠近旧城制高点景山的街区,也是皇城保护区的重要组成部分。这些地区在明代皇城内主要是为皇宫服务的后勤供应衙署,清代以后逐渐演变为以居住为主的街区。文津街、景山前街、五四大街是旧城内重要的传统文化街,两侧有故宫、景山、北海、团城、中南海、大高玄殿、老北京图书馆、北大红楼等著名的文物古迹。

景山东街、景山后街、地安门内大街沿街还留有明代界墙遗存,附近有毛泽东故居、京师大学堂建筑遗存、北大地质馆旧址、嵩祝寺及智珠寺等文物保护单位。

陟山门街是联系北海东门(陟山门)与景山西门之间的一条有特色的小街。在这一地区还有一些北京旧城中重要的传统景观视廊,如景山万春亭、北海白塔,文津街和五四大街的对景故宫角楼等。这些街区至今仍保留着大量的四合院住宅,成为景山、北海、故宫等文物的重要"背景"。

（2）什刹海地区

什刹海地区历史悠久，金代即在此建大宁宫；元代为大运河的终点，钟鼓楼一带成为当时北京最繁华的商业区；明清两代是权贵王府、深宅大院的集中处，也是北京内城民间居住、生活、游憩的场所。什刹海包括前海、后海、积水潭三个湖，是北京旧城最重要的融水面风光与民俗文化于一体、富有老北京特色的传统风景地区和民居保留地区。什刹海地区有众多的文物古迹，国家重点文物保护单位有宋庆龄故居、郭沫若故居、钟楼和鼓楼、恭亲王府花园，市、区级文物保护单位有30余处。这一地区还有很多有历史文化意义的场所，如银锭桥、后门桥（元代大运河漕运终点）、汇通祠（北京长河引水终点处）等，还有一些传统城市景观视廊，如鼓楼、景山万春亭、银锭观山、德胜门与钟鼓楼等。什刹海地区也是老北京城传统四合院较为密集的地区之一。由于受水面形状的影响，胡同以曲折和不规则而成其特色。传统四合院遗存主要集中在柳荫街、金丝套地区及西海西段，具有传统特色的小街有烟袋斜街、白米斜街等。

（3）南锣鼓巷

南锣鼓巷地区建于元代，虽经数百年变迁，仍保持着元代"鱼骨式"的胡同格局，在老北京城街坊的胡同系统中是最完整的。南锣鼓巷也是北京旧城典型的传统四合院地区。悠久的历史给这一地区留下了众多质量较好的传统四合院、名宅古园、山石碑刻。现有市级文物保护单位5处、区级文物保护单位12处（包括清代皇后婉容故宅、茅盾故居、可园、恩园等），有价值的历史遗存20余处。

（4）国子监地区

该地区位于北京旧城东北部，始建于元代，至今已有700余年的历史。这一地区内有国家重点文物保护单位孔庙、国子监、雍和宫。国子监街上完整地保留着始建于明代的4座牌楼，有市级文物保护单位柏林寺和循郡王府，还有大量格局较为完整、房屋质量较好的传统四合院。该地区构成了以孔庙、国子监和雍和宫等重要历史建筑群为中心，以传统四合院为衬托的风貌特征。胡同内绿化良好并保持着传统空间尺度。

（5）阜成门内大街

这条大街元代形成，一直是北京旧城西部进出城门的重要交通道路。阜成门内大街现全长1.4千米，文物古迹十分密集，平均不足300米就有1

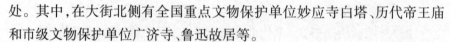

处。其中,在大街北侧有全国重点文物保护单位妙应寺白塔、历代帝王庙和市级文物保护单位广济寺、鲁迅故居等。

(6)西四北头条至八条、东四三条至八条

西四北头条至八条、东四三条至八条均建于元代,经明清两代保存下来。这一地区的胡同排列整齐,四合院布局规整,是老北京城典型的传统四合院区,至今仍保留着一定数量较好的四合院。在西四北头条至八条,有程砚秋故居等4处市级文物保护单位,有一定历史价值的四合院或建筑40处。位于东四六条的崇礼住宅为国家重点文物保护单位,占地近1公顷,享有东城府邸之冠的赞誉,具有极高的历史和艺术价值。东四四条5号院、六条55号院、八条71号院均为区级文物保护单位。

(7)东交民巷

1900年《辛丑条约》签订后,东交民巷地区划为"国中之国",成为西方列强的使馆区。西方列强在此修建使馆、兵营以及教堂、银行、邮局等。其中主要的建筑物是中国近代史的重要实物见证,从一个侧面反映了中国从封建社会沦为半封建半殖民地社会的历史变迁。此外,东交民巷使馆区的建筑物也反映了西方国家20世纪初的建筑风格,在古老的北京城中形成了独具一格的建筑特色。该区目前保存较好的建筑有:日本、英国、法国、意大利、奥地利、美国、荷兰的使馆旧址,圣米厄尔教堂、花旗银行旧址、东方汇理银行旧址、法国邮政局旧址等。

(8)北锣鼓巷历史文化保护区

位于东城区,南至鼓楼东大街,北至车辇店、净土胡同,东至安定门内大街,西至赵府街,总面积约为46公顷。该地区与什刹海、南锣鼓巷、国子监等三个历史文化保护区相邻,是皇城的重要背景,也是保护日城整体风貌和沿中轴线对称格局不可缺少的地段。

(9)张自忠路北历史文化保护区

位于东城区,南至张自忠路,北至香饵胡同,东至东四北大街、西至交道口南大街,总面积约为42公顷。该街区有和敬公主府、段祺瑞执政府旧址、孙中山逝世纪念地等多处市、区级文物保护单位。

(10)张自忠路南历史文化保护区

位于东城区,东至东四北大街,南至钱粮胡同,北至张自忠路,西至美术馆后街,总面积约为42公顷。该区域处于皇城与东四三条至八条保护区之间,现有胡同格局完整,有马辉堂花园等文物保护单位。

(11)法源寺历史文化保护区

位于西城区,南至南横西街,北至法源寺后街,东至菜市口南大街,西至教子胡同,总面积约20公顷。该街区内有法源寺、湖南会馆、绍兴会馆等文物保护单位,街区整体风貌保存较好。

(12)大栅栏

这是北京著名的传统商业街,建于明代永乐十八年(1420年),至今已有580多年的历史。自清代以后,这条街的商业更加繁华,进而促进了娱乐业、服务业、旅馆业的发展;清代末及民国以来,成为北京综合性的商业中心和金融中心。1949年后,大栅栏仍是北京最繁华最具传统特色的商业街,至今保留着瑞蚨祥绸布店、同仁堂药店、六必居酱园、内联升鞋店、步瀛斋鞋店、马聚源帽店、张一元茶庄、亨得利钟表店、庆乐戏院等京城百年老字号。大栅栏附近的廊房二条、廊房三条、门框胡同、钱市胡同、劝业场等仍基本保持着原有街区胡同的空间特色,并有较多的历史遗存。大栅栏西街、铁树斜街、杨梅竹斜街、樱桃斜街等反映了从金中都、元大都到明清两代北京城变迁的部分历史痕迹。

(13)东、西琉璃厂街

琉璃厂街位于和平门外,被南新华街分为东西两部分,因明代此处为制造五色琉璃瓦的窑厂而得名。清代乾隆年间,这一带逐渐形成以古董、书籍、字画、碑帖、南纸为主的市场。1949年后,琉璃厂街仍集中着许多书画、文具(古玩)店铺,其中荣宝斋等老店最为著名。琉璃厂厂甸还是北京春节传统活动的地区之一。琉璃厂街在20世纪80年代初期进行了全面改建,但仍保留着传统建筑风貌和文化街的经营特色。

(14)鲜鱼口地区

鲜鱼口街位于前门大街东侧,隔前门大街与大栅栏街相对应。建于明代,清代始成规模,也是前门地区一条传统的商业街,至今仍有便宜坊烤鸭店、都一处烧卖店、兴华园浴池等多处老字号。鲜鱼口街往东的草厂三条至九条,是一个传统胡同和四合院区。该区的特点是:胡同为北京旧城中少见的南北走向,胡同密集,间隔仅约30米;四合院大门不是常见的南、北开门,而是东、西开门。鲜鱼口地区整个街区占地不大,但遗存的传统风貌甚浓。

(15)西郊清代皇家园林历史文化保护区

位于海淀区,包括颐和园、圆明园、香山静宜园、玉泉山静明园等,即清代的"三山五园"地区,是我国现存皇家园林的精华。

(16)卢沟桥宛平城历史文化保护区

位于丰台区,卢沟桥、宛平城是国家和市级文物保护单位,也是震惊中外的"卢沟桥事变"发生地,具有重要的历史和革命纪念意义。

(17)模式口历史文化保护区

位于石景山区西北部,金顶山路与京门公路之间,为京西古道。在模式口大街以北,传统村落的风貌保存较好,并有承恩寺、田义墓、法海寺等文物保护单位。

(18)三家店历史文化保护区

位于门头沟区永定河北岸,三家店村中现存多处文物,与煤业发展有关的建筑群、会馆等成为此地独特的景观,具有浓厚的京西地方特色。

(19)川底下村历史文化保护区

是门头沟区斋堂镇的一个自然村,房屋依山而建,村中现保存着许多明清时期的四合院民居,其建筑艺术相当精湛,风貌相当完整。

(20)榆林堡历史文化保护区

位于延庆区康庄镇西南,元明清时期是京北交通线上的重要驿站之一,其平面呈"凸"字形。

(21)岔道城历史文化保护区

位于延庆区八达岭镇,是北京通往西北的重要军事据点和驿站,其紧邻八达岭长城,至今原有城墙、城门尚在。

(22)古北口老城历史文化保护区

位于密云区古北口镇的东北部,自古以来为兵家必争之地。现存药王庙戏楼、财神庙、古关址等文物和南北大街,风貌较完整。

(23)遥桥峪城堡、小口城堡历史文化保护区

遥桥峪城堡位于密云区新城子乡东部,建于明万历二十六年(1599年),此堡呈方形,南面正中一座城门,至今保:存完好。小口城堡位于密云区新城子乡北部,距遥桥峪城堡约4千米,是明代戍边营城,城墙"北圆南方",保存完好。

（24）焦庄户历史文化保护区

焦庄户地道战遗址属顺义区龙湾屯镇焦庄户村。1943年，当地党组织和群众利用地道和日寇周旋作战，创造了抗战时期闻名的"地道战"，被誉为"人民第一堡垒"。

2. 宁波古城的历史街区

宁波地处水网地带，城外东、南、西面有六大河流，城区被余姚江、奉化江、雨江三江自然划分为呈鼎足之势的海曙、江东、江北三区，城中有风景秀丽的月湖，形成"三江六塘河，一湖居城中"的独特地理环境。自古这里是著名的对外交通贸易口岸，鸦片战争后被作为"五口通商"的港口之一，明清以来是反侵略斗争的前沿。宁波素称人文渊薮，先后诞生有四明学派、姚江学派、浙东学派等极具影响力的学术派别，闻名海内的天一阁藏书楼是藏书文化的杰出代表。古城6处历史街区体现了城市的历史文化特色：

（1）月湖历史文化景区

位于城区西南部，东至镇明路，北抵中山西路，西南面临北斗河，总面积96.7公顷。月湖南北长1100米，东西宽60～100米，现有水面6.5公顷，是古城内唯一的大面积水域。月湖早在宋代即已形成"十洲"胜景，历来是学者讲学、市民游憩之处，为浙东文化学术重地。现存文物古迹较为集中，藏书名楼天一阁位于芙蓉洲上，景区入口处的范宅是宁波市现存最完整、规模最大的明代建筑，湖畔共青路、土井巷、桂井街等地传统街巷和民居较为完好。

（2）伏跗室永寿街区

其范围以永寿街为中轴线，东至孝闻街，西至文昌街，全长约150米，南北各宽约30～40米。街区内较集中地保存了伏跗室、元戎第等一批明末至清的藏书楼、官宅、民居等建筑，是宁波城区内现存较典型的明清住宅建筑传统风貌街区。

（3）天主教堂外马路街区

位于城区三江口雨江西岸，以天主教堂为中心，南至新江桥，西接人民路，北到轮船码头，东为雨江。该地为宁波"五口通商"后"外人居住地"的一部分，保留了一片具有外来建筑文化特色的优秀近代建筑和近现代史迹，主要有哥特式天主教堂（浙江省最雄伟的天主教堂）、工商银行等，是近代宁波港口风貌的典型地段。

(4)鼓楼公园路街区

范围南起鼓楼,北至中山公园北墙界,东至军分区西围墙东侧10米,西抵呼童街。该街区为唐明州城遗址,鼓楼原为明州城的南城门,是宁波城市建立的标志。唐末增筑罗城后,这里成为子城,唐、宋、元、明、清的衙署都在这一带,是历代宁波的政治中心,在宁波城市发展史上具有特殊地位。现存建筑绝大多数建于民国时期。

(5)郡庙天封塔街区

范围为天封塔和宁波府城隍庙周围,东南至大沙泥街,西至解放南路,北以药行街为界。始建于唐代的天封塔是古代宁波城的标志性建筑,该街区是现宁波城内最具鲜明标志性的传统街区和公众娱乐、购物、休憩地。

(6)镇海口海防史迹保护区

位于甬江出海处镇海口两岸,地跨镇海、北仑二区。其范围东北起自笠山、戚家山,西至后海塘的进港公路,北以笠山、招宝山为界,南至镇海区的古城墙遗址。这里是中国东南沿海人民抗倭、抗英、抗法、抗日斗争的主要战场之一,遗留有招宝山威远城、月城、戚家山营垒、金鸡山瞭望台、吴杰故居、记功碑及安远、靖远、镇远、平远炮台等海防斗争遗迹。与其他地区的海防遗迹相比,该区具有持续年代长、经历事件多、遗迹丰、范围大、类型全、保存好等特点,从一个侧面反映了中国抗击外来侵略的历史和宁波人民热爱祖国、不畏强暴、抗御外侮的斗争精神,体现了宁波历史文化名城的特色。

3.杭州古城的历史街区

杭州曾经是南宋的都城,我国七大古都之一,也是大运河的南端点,经济繁荣,素称"钱塘自古繁华"。古城的范围东起环城东路、城站,西至环城西路、湖滨路、南山路,北起环城北路,南到万松岭路、吴山脚下、望江路,总面积1087公顷。现划定10个历史街区:

(1)清河坊历史街区

该街区以河坊街为中心,北起高银街和于谦故居北砖墙,南至吴山北山脚,西起华光巷,东至金钗袋巷和中河路。这里是杭州古城风貌最浓厚的地区,区内现有全国重点文物保护单位胡庆余堂和市级文物保护单位钱塘第一井及胡雪岩故居、方回春堂、叶种德堂等。此外,大井巷、河坊街一带曾经是中医药业比较集中的地区。

(2)中山中路传统商业街保护区

中山中路传统商业街保护区与清河坊十字相连,南起鼓楼,北至官巷口,东起光复路,西至现有道路的40米外。中山路在南宋时是都城临安的御街,是临安城格局南北走向的主轴线,也是一条传统的商业街。沿街商铺林立,诸行百市样样齐全,繁华一时,到了元代还有"一代繁华如昨日,御街灯火月纷纷"的诗句。至今在这条一两千米长的路段上,留下了方裕和、状元馆、高文泰、九芝斋、豫丰祥、邵芝岩、奎元馆等十数家名店老店,古商业街的风貌依然存在。沿街两侧仍保留着很多清代至民国初的商业建筑,还有不少仿西方古典式建筑,是市内近代建筑最集中的街道,保存完好的主要以近代西式建筑风格为主。

(3)小营巷旧城风貌保护区

其范围为北起太平天国听王府北围墙,南至方谷园,东起银枪班巷,西对马市街。小营巷内最值得称道的古建筑有二:一是太平天国的听王府,一是钱学森旧居。整个小营巷目前历史建筑占70%左右。

(4)湖边村近代典型民居保护区

于西湖边长生路、学士路、白傅路和东坡路之间,面积约3公顷,主要由湖边村和劝业里两个街坊组成。建筑主要以近代的石库门建筑为主,是20世纪30年代民国时期的典型民居。目前,除部分沿街建筑在性质与外观装修上有所改变外,整体格局及建筑形式、性质等都保持原有的特色,是杭州近代民居保留较为完整的一处。

(5)北山街保护区

其范围为北起栖霞岭、葛岭、宝石山南麓、宝石一弄,南至北山街,东起保俶路,西至栖霞岭、华北饭店,面积40.11公顷。北山街保护区是唯一位于风景名胜区的历史文化街区,整个地区拥有大量的古树名木,除寺庙等宗教建筑外,还有以新饭店为代表的欧式建筑及许多各具风格、形式美观的中西式别墅建筑。目前这一带已经考证的古建筑有陈文龙墓、秋水山庄、日本驻杭领事馆旧址、蒋范亭题刻、黄宾虹旧居、宝石山造像、大石佛院造像、静逸别墅、坚匏别墅、菩提精舍、玛瑙寺旧址、第一届西湖博览会工业馆和邮政旧所等。

(6)西兴老街保护区

范围东起古资福桥,西至乐陵关路,南面纵深20～80米不等,北至官司河路。老街全长960米,青石板路,狭长的巷子曲曲折折地一直蜿蜒到视线尽头;路两边高低错落的房子虽然式样迥异,但一律的白墙黑瓦,前人曾在此进行过丰富的活动。沿街有市级文物保护单位浙东运河之头及乐陵关遗址、古资福桥等文物古迹。

(7)思鑫坊近代民居保护区

其范围北起天长小学,南至学士路,东起孝女路,西对菩提寺路,面积1.24公顷,由思鑫坊、营寿里和承德里三个街坊及八幢别墅组成。思鑫坊一带的近代民居主要是石库门建筑和别墅建筑,是杭州典型的近代建筑风貌特色的居住街坊。

(8)小河直街历史街区

其范围北起长征桥路,东至小河,南至小河与京杭运河交汇处,西至小河直街以西30米,面积3.7公顷。这一带的建筑反映了杭州沿河近代传统民居和商铺的特点,保存原有京杭运河沿岸地区的传统生活方式。

(9)拱宸桥桥西历史街区

其范围为北起杭州第一棉纺厂保留仓库,南至通源里保留仓库,西对小河路,东至京杭运河西岸,面积6.55公顷。拱宸桥地区在清同治年间是繁盛的水陆码头,1949年后成为杭州市的主要工业、仓储区,大批的工厂厂房和配套设施相继兴建,反映了从晚清到解放初期的近代杭州民族工业发展历史。现保存有市级文化保护单位拱宸桥和大量的传统民居、里弄、街巷,如中心集施茶材会公所等。

(10)长河老街保护区

该区是以泽街——山下里与长河——槐河街交叉口为中心的区域,位于滨江区的长江路以西。街区内保留有大量的以大夫第、荷花池等为代表的优秀建筑,泽街——山下里和长河——槐河街等传统街巷也保存完整。2004年,杭州市规划局公布新增12处有关近代建筑的拟保护地段。此12处历史地段为兴安里、韶华巷——恰丰里、酒水坊、平远里、惠兴路、五柳巷、龙翔里、元福巷、安家塘、武林路、留下镇、梅家坞。这些地段多位于市中心,其典型的里弄住宅、独立式住宅建筑以及街巷格局等反映了近代杭州的城市面貌。

4.昆明文明街片区

昆明因建城历史悠久,文物古迹众多,传统街区与老建筑风貌突出,山水景色秀丽和人文内涵丰富,名列首批国家级历史文化名城。其中尺度形式宜人、主要由具地方特色的"一颗印"民居组合构成的传统风貌文化街区是名城极为重要的构成部分。文明街是目前昆明保存较好的街区之一,位于城市南北中轴线正文路西侧,范围北到文庙,南达景星街,西至市府东街、云瑞西路,东抵正文路,面积为20公顷,占昆明旧城面积的50%。

文明街片区是昆明历史文化名城的核心内涵之一和昆明城市历史文化遗产体系不可替代的重要组成部分。该片区具有1200多年的悠久历史。早在公元765年南诏王阁逻凤派其子凤伽异筑造拓东城——今昆明市的前身时,这里就是拓东城的中心区,位居城市南北主轴线的西侧。在一千多年的历史变革与发展中,经历了南诏、大理两个地方政权长达500多年的历史及元、明、清三朝和民国时期,文明街片区始终处于城市中心的位置上。这一带一直是全省政治中枢、统治机构的驻地。大理国时期的东府和善阐侯高智升的府邸、元代的云南行省衙署、明代的布政使司署均在片区东侧的威远街口至长春路口一线,清代的藩台亦在威远街西段北廊,清代的云贵总督署在今胜利堂址,粮道署在景星街北廊,即今文明街南段,故景星街以前称粮道街。文明街北口曾有"南国文明坊",在光华街口与威远街口之间曾有闻名遐迩的"天开云瑞坊",亦称"三牌坊",这两座牌坊更衬托出城市中心的重要地位。

文明街片区是昆明旧城内规模最大、文物与历史建筑众多、保存较为完整的传统风貌街区。街区内有平地有坡地,基本反映昆明城市地形特点;道路系统是典型的直街曲巷,也有酒杯型路网形态,其格局和建筑布局体现了昆明旧城特色。街区内文物古迹密集,现有人民胜利堂、福林堂、欧氏宅院、小银柜巷7号马家宅院、小银柜巷8号戴丽三旧居、居仁巷10号傅氏宅院、西卷洞巷1号民居等。街区内的城市功能包括居住、商业、小生产以及政治、文化、纪念标志等功能,涵括了城市传统功能的主要方面。达官、富户、医、儒、工、商纷纷在此建宅,留下了大量居民商铺,规模多样、种类齐全,几乎包括了昆明城市传统民居的所有类型,有临街的条式、院式、转角式民居,也有背街临巷的"一颗印"三合院式、四合院式、套院式民居,在旧城街坊中最具有代表性。同时在基本的民居形式上还有丰富的变化,形成非常多样的民居形态。建筑大多受到汉文化深刻影响,屋面均有举折、反曲、屋脊生起、起翘、厚墙收分、木柱侧脚,而且有所创新,以汉族四合院式房屋为主,吸收了白族、彝族等各民族的特点,一般以间为单位,组成三间单幢建筑(称"坊"),然后围合形成代表昆明地区特色的"一颗印";同时也有来自滇西大理白族的"一字型独坊房""三坊一照壁""四合五天井""六合同春"与来自滇东南建水、石屏地区的"三间六耳下花厅""四马推车"等。在滇越铁路修通后,伴随着西方殖民主义的侵入及对西洋建筑文化的向往,片区内还出现了砖木结构的"洋"别墅。小银柜巷7号(昆明市第一任市长马珍府邸),8号大院、曙光巷5号(著名医师姚蓬心教授宅邸)、盘龙区文化馆(原欧师长府第)等几所深宅大院仍很完好。东卷洞巷、西卷洞巷、吉祥巷内和景星街两廊的民居,反映了社会各个不同阶层的生活水平和社会地位。城市传统活动是文明街区最鲜明的特色。文明街片区是老昆明城内商业繁盛的闹市区。由于片区的区位优势和商业形成的历史原因,在此片区内相对集中的商业有书籍文具、医药、皮件、鞋帽、象牙制品、瓷器、食品餐饮、金箔打制等行业。书籍文具集中在光华街,著名的就有商务印书馆、中华书局、开明书局等。光华街等处的医药店有福林堂、杨大安堂、王子荣、王运通、黄良臣医药室等;著名中医戴丽三诊所和寓所在居仁巷;象牙制品店、鞋帽店、书写店则集中于文庙街,发展到今天形成新的招牌店,几乎占了整条文庙直街;光华街还有最为集中的皮件制品店坊,最具特色的京滇戏茶室—光华茶室就在光华街;景星街有著名餐饮的云生园、小胖子烧鸭、毕大蜡烛的老虎酒;甫道街有兴宝园、盖碗茶茶室以及若干打制金箔的手工作坊。目前街区内有甫道街花鸟市场和文庙直街标牌广告市场两条传统行业街道,区内尚有大量的居民生活,一些特殊的行业、饮食、交往和文化活动,都在区内保存了下来。

文明街片区是老昆明的精华所在,是昆明名城范围内其他片区所不能比拟的。它与昆明重建的金马碧鸡坊、金碧广场,重修的东西寺塔、文化街以及真庆观古建筑群等互相衬映,展示昆明历史文化名城的风姿。

5.漳州香港路台湾路历史街区

香港路、台湾路历史街区位于唐宋漳州古城城市发展轴上,作为闽南传统街区建筑的典型代表作,是漳州历史文化名城的精华。街区内有全国重点文物保护单位明代石牌坊、漳州文庙,市级文物保护单位王升祠,现代作家杨骚故居,两处石牌坊残迹和台湾徐氏后裔的祖厝徐厝巷等。位于香港路北端双门顶的"尚书探花"和"三世宰贰"两座明代石坊,是现存漳州石坊中最具代表性的。文庙始建于宋庆历四年(1044年),漳州府学亦设于此,绍熙元年(1190年)朱熹知漳州时,曾"每旬之二日必须官属下州学"。建炎年间(1127~1130年),孔子后裔孙孔任率家人避乱入漳,子孙世代居于此直至明正德年间(1506~1521年),郑成功、黄道周都曾到此庙祭祀孔子。今存仅门、前殿、两庑、丹挥、祭台、大成殿等建筑。香港路的伽蓝庙据称是全国最小的庙宇,只有3平方米,而且是建在小巷口的顶上,已有数百年历史。街区完整地保存了骑楼式店面、中西合璧式建筑、闽南风格民居三大类古民居建筑,以及"天益寿"老药铺、大同文具店等沿街老字号店铺招牌20余处。

二、具有历史特色的城市格局和风貌

具有历史特色的城市格局和风貌是历史文化名城的又一物质构成要素,表现在两个方面:一是城市所根植的自然环境,二是历史演进形成的城市的独特形态。

(一)城市的自然环境

城市所在地的山川、气候等自然地理环境是形成城市文化景观的基础,有特色的地貌和自然景观经人类的利用、改造成为城市文化景观的重要组成部分,体现出历史文化名城的个性色彩。

古都西安,八水环绕,南北山峰对峙,特别是南边秦岭横亘,太白山、终南山作为城市地对景山,俨然成了城市不可分割的一部分。秦始皇就曾在终南山的峰巅上立木,作为秦都的门网,由终南山上下来便直达阿房宫前殿。在唐代诗人的笔下,终南山与城市建筑也常常相提并论。如杜牧《长安秋望》:"楼倚霜树外,镜天无一毫。南山与秋色,气势两相高。"祖咏《终南望余雪》:"终南阴岭秀,积雪浮云端。林表明霁色,城中增暮寒。"李白《望终南山寄紫阁隐者》:"出门见南山,引领创意无限。秀色难为名,苍翠日在眼。"重峦叠嶂的终南山与格局规整的西安古城构成和谐的韵律。

承德因"康乾盛世"的历史文化遗存避暑山庄和外八庙而成为中国北方为数不多的著名风景游览城市之一。避暑山庄的选址除考虑到地处京师通向漠北交通干线"襟喉"的优越位置外,还考虑了这一地区的气候和山川因素。承德的东北是阴山余脉、大兴安岭余脉和七老图山的交汇处，塞罕坝（阴山在木兰围场境内的一段）和七老图山像一个尖形的天然屏障，削弱了来自西伯利亚的寒流，同时又将顺滦河、潮河流域上溯的海洋性季风、暖流阻挡于坝下，因之承德一带气候温润，雨量充沛，清凉舒爽，森林茂密，草原广阔，有良好的自然生态环境。地形则高、凹、曲、深兼备，富于变化；山中流泉富集，随处可引，又有温泉，具备造园的理想条件。山庄之内，山峦异势，林原广布，云容水态，山庄之外，更有馨锤峰、蛤蟆石、僧冠峰、罗汉山、鸡冠峰、双塔山、元宝山等千奇百怪的丹霞地貌造型。围绕山庄建成的承德城山环水绕，城景相融。

绍兴城始建于春秋越王勾践七年（公元前490年），是少有的建成至今城址稳定不变的名城之一。城处在会稽山脉北部的冲积平原上，城郊既有会稽山脉的支峰，又有宽阔的河流湖泊，使它具有优美多姿的城外环境和城内景观。城内八山中藏，较高的府山、塔山、蔚山三山鼎立，河道网布，桥梁繁密，是典型的江南水乡城市。

山水名城桂林境内分布着占市区面积68%以上的岩溶地貌，以岩溶峰林为主，包括峰林平原和峰丛洼地两大类，形成山青、水秀、洞奇、石美的桂林山水。辖区内有洞穴数以千计，市区附近的峰林平原有石峰220座，市内大小湖塘100余个，总面积达8205公顷。桂林城在拥有众多优美山体的狭窄平原上，选择了一处最适中的地方作为城址，使城与山水结合得天衣无缝，真可谓"城在景中，景在城中"，城景交融。

高原古城拉萨是世界上最具吸引力的名城之一，它磅礴的气势、神秘的色彩得益于城内外的壮丽山河。拉萨城西北部是著名的念青唐古拉山脉，由西北转向东南环绕；南部冈底斯山脉呈东西向分布。四周东有教母丝丝、东南有明珠孜日、西南有曲加拉日、西北有岗彭吾孜等大山相连环抱。这些山峰云雾缭绕，姿态各异，有似宝瓶，有似海螺，有似莲花吐艳，每座山都有一段娓娓动听的神话故事。拉萨境内江河纵横，较大的有雅鲁藏布江、拉萨河、尼木河、曲水河，其中属雅鲁藏布江水系的拉萨河流经拉萨市区，水面宽阔，是拉萨的母亲河。境内还有大小湖泊500多个，总面积60多万公顷，主要分布于冈底斯山和念青唐古拉山脉中，多为冰川湖泊，如颗颗明珠镶嵌于高山群峰之间。这些绵亘的众多巨大山脉，奔涌的无数湍急河流，星罗棋布的湖泊，涛声万里的林海，映衬着威严的宫殿、寺庙，使拉萨城愈显雄浑奇伟,景象万千。

(二)城市的独特形态

城市的独特形态是人们创建的人工环境与自然环境相融合的产物,包括城市的几何形状、格局形态、空间构成、建筑形式、绿化景观等。这些形态植根于城市所在的地理环境,受地理条件的影响与制约,形成于城市独特的历史发展道路,与其政治、经济、军事地位和兴衰变迁有着密切的关系。

按《周礼》的要求,最理想的城市几何形状是矩形,不仅都城,包括府、州、县城都最青睐这种形状,在气候干燥、地势平坦的地区尤其如此。北京、西安、平遥、榆林,甚至南方的苏州等名城古城区都采用矩形;大同、安阳、寿县、大理古城基本呈正方形,保定府城也接近正方形,唯西南部为便于挖掘护城河而突出。其次还有象征天的圆形、椭圆形。为了顺应山峦起伏和河流弯曲的地形,城的平面结构也会呈不规则的形状,这在南方较为多见,如南京、常熟、景德镇、赣州、佛山、阆中等。有些城由于历史的原因形成双重城或多重城,如呼和浩特老城是由归化、绥远二城组成的双重城;天水则由五城并联形成带形城;山海关由关城、东西罗城、南北翼城等组成防守严密的多重城;遵义由湘江两举的老城和新城组合而成,呈极不规则的圆形和带状相结合的形态,是很罕见的城市格局。个别的城区呈现动物的轮廓,传统观念认为这些动物具有驱魔除邪的力量。如昆明城被认为是拟龟形而建。明洪武十五年(1382)筑云南府城时,将北部的圆通山、翠湖围入城中,位于盘龙江西岸的东墙较平直,西墙北段和南墙东段也较平直,北墙则略呈弧形。据说南门为龟头,北门为尾,东西四门为足。龟寿千年,是吉祥平安的象征,同有"龟城"之称的还有成都和平遇。泉州旧城被称为"鲤城",因形如跳跃的鲤鱼而得名,象征着好运。

与城市几何形状相联系的是城市的空间格局。中轴对称、方格网状的道路系统是中国古代城市布局的基本思想。明清北京城是这方面最杰出的代表,从永定门起直到鼓楼、钟楼,贯穿着一条长达8千米的中轴线,这条中轴线是城市布局结构中的脊梁,皇城正门天安门、紫禁城正门午门、外朝三大殿、内廷后三宫、全城制高点景山万春亭以及鼓楼、钟楼都位于这条线上,其他的一些重要建筑也都沿线对称布置。内城的道路系统比较整齐,大多是正南北、正东西走向的街道,呈"棋盘式"格局,外城因为平民所居,道路多沿用旧路或在废沟渠上修筑,所以弯曲不规整,有不少斜街。矩形的城市大多采用与北京城类似的布局,一般的县城道路系统呈"十"字形,如平遥;府州城干道系统呈"井"字形,如安阳。不规则形的城市在其核心部分也往往会采取方正的格局,如泉州最早修筑的子城,传为唐天祐元年(906年)节度使王审知时筑,平面和一般古代城市一样,由方城和正对四门的十字形街道形成骨架。宁波城也是如此。宁波城位于余姚江、奉化江、甬江三江汇合处,受河流地形影响,平面呈不规则形状,但内部布局仍遵从地方政治中心城市的布局模式,城市道路呈十字形,在中心布置衙门、鼓楼等公共建筑,官署居中偏北,宗教坛庙多位于南部。

水网地区的城市,城市布局深受河道水系的制约和影响。如苏州城,是历史、文化、科技价值最高的古城之一,建城2500年以来城址保持不变,水系起了决定性的作用。城的平面呈矩形,道路呈方格形,城内较大的河道东西向有三条,南北向有四条,形成"三横四直"的骨架,许多小河与街道平行,呈现水陆并行、河街相邻、前街后河的双棋盘式城市格局。城内河道纵横,桥梁星布,民居临水而建,尽显水乡韵味;道旁或尽端建有塔等高层建筑,如城北的报恩寺塔(北寺塔)、凤凰街的罗汉院双塔、虎丘的云岩寺塔、城西南隅盘门内的瑞光塔等,这些高层建筑与城市道路和河道配合良好,打破低缓的城市天际线,丰富了城市的立体轮廓。

今常熟城址确定于唐武德七年(624年),南宋建炎年间(1127~1130年)初扩城垣,元末腾山(虞山)筑城,成"城半在山高"的特有景观。明嘉靖三十二年(1553年),为防御倭寇重筑城墙,将虞山东部纳入城中,从而形成常熟古城的最终格局。常熟古城位于虞山东麓,地势高爽,虞山南临尚湖,风景绝佳,"虞山十八景"脍炙人口;城东面是平川,唐代开凿的运河——琴川河纵贯城中,西侧是七条平行的支流,宛如琴弦,整体平面形状略呈圆形。城市空间轮廓的塑造也结合地形进行,南宋时在城市东部五条入城河道的交汇处建方塔(宗教兴福寺塔),作为虞山的对景;明代跨出建城后,又在城内西北的最高点建辛峰亭。城内道路主要结合水道建设,纵贯城中的琴川河是城市的主轴,沿河是城内最长的街道城东街,其余主街多面向各城门呈放射状布置。这样,古城形成了山、水、城一体的城市格局,放射状水陆通道的网络,"七溪流水皆通海,十里青山半入城"的城市形态,虞山、方塔呼应的城市空间关系与视廊,再加上城内外水网密布呈现出的烟雨胜景和水乡田园风光,体现了城市建设与自然环境的完美结合。

(三)古城格局与城市风貌分析:以扬州为例

1.古城的范围

扬州明清古城区范围东、南至古运河,北至北护城河,西至二道河,面积509公顷。

2.古城的历史沿革

扬州的建城史始于公元前486年,吴王夫差为北上伐齐争霸中原,开邗沟,沟通淮河与长江,并在蜀冈古邗邑之地筑邗城,周长约10里,形成扬州最早的雏形。公元前319年,楚怀王将邗城重加修筑,更名为广陵城。公元前195年,吴王刘濞在邗城址扩建广陵城,城周十四里半。东晋桓温曾重筑广陵城。隋代炀帝开凿大运河三游江都,扬州城市建设极尽豪华之能事。

随着运河功能的发挥,唐代扬州成为漕运中转和百货集散地,原先的城市规模已不能满足需要,遂向蜀冈以下发展。唐建中四年(783)淮南节度使陈少游深沟高垒修筑广陵城,乾符六年(879年)淮南节度使高骈"缮完城垒"。唐城分子城和罗城两个部分,子城为官衙集中区;罗城沿运河而建,面积约2000公顷,呈长方形,主要为商业区和居民区,布局规整,与隋唐长安城类似。五代周世宗柴荣占扬州后,以城大难守,在故城东南隅另筑小城,称"周小城"。宋建炎元年(1127年),为了抗金,利用唐代罗城南半部改筑成宋大城,周长约15里。南宋末年,蒙古军压境,又在蜀冈唐子城原址上筑宝祐城,并在宝祐城与宋大城之间近瘦西湖一带筑夹城,作为联系二城的军事通道,三城形似蜂腰,又称"蜂腰城"。

元代袭用了宋大城。元至正十七年(1357年),朱元璋攻下扬州,知府李德林以旧城墟矿难守,截城西南隅筑而守之,这就是扬州现在的"旧城",周长1757丈。嘉靖三十五年(1556年),为防倭寇,紧接旧城之东另筑城,把商业区和手工业区包入城内,周长约10里,称"新城",新、旧两城的格局就此形成。清代沿用明城。如今扬州的格局是在明清两代新旧城基础上加以发展和扩大的,旧城池的格局保存完好,成为扬州文化、居住的中心。

扬州城池自唐代起,城市布局以运河为主线,"逐河而城",一直延续到清代。从唐至清,扬州先后建有5座城池,宋大城(元)、明清古城都是在唐代罗城的基础上不断废兴。现存明清古城具有唐以后历代城池不断叠加的特征,历经近1300年的时间跨度,基本在同一地域的位置上发展,积累了5个朝代的历史、经济、文化积淀,具有丰富的历史遗存和文化价值。

3.古城的自然环境

扬州古城位于长江下游北岸,南临长江,北据蜀冈,东依京杭大运河,属平原水网地区,气候温润。历史上扬州就以环境优美著称,河堤杨柳从隋炀帝下扬州时初具规模,"街垂千步柳,霞映两重城""绿杨城郭是扬州",杨柳树的绿色与多情已成为扬州城的象征。扬州还是著名的园林之城,古城区私家园林和遗迹尚有30多处,一、二级古树名木各13株,还有大量的三级保护树木。整座古城绿荫覆盖,花团锦簇,水连树,树连水,水树相映,自然风光秀丽多姿,体现了中国传统城市对自然生态的追求。

4.古城的街巷布局

扬州古城基本保留了明清以来"逐水面城""河城环抱、水城一体"的城市布局特色。古运河、北护城河、二道河环抱城区,新旧城以小秦淮河为界相邻并存,留有400多条传统街巷。旧城区道路以十字形干道为主,形成方格网状道路系统,双城街巷体系并存以及河城环街巷排列有序,主次分明,纵横严谨,部分地段保留有唐代里坊制的痕迹;新城会馆园林密集,市场繁荣喧闹,街巷体系呈现自由随意的状态,体现出两种典型的城市设计理念。仁丰里和湾子街街区为二者的典型代表。仁丰里位于老城区西部中心,较完整地保留了唐代里坊制度的格局。湾子街街区历史上位于新城商业地区,城市格局是典型的"自上而下"设计布局,由此构成自由随机的街巷体系,沿湾子街两侧传统建筑以微妙的角度构成一种"向心式"的弧形空间肌理。

5.古城的整体风貌

扬州古城环境幽雅,河堤杨柳依依,城中园林密布;除了旧城中心的文昌阁、四望亭及分布全城的寺庙建筑较突出外,整个市的天际线低矮平缓,开阔柔和;街巷幽深古朴,首尾相连,内外相通,形成紧凑细腻的空间肌理;建筑风格兼具北雄南秀特征,传统民居建筑以徽派风格为基础,造型简洁硬朗,清秀典雅。这些共同组成老城区古朴的城市风貌,至今在局部地区仍得到较完整的体现。传统风貌保存较好的街区相对集中,主要在文昌中路以南、汉河南路以东地段,东关街、大东门街、彩衣街两侧也有成片分布。

文物古迹、历史街区、具有历史特色的城市格局和风貌从点、到线、到面、到立体空间,共同构成了名城景观实体。其中文物古迹是核心,历史街区最有价值、最有特色的内容通常表现在文物古迹上,城市独特的格局和风貌也往往通过文物古迹得到最集中的展示。离开了文物古迹,既无所谓历史文化名城文物古迹价值的高低,也直接影响着名城的价值。后两者则划分了名城与个体文物古迹的本质界限,有了它们的存在,个体文物古迹点的价值才能得到最充分的体现,城市也才有了历史的厚重和文化的风韵。

第三节 历史文化名城的文化构成

历史文化名城除有形的文物古迹、历史街区、格局形态外,还拥有丰富的传统文化内容,它们互相依存、互相烘托,共同反映着城市的历史文化积淀,构成城市珍贵的历史文化遗产。如果说上述诸物质构成要素是名城的外在实体,那么文化构成要素则是名城内在的灵魂;前者是"象",后者是"意",两者的完美结合,才有厚重、博大、多姿多彩的历史文化名城。历史文化名城的文化构成主要包括以下要素:

一、历史事件

名城历史上发生的重大事件反映了城市的历史地位,是城市历史价值和革命意义的体现,对其自身的发展道路和特色的形成也有重大影响。

国都的治乱兴废是王朝更替兴衰的缩影,西安、洛阳这两个中古以前最重要的都城,见证了2000年间历史的变迁。西安自公元前11世纪建城开始,目睹了周王朝的勃兴(武王灭商建立周王朝)、中衰(周厉王时期国人暴动,厉王奔走,周公、召公共和行政)、终结(公元前771年亡于犬戎);中国历史上第一个封建中央集权国家秦王朝的建立,楚汉相争鸿门宴的惊心动魄,烧毁秦宫的熊熊大火;西汉王朝的诞生,文景之治开辟的第一个"盛世",汉武帝立太学、尊儒教、通西域、破匈奴的文治武功;十六国、北朝的纷纷动乱;天下大势"分久必合",隋王朝将国家南北重新归为一统的功业;大唐如日中天、照耀世界的辉煌,安史之乱人民流离的伤痛和盛极而衰的国运。

洛阳从夏商到北宋3000余年间,建都(包括陪都)长达2000年之久,宋人李格非说:"洛阳之盛衰,天下治乱之候也。"司马光更直接地讲:"若问古今兴废事,请君只看洛阳城。"在洛阳不仅发生过商汤即位、平王东迁、光武中兴、党锢之祸、董卓之乱、八王之乱、永嘉之乱、魏孝文帝汉化改革、武则天称帝等政治大事,许多文化事业上的大事也发生于洛阳。兹举几例:

1.周公制礼作乐、孔子入周问礼

周公营建洛邑后,依据周原有的制度,参酌殷礼,建立各项典章制度,即所谓"礼乐之制"。礼乐制度是周王朝的立国之本,社会秩序赖以建立,社会发展得到促进,更重要的是其思想理念成为后世儒学之源。周敬王时,孔子得到鲁君的支持问礼于老子,问乐于苌弘。此后孔子学业大进,广招弟子,传播儒学。礼乐制度融于中国传统文化的核心之中,影响中国数千年。[①]

2.道学创始

道家创始人老子曾为东周的"守藏室之史",长期在洛阳管理图书典籍,所著《道德经》是道家学说的主要代表作。汉代曾以黄老之术治国。中国本土宗教道教创立后,以《道德经》作为主要经典,尊老子为教祖,洛阳是道教的主要活动中心之一。

3.佛学始传

东汉永平求法,佛学首传于洛阳,国家创建的第一座佛寺诞生于洛阳。汉魏时佛经与佛律大都在洛阳被翻译出来,最早的汉文佛经《贝叶经四十二章》和汉文佛律《僧祇戒本》都从洛阳播扬北方。北魏时由于统治者的大力推崇,洛阳的佛寺多达1300余所,号为"佛国"。位于阊阖门外的水明寺住有外国僧侣3000多人,它由信佛的孝明帝和胡太后率领百官亲自修建,规模雄伟壮观,九级佛塔高百丈,上挂金铎120枚,金铃5400枚,夜深人静时,声闻十里。在洛阳城南的龙门山上还开凿了著名的龙门石窟,由孝

---

①赵秀敏,金淑敏,郑望阳,等.历史文化名城滨水街区的触媒场景与生态位构成法则——以杭州湖滨街区为例[J].中国名城,2021,35(12):81-87.

文帝开凿的安阳洞中洞用了24年时间,洞内11尊大佛雕刻精美,富丽堂皇。佛教的兴盛成为洛阳文化景观的一大特色。以洛阳为中心,辐射整个江北地区,共有佛寺3万余所,僧尼200万人。隋唐时期,洛阳利庙林立,香火隆盛,继北魏之后大规模开凿龙门石窟。宋元明清,洛阳佛教虽不及前代繁盛,但传灯有序,世代不绝。洛阳白马寺不仅是中国佛教的"祖庭""释源",而且影响周边诸国:约2世纪末,佛教从中国传入越南,4世纪传入朝鲜;6世纪前期传入日本;19世纪末20世纪初随着华人、日本人旅居欧美,佛教在欧美也有所流传,源流所系,均在洛阳。

4.魏晋玄风

魏晋时期,经学式微,玄风渐炽,京都洛阳一批名士大兴清谈之风,代表人物有何晏、阮籍、向秀、郭象等。

5.理学奠基

北宋洛阳程颢、程颐兄弟同受业于周敦儒,他们提出了"理"的哲学范畴,认为理存在于天地万物之中,"一草一木皆有理";还认为理是"天理",是人类社会永恒的最高准则,并以此阐释封建伦理道德,把三纲五常称为"天下之定理"。他们的学说被称为洛学。洛学以儒学为核心,并将佛、道渗透于其中,旨在从哲学上论证"天理"与"人欲"的关系,规范人的行为,维护封建秩序。工程洛学开理学之先河,而宋明理学是宋代之后漫长中国封建社会的理论基础和精神支柱,洛学奠定了宋明理学的根基,在中国哲学史上有重要地位。

6.一批重要著述、发明的诞生

东汉、魏晋以至北宋等时期,洛阳还是硕儒云集的文化中心,许多重要的著作、发明诞生于此。如蔡伦改进造纸术,张衡制浑天仪、候风地动仪,马钧发明指南车、龙骨水车等,均在洛阳研制成功;东汉王充作《论衡》,班固、班昭著《汉书》,晋左思撰《三都赋》,陈寿撰《三国志》,北魏杨衒之著《洛阳伽蓝记》,郦道元著《水经注》,北宋欧阳修修《新唐书》《新五代史》,司马光纂《资治通鉴》等,也都基本在洛阳完成。这些文化、科技方面的重大历史事件为洛阳赢得了中国文化版图上"天下之中"的崇高地位。

北京作为最后一个封建王朝的都城,记录了封建制度由盛而衰、最终解体的全过程。从长达百余年的康乾盛世,到英法联军占领北京城、火烧圆明园,"天朝大国"一去不返;从"公车上书"到戊戌变法的维新启蒙,中国在探索自强之路;从义和团运动的如火如荼,到八国联军入侵北京,清廷摇摇欲坠,终至清帝逊位,帝制终结。五四运动揭开了新民主主义革命的新篇章,"七七事变"标志着中华民族全面抗日战争的开端,而1949年天安门的开国大典向全世界庄严宣告一个全新的人民共和国在华夏神州诞生。

发生在西藏政治、宗教中心拉萨的历史事件,则清晰地展示了西藏纳入中国版图的过程。拉萨是伴随着吐蕃王朝的建立而兴起的。公元633年,松赞干布统一全藏,建立了西藏历史上第一个统一的国家政权吐蕃王朝,同时定都拉萨,次年即遣使长安请求与唐室通婚。贞观十六年(642年),唐宗室女文成公主入藏。根据文成公主的建议,用白山羊驮土填平卧马错湖,建成大昭寺,这是拉萨最早的建筑,"拉萨"之得名也源于大昭寺建设过程中的这一传说。景龙四年(710年),赤德祖赞迎娶唐朝金城公主。长庆二年(822年),唐朝派官员刘元鼎等人到吐蕃,双方于拉萨东郊会盟,重申"和同为一家"的"甥舅亲谊",次年立碑于大昭寺前,永远记下了唐蕃、汉藏之间交好的历史。9世纪中叶,吐蕃王朝崩溃,直到13世纪,西藏一直处于分裂割据的状态。13世纪,蒙古贵族笼络西藏宗教势力,1244年,开赴凉州的元太宗窝阔台之子阔端派使者迎请萨迦班智达到凉州会面。萨迦班智先到拉萨同各地方势力就归顺蒙古的有关事宜进行了磋商,1246年抵凉州,议定西藏归顺蒙古的条件,1247年萨班致蕃人书,劝告各僧俗地方势力归顺蒙古,开创了从分裂走向统一和归顺中央政权的历史时期。忽必烈即位后,诏萨班衣钵传人八巴思为国师,统领天下释教,又设总制院(后改为宣政院),掌管全国佛教及西藏地区行政事务,由八巴思领总制院事,从此西藏正式归属中央政权,成为中国领土的一部分。明代在西藏设"乌斯藏行都指挥使司"的行政管理机构,相当于布政司,西藏地区第一次成为一个相当于省的行政区。15世纪初,喇嘛教格鲁派(黄教)以拉萨为据点逐步统一全藏,形成政教合一的统治局面。1727年清廷在拉萨设驻藏办事大臣,1751年又在拉萨建立噶厦政府,并授权达赖管理西藏地方行政事务,1793年逐次设立金本巴瓶,建立"金瓶掣签"制度,监督达赖、班禅和其他大呼图克图的转世,中央政府对西藏地区的管理逐渐加强。

二、名人轶事

历史文化名城人文荟萃,名家辈出。城因人而显,如孔孟之乡曲阜、邹城,诗圣故里韩城,总理家乡淮安,南阳为诸葛亮躬耕之地,荆州为关羽驻防之所,长沙是屈子行吟、贾谊凭吊的"屈贾之乡",柳州是柳宗元"种柳柳江边"的故地。人为城增添光彩,杜甫寓居成都3年多,留下247首诗歌,既有"黄四娘家花满蹊,千朵万朵压枝低","晓看红湿处,花重锦官城"的蕴藉妩媚,又有"安得广厦千万间,大庇天下寒士俱欢颜"的心忧国民;包拯任职端州(今广东肇庆),改造沥湖(今星湖),治理水患,垦荒储粮,兴文办学,清风两袖,"清心为治本,知道是身谋",是为官的楷模。名人与名城相得益彰,名人的高风亮节、遗风留韵让后人津津乐道。

绍兴是一座小城,但古往今来,人才辈出,灿若群星,其文采风流令世人惊叹,是名副其实的文化古城。历史上涌现出大批卓越的政治家、思想家、科学家、文学家、艺术家,春秋时期越王勾践和他的谋臣范蠡、文种,东汉唯物主文思想家王充、历史学家赵晔、袁康、吴平,东晋南朝书圣王羲之、山水诗人谢灵运,唐代政治改革家王叔文、诗人贺知章,南宋爱国诗人陆游,明代哲学家王守仁、书画家徐渭、抗倭英雄姚长子、戏曲家王骥德、医学家张介宾、理学家刘宗周、文学家王思任、张岱、祁彪佳,清代文史学家章学诚、李慈铭、平步青,书画家赵之谦、任伯年,近代图书馆事业的开创者徐树兰以及教育家蔡元培、杜亚泉、许寿裳,民主革命家徐锡麟、秋瑾、陶成章,文学巨匠鲁迅、政治活动家邵力子、经济学家马寅初、科学家竺可桢、史学家范文澜、数学家陈建功、核物理学家钱三强等,都出生或生活在这里。绍兴还是历代文人墨客向往的地方,汉代司马迁、蔡邕,晋代陶渊明,唐代李白、杜甫、元稹、刘长卿、孟浩然,宋代王安石、苏轼、李清照、辛弃疾、范仲淹,明代袁宏道等,或来绍兴访古探幽,或在此任职游历。这些名人在绍兴留下令人景仰的业绩、动人的篇章,遗物遗迹遍及全城,遗闻逸事流传百代。绍兴也因此而赢得"历史文物之邦,名人荟萃之地,山清水秀之乡"的美名。

三、学术文化

历史文化名城是文教发达之地,一些有影响的学术派别诞生于名城中,名城就成为学术重镇。如曲阜是儒学的诞生地。战国时代设立于齐都临淄稷门附近的稷下学宫是百家争鸣的论坛和讲台。自桓公田午设学宫招徕文人学士讲学著述起,至齐威王(公元前356～公元前320)、宣王(公元前319～公元前301)时学宫鼎盛,先后有数千人云集稷下,著名者有淳于髡,驺衍、田骈、接子、慎到、尹文、环渊、田巴、鲁仲连、荀况等。这些各个学派的代表人物汇聚在一起,一方面各家各派之间、一家一派内部不断展开争鸣,执着地宣传自己的学说和主张;另一方面,各派之间又在争鸣中互相学习、吸收。使自己的学说得到发展,战国时百家争鸣的生动局面达到高峰,临淄成为当时的文化中心。学宫推动了整个中国先秦学术文化的发展,泽被后世。兼容并包、思想自由的稷下学风,对中国知识界影响深远。

扬州在清代产生了乾嘉学派的重要分支——扬州学派,影响很大,还有太谷学派。宁波号为"浙东文化渊薮",学术流派有南宋四明学派、明代姚江学派、清代浙东学派。四明学派也称"四明陆学",以研究、师承陆九渊的心学为主,兼综朱子理学及金华、永康诸学说而成。姚江学派为明代哲学家王阳明所创,又称"阳明学派",集中国主观唯心主义之大成。浙东学派的创始人是明末清初启蒙思想家黄宗羲,提倡学术"经世致用",经济"工商皆本",研究领域涉及哲学、史学、天文、地理、数学、文学、艺术、宗教等多方面,是清代最有影响的学派。明清宁波的藏书文化全国驰名。明嘉靖年间,兵部右侍郎范钦建藏书楼天一阁,罗致海内奇书,藏书达7万卷以上,并订立了严格的图书保藏制度,使藏书直到近代一直得到较好的保管。清乾隆帝在修《四库全书》后,仿天一阁建造了文渊、文源、文溯、文津北方四阁和文汇、文宗、文澜南方三阁,以置放《四库全书》,遂使天一阁名闻天下。宁波还有清代藏书家黄澄亮的藏书楼五土楼,藏书超过6万册,数量直逼天一阁的藏书,有"浙东第二藏书楼"之称。常熟的藏书也素负盛名,见于记载的历代常熟藏书名家有宋代郑时、钱俣,元代虞子贤、徐元震,明清钱曾、席鉴、陈揆、张海鹏、张金吾、瞿绍基、赵宗建、翁同龢等;著名藏书处有明代东湖书院、稽瑞楼、借月山房、爱日精庐、铁琴铜剑楼等。常熟藏书向以宋元孤本、善本、精秘钞本而著称,涌现出一批精于考订、校雠的出版家和版本目录学家。

一些区域中心名城是地方文化的发祥地和中心。如洛阳是河洛文化的发祥地,北京、邯郸分别是燕赵文化的发祥地,苏州、绍兴是吴越文化的发祥地,荆州、长沙分别是楚文化的发祥地和重镇,成都是蜀文化的发祥地,广州是岭南文化的中心等,这些名城都是地方文化的典型代表。

四、文学艺术

历史文化名城与文学艺术有着水乳交融、不可分割的联系。文章诗词缘山川胜迹而发,以名城为重要的题材;名城借文章诗词而名扬四方,流光溢彩,增加文化底蕴。江南三大名楼黄鹤楼、岳阳楼、滕王阁分别是所在名城武汉、岳阳、南昌的标志性建筑名人题咏极多。黄鹤楼在隋唐时已成为墨客骚人赏景游宴之所,孟浩然、崔顺、李白等都有吟咏黄鹤楼的名篇。王勃的《滕王阁序》堪称千古绝唱,不仅有"落霞与孤鹜齐飞,秋水共长天一色"的名句,对南昌的地理、历史、人文也有精炼的概述。滕王阁高楼虽几经废兴,诗文的魅力却永驻人间。洞庭湖岳阳楼也是诗文渊薮,门楼上修建阁楼,"每与才士登楼赋诗",一时诗星文魁,风邀云集,张九龄,孟浩然,张均等与张说联袂登楼,吟诗作赋。唐乾元年间,诗仙李白路经岳阳,写有《与夏十二登岳阳楼》《巴陵赠贾舍人》《陪侍郎叔游洞庭醉后三首》等11首诗作。大历三年(768年)冬,杜甫出川经江陵至岳阳,写下千古传诵的《登岳阳楼》:"昔闻洞庭水,今上岳阳楼。吴楚东南坼,乾坤日夜浮。亲朋无一字,老病有孤舟。戎马关山北,凭轩涕泗流。"孟浩然的《望洞庭湖赠张丞相》写道:"八月湖水平,涵虚混太清。气蒸云梦泽,波撼岳阳城。"白居易的"春岸绿时连梦泽,夕波红处近长安。"刘禹锡的"遥望洞庭山水翠,白银盘里一青螺",都是绝妙好词。贾至、元稹、韩愈、李商隐等著名诗人也都曾登楼唱和。北宋庆历年间,巴陵郡守滕子京重修岳阳楼,请范仲淹作记。范公一篇368字的《岳阳楼记》字字珠玑,道德文章,并传千古,配以名家书法,一时称绝。之后诗家文豪又一次汇聚岳阳楼,宋代大诗人、大学者欧阳修、吕蒙正、黄庭坚、陈与文、张孝祥、陆游等都先后登楼赋诗一首抒情怀。岳阳神奇的山山水水,也是神话故事和传奇小说的源泉。娥皇、女英痛悼夫君,泪洒斑竹,秦始皇怒封君山、赶山塞海,汉武帝勇射蛟龙,还有唐人传奇《柳毅传书》,吕洞宾三醉岳阳楼,都以夕阳为背景。

名城本身也是文学作品描摹的对象。汉代以来就专门出现了一种赋体用于讴歌城市的壮美,如扬雄《蜀都赋》,班固《西都赋》《东都赋》,张衡

《西京赋》《东京赋》《南都赋》，左思《蜀都赋》《吴都赋》《魏都赋》等。许多小说作品以名城为背景。如唐人传奇《李娃传》《霍小玉传》《长恨歌传》等以长安为故事发生地。宋元话本时时表现着东京、临安的繁华场景；明清都会北京、南京、苏州、扬州、上海等频频亮相作品中，如《红楼梦》《儒林外史》都与南京有着无法分割的创作情缘。《儒林外史》里多处写到南京的风物，第二十九回的一段更把南京的人文底蕴尽情托出："……坐了半日日色已经西斜，只见两个挑粪桶的，挑了两担空桶歇在山上。这一个拍那一个肩头道：'兄弟，今日的货已经卖完了，我和你到永宁泉吃一壶水。回来再到雨花台看看落照。'杜慎卿笑道：'真乃菜佣酒保都有六朝烟水气，一点也不差。'"名城名篇，正可谓相映生辉。

名城的经济文化发展为各种艺术形式的生长提供了土壤和源泉。戏曲曲艺、音乐歌舞、书法绘画、园林盆景等是名城绵长历史和厚重文化的体现。荆州曾是楚都和楚文化的发祥地，楚歌楚舞，绵延至今。今天的荆州民歌，上承楚国民间音乐，独具一格，流传广泛，有田歌、号子、儿歌、灯歌、宗教歌、风俗歌、小调、革命历史民歌8大类，特别是风俗歌中的座丧鼓，是哀悼亡者的挽歌，有春秋余音，被称为"古代歌曲的活化石"。泉州南戏被列入亚太地区的口述与非物质遗产，包括梨园戏、打城戏、高甲戏、木偶戏等。梨园戏以泉州声腔表演，至今已有七八百年的历史，它保留着宋元南戏风貌和特有的艺术程序，被誉为宋元南戏在泉州的活文物。梨园戏的音乐与南音关系密切，曲调和道白都用泉州方言。高甲戏源于民间演唱的宋江戏，是标合京戏、乱弹、漳州竹马戏和梨园声腔的福建一大剧种。打城戏源于僧道两教的宗教表演活动，后又吸收木偶的演出活动和京剧的武功，是一个独特的宗教剧种。泉州提线木偶源远流长，表演难度大，精彩动人，音乐以南音和梨园唱腔为主，外加民间十音吹奏，有780余个新旧剧目；掌中木偶又称布袋戏，相传起源于明嘉靖年间街头的说书表演，活灵活现，神奇敏捷，妙趣横生。南音源于西晋中原文化和清商音乐，至今保留着晋唐古乐的遗响，是泉州古老的地方音乐。几百年来，南音保持着自己的声腔风貌长期不衰，有上千个管理部门、曲牌和曲子，还有不少沿用汉唐的古曲牌名，使用的乐器有汉唐的曲项琵琶、古老洞箫、二弦、三弦、元代云锣和唢呐。泉州还有笼吹、车鼓、十音、彩球舞、拍胸舞、七星灯舞、火鼎舞等民间音乐舞蹈。

苏州昆曲距今已有700多年的历史,是我国传统戏曲中最古老的剧种之一,也是我国传统文化艺术,特别是戏曲艺术中的珍品,被称为"百戏之祖""百戏之师",许多地方剧种都受到过昆曲艺术多方面的哺育和滋养。中国戏曲的文学、音乐、舞蹈、美术以及演出的身段、程序、伴奏乐队的编制等,都是在昆曲的发展中得到完善和成熟的。一部昆曲的发展史,就是一部中国戏剧的发展史。昆曲在剧本、音乐和表演三个方面表现出突出的文化价值,2001年被联合国教科文组织列入第一批人类口述与非物质遗产代表作。同为人类口述与非物质遗产代表作的古琴艺术在扬州、常熟、南京等地得到继承,扬州广陵琴派200多年来代有传人,常熟虞山琴派以清、微、淡、远为特点,为琴史所推崇。丽江纳西古乐、建水洞经音乐、青城山道教音乐、崂山道教音乐、曲阜的箫韶乐舞、云门大卷乐舞等都有很强的地方特征。

书法绘画篆刻有很多地方流派,如苏州的吴门画派、娄东画派,扬州的扬州画派,镇江的京江画派、徐州的彭城画派,常熟的虞山画派,漳州的诏安画派,上海的松江画派、海上画派,歙县的新安画派、徽派篆刻,杭州的西泠印社等,都自成一格,并且有一定的历史地位和影响。民间绘画品类繁多,苏州桃花坞木版年画、天津杨柳青年画等是其中的佼佼者。历史上徽州是文化之邦,所属歙县在绘画、木刻、建筑、盆景等多方面的艺术成就都很突出。苏州的园林艺术卓绝古今,达到极高的造诣,园林之城的声誉名播海内外。

五、工艺特产

名城在历史上大多有较为发达的经济,传统工艺、土特产品是名城传统经济的支柱,它们传承到今天,成为名城宝贵的历史遗产。传统工艺特产的内容极为丰富,带有鲜明的地方特色。如四川地区自古酿酒业发达,酿酒历史可上溯到先秦时期,今天四川的白酒产量居全国各省、市、自治区首位。宜宾五粮液、泸州老窖、古陶郎酒、成都全兴大曲等都是国家名酒。宜宾两千年来名酿辈出,宜宾出土的大批汉酿酒、取酒饮酒器、沽酒陶俑、饮宴面相石刻以及历代连篇累牍的题咏都表明了宜宾作为酒文化发祥地之一的突出地位。名城泸州现存明代老窖池、流杯池、百子饮酒嬉戏图石刻、明代瓷酒瓶等都是酒文化的珍贵文物。边陲古城喀什由于具有得天独厚的地理气候因素,特产巴旦木、阿月浑子、无花果、药桑、樱桃等名贵瓜果,有"瓜果之乡"的美称。地处河套地区的银川,土地肥沃,物产丰饶,被誉为"塞上江南""鱼米之乡"。所产"珍珠粳米"粒圆、色洁、油、润、味香,蛋白质、脂肪含量高,营养丰富,曾为贡米;被称为红、黄、蓝、白、黑"五宝"的枸杞、甘草、贺兰石、滩羊裘皮、发菜几乎成为银川的城市名片。

岭南名城潮州的文化带有浓郁的地方色彩,在其工艺特产上有强烈的体现。潮州陶瓷业自晋代以来已有深厚的根基,宋代被誉为"广东陶瓷之都",今天传统工艺美术陶瓷以玲珑、细腻、清新、素雅的风格闻名遐迩。属于粤绣一大流派的潮绣有绒绣、纱绣、金银绣、珠绣四大类,以色彩浓烈、富于装饰性而著称;潮州抽纱以瑰丽多姿、技艺精巧闻名,有数十种制作工艺;金漆木雕在漆未干透时即贴上真金箔,远观近看,金碧辉煌,极具岭南风格。

苏州历来经济、文化发达,手工业门类繁多,保留有许多传统工艺,著名的有:

(一)苏绣

苏绣是我国四大名绣之一,据西汉刘向《说苑》记载,春秋时吴人迎送使节的礼仪队伍中已有"绣衣而貂裘者",南宋以后苏绣趋于成熟。明清的苏州,家家养蚕,户户刺绣,绣女遍及城乡,有"绣市"之称。清末著名艺人沈寿对刺绣加以创新,影响极大。

(二)丝

缂丝是丝织与绘画艺术的结合,用竹叶形小梭按图稿细细挖织,织成的图案轮廓清晰,秀丽古朴。明清时苏州是缂丝的主要产地,现今苏州则是全国唯一能制作缂丝工艺品的地方。

(三)宋锦

宋锦指有宋代风格的织锦,精密细致,质地坚柔,明丽古雅,可用于装裱书画、古籍、锦盒、礼品、衣料。苏州宋锦与南京云锦、成都蜀锦并列为中国三大名锦。

(四)苏灯

苏州的灯彩工艺闻名于宋代,明清时期苏州阊门等繁华地带灯铺多达100余家,花色品种精奇百出。苏灯结合了装扎、裱糊、剪纸、刻纸、绘画等多种工艺,具有造型优美、色泽鲜艳、画面工致、花样出奇的特点。

（五）苏裱

明代起苏州成为书画装裱工艺的中心地,经名画家文徵明等精心揣摩改进,技艺日臻完美,数百年来,自成一家,为世所重。

（六）苏扇

苏扇品种繁多,雅致精巧,清初苏州精制的水磨竹扇骨被选为贡品,可供欣赏、陈设、收藏的檀香扇尤为苏扇精品。

（七）苏州玉器

苏州是我国有名的玉器产地之一,明代苏州琢玉已名满南北。清代阊门附近琢玉作坊鳞次栉比,一度达830多户,阊门外吊桥一带玉器摊面林立,有"玉器桥"之称;阊门内周王庙为玉器业公所。乾隆年间朝廷曾几次招收苏州玉工进京为宫廷琢玉。今天苏州玉器仍保持了空灵、飘逸、工细的艺术特色。

（八）湖笔

清道光年间湖笔制法传入苏州,1937年后湖笔原产地湖州遭战争破坏,湖笔工人陆续迁到苏州定居,一下子使苏州湖笔制作兴旺起来,超过湖州本地的制笔业,湖笔便成了苏州特产。

（九）虎丘泥人

宋代苏州泥人已闻名,明清时泥塑艺人集中虎丘附近,出现对着人面塑像的特殊技艺,称"苏捏"。清代苏州的戏文泥人也很有名。

（十）苏钟

清代苏州制造的时钟名噪一时,今北京故宫博物院收藏有不少清代苏钟精品,均为当年贡物。

（十一）仿古铜器

明后期苏州铸造仿古铜器已自成一派,称为"苏铸",清代苏州能工巧匠铸造的各种仿古铜器在形制、铭文、纹饰、厚薄、轻重等方面都能达到与原器相同、足以乱真的水平。现仿古铜器发展为一门特种工艺,用于古文物的修补、复制。

（十二）民族乐器

苏州的乐器制作历史悠久,明代出现以生产乐器闻名的乐鼓巷,清代苏州有乐器业的行会组织。苏州生产的民族乐器品种繁多,苏锣、苏鼓、苏笛、苏笙、苏管、苏箫、二胡、三弦、唢呐等传统产品驰名中外。苏州其他的传统工艺特产还有澄泥砚、苏州丝绸、剧装戏具、苏式家具、御窑砖瓦等。

苏州的传统饮食以精致细巧见长。苏式菜肴是我国著名菜系之一,讲究时令时鲜,烹技高超;苏州风味小吃用料讲究,制作精细;苏式糕点团甜松糯韧,香软肥润,又寓意高兴、团圆、甜蜜,是世代相传的节令食品和喜庆食品;苏式月饼是苏州糕点中的佳品,味美爽口;苏式糖果风味隽永;苏州的节令食品丰富多彩,立春日吃春饼、春卷,元宵节吃圆子、油褪,二月初二吃"撑腰糕",三月三日吃"眼亮糕",清明日吃青团子、焙熟藕、马兰草、枸杞头、螺蛳,立夏日吃酒酿、咸鸭蛋、蚕豆、笋,端午节吃粽子、饮雄黄酒,立秋日吃西瓜,七月初七吃巧果,中秋日吃月饼、糖芋艿及时鲜瓜果,重阳节吃重阳糕,冬至夜饮冬酿酒、吃冬至团,腊月初八吃腊八粥,腊月廿四吃谢灶团,除夕吃年夜饭。碧螺春、阳澄湖大闸蟹、太湖银鱼、太仓肉松等是当地著名特产。

六、民俗节庆

民俗节庆是典型的民族传统文化的体现,其内容相当丰富,诸如衣食住行、时令年节、市肆庙会、婚丧嫁娶、喜庆生育、人情往来、信仰崇拜、祭祀占卜,不一而足,充分反映出一地人们的传统习惯、道德风尚和宗教观念。民俗具有很强的地方性,不同地区的民俗传统是有差异的,对这一点古人有很明确的认识。《诗经·国风》按照15个地区汇集诗歌,生动地表现出各个文化区域的风土人情,《左传·襄公二十九年》记叙了吴公子季札观乐于鲁的故事:

"美哉,渊乎! 忧而不困者也。吾闻卫康叔、武公之德如是,是其卫风乎?"为之歌齐,日:"美哉,泱泱乎,大风也哉! 表东海者,其太公乎! 国未可量也。"为之歌唐,日:"思深哉! 其有陶唐氏之遗民乎? 不然,何忧之远也。非令德之后,谁能若是!"

季札观乐,能够准确地从各首乐曲领悟各国国风,可见地方民俗差异之显著。民俗是自然环境和社会结构的折射与反映,对于历史文化名城来说,民俗节庆是地方特色浓厚的文化构成要素。

煤都大同有些传统节庆与"煤"有关,如煤窑节日。过去大同小煤窑出煤都靠工人土法开采,劳动强度很大,唯每年的四大节日按惯例"歇窑"。四大节日的放假时间是"冬三年四十五三,二月二日歇两天",即冬至放假3天,过年放4天,正月十五放假3天,二月初二放假2天。冬至是矿工最隆重的节日,传说这天窑神巡窑,各窑主在窑门口贴对联,给窑神上供、敬牲、笼旺火,举行隆重的祭神仪式,祭毕矿工围着旺火吃肉喝酒,是难得的休息与放松的时刻。旺火是大同特有民间习俗。用当地出产的大炭块,在屋前垒成宝塔形,中间放柴,点柴即燃;外面贴上"旺气冲天"等联语,罩以彩色剪纸,称"旺火罩"。每逢除夕、元宵和婚嫁喜庆时,大同人都要点燃旺火,取兴旺红火之义。大同人喜红色,喜庆之日总要挂红幔、悬红灯、贴红喜字、点红烛,衣着则以男女老少通年穿着的"红主腰"最有特色。瓷都景德镇有烧太平窑的传统民间活动,每年中秋节举行,捡拾渣饼(一种烧制时废弃的瓷器)搭成一座座形态各异、新奇别致的小窑,晚上点燃后窑火熊熊,映得昌江岸边如同白昼。此俗意在祝愿瓷业兴旺,人民生活太平幸福。都江堰清明放水节源于蜀人对岷江水神的祭祀活动,都江堰修成后逐渐演变为以纪念李冰治水功绩为中心内容的祭祀仪式,并与都江堰的岁修制度结合,一年一度,十分隆重。每到清明时节放水春灌,在渠首举行隆重热烈的典礼,成为当地充满喜庆的民俗节日。

成都自然条件优越,物产丰富,人们生活安闲舒适,民间风俗盛会颇多,有青羊宫春节灯会、二月花会、端午龙舟会、八月桂花会等。宋代诗人陆游的《梅花绝句》云:"当年走马锦城西,曾为梅花醉似泥。二十里中香不断,青羊宫到浣花溪。"词人仲殊曾有一首《望江南》:"成都好,蚕市趁遨游。夜放笙歌喧紫陌,春邀灯火上红楼,车马溢瀛洲。人散后,茧馆喜绸缪,柳叶已饶烟黛细,桑条何似玉纤柔,立马看风流。"表现了成都人的冶游盛况。成都茶馆文化别具一格。四川人饮茶的历史,有文献可考的已有2000多年。成都茶馆之多举世闻名,街头巷尾、公园名胜、乡间小镇皆有。成都人喝茶讲究舒适、有味。座位是靠背竹椅,平稳、贴身,或靠或坐不觉累,闭目养神不怕摔。茶具用三件头:瓷碗、瓷盖和金属托盘(又称茶船子),用长嘴紫铜壶冲开水,冲茶从头到尾点滴不漏,赏心悦目。茶馆供应糕点糖果,还有各种娱乐活动,如下棋、说唱、相声等。人们在茶馆谈国事、数家常、做生意、叙友情、听曲艺、论学术,茶馆是生活中不可缺少的场所。岭南潮州、泉州等地则有饮工夫茶的习俗,工夫茶讲究茶具器皿的精良和烹制功夫,饮茶讲究谦让,表现出民风之儒雅。

民族地区名城的民俗节庆具有浓厚的民族和宗教色彩。如呼和浩特蒙古族牧民,既有古老的萨满教信仰,又接纳了藏传佛教,其最隆重的祭祀活动"祭敖包"就体现了萨满教和藏传佛教融合的文化特点。由敖包祭祀活动逐渐演变而成的那达慕大会是最具蒙古族风情的盛会。夏、秋季节,蒙古牧民身着盛装,骑马、乘车,从四面八方聚拢在一起,相互邀请做客,畅饮美酒,祝愿祥和如意,并举行体育竞技、游艺活动和商业活动,通常要举行男子三项竞技活动:赛马、射箭和摔跤比赛,称"男儿三艺"。名城银川和喀什的居民信奉伊斯兰教,伊斯兰教义已渗透到日常生活当中。穆斯林十分讲究卫生,处处突出"洁净"二字:禁食猪肉、马、驴、骡、狗等不反刍的动物肉、性情凶残的禽兽(如鹰、虎等)肉,病死、自死的没有放血的牛、羊、鸡等禽兽的肉和一切动物的血,不禁食的动物,都领请阿訇念经代宰后才能吃。念经、做礼拜都是日常功课,每年还有斋月。斋月结束后回历十月初一,人们重新恢复白天进餐,即"开斋",这一天被称为开斋节或肉孜节,是伊斯兰教的主要节日之一。回历的十二月十日为古尔邦节,是盛大的节日。节前家家户户都要打扫卫生,沐浴更衣。节日期间要做礼拜、扫墓和互相拜年祝贺节日。在喀什,这天人们纷纷走上街道,艾提尕尔清真寺的门楼上鼓乐齐鸣,唢呐声声,穆斯林在广场上随音乐翩翩起舞,尽情欢庆。

我国西南地区民族众多,西南名城的风俗节庆丰富多彩。丽江纳西族拥有独特而古老的东巴文化,习俗风尚很有特点。如纳西族妇女的服饰,特别突出的是七星披肩,这种羊毛披肩上方下圆,下端横缀一排7个直径0.1米的锦绣圆形图案,象征披星戴月,与自然和谐相处。古城西北的玉龙雪山是纳西族崇拜的对象,在纳西的东巴经典和民间传说中有一个最美好的爱情乐园——"玉龙第三国",主动殉情者可以进入那个没有压力、没有苦难、充满圣洁的理想世界,过去的丽江因情死事件频繁而被称为世界的"情死之都"。纳西族还有三朵节、棒棒节、河灯节、火把节等传统节日。大理是白族的聚居地,"风摆杨柳枝,白雪映霞红"的白族服饰婀娜多姿、飘然若舞;"三房一照壁、四合五天井"的白族民居大量应用当地所产的大理石料,外观庄重大方,内里精巧别致。大理白族的节庆活动很多:正月初九松花会,登山春游;二月十五朝花节,满街群芳竞秀;三月十五为期7天的三月节今已成为滇西各族一年一度的物资交流和民族文艺体育大会;六月二十五火把节,祝愿吉祥幸福;八月初八要海会,数百只小船荡漾在洱海中,欢乐的歌声回荡于洱海上空。白族信仰本主,立本主庙,供本主像,不信天堂、地狱,只求保佑现世风调雨顺、平安幸福,本主崇拜对象也多与人间生活息息相关。

七、历史文化名城扬州文化构成分析

扬州是有2400多年建城史的江河都会,位于长江和大运河交汇处,有过汉代、唐代和清代三次历史性的辉煌,经济发达,市井繁荣,文化昌明,声名远播,文化内涵极为丰厚。

(一)历史事件与文脉

1.始筑邗城

公元前486年,吴王夫差为北上伐齐争霸中原,在蜀冈古邗邑之地筑邗城,是为扬州建城之始,同时开邗沟沟通江淮之间的水道,可见扬州城市自诞生之日起就与运河息息相关。

2.两汉封国

西汉刘邦封侄子刘濞为吴王,都于广陵。刘濞利用封地内南有铜山,东靠大海,自然资源丰富的条件,"即山铸钱,煮海为盐",发展经济,扬州迎来历史上第一个辉煌阶段,城池扩大,开邗沟支道便利盐运。曾为刘濞郎中的辞赋家枚乘以扬州为背景写下《七发》等著名作品。汉景帝三年(公元前154年),刘濞起兵于广陵,与其他六国一起举兵叛乱,即"七国之乱"。乱平后,迁刘非为江都王,以董仲舒为相。董仲舒提出的"正谊(文)明道"主张影响深远,扬州现仍有多处与董仲舒有关的遗迹。元狩六年(公元前117年)置广陵国,东汉复置广陵国。今扬州留有多座汉墓,包括规格很高的藩王墓葬。

3.南朝梁遭浩劫

南朝宋文帝末年至孝武帝年间,扬州连续遭到两次大的摧残,一片萧条。鲍照两度至广陵,感慨今昔,写下名篇《芜城赋》。

4.隋炀帝开凿运河和下江都

隋炀帝开通济渠,疏浚邗沟,扬州的水运枢纽地位更加显著。通济渠和邗沟旁筑御道,植以杨柳,形成两千多公里的风景线。隋炀帝三下江都,留下众多的遗迹与传说,历代诗人对此吟咏极多。

5.鉴真东渡

唐代扬州凭借江河水运枢纽的地位,工商业极度繁荣,成为全国第一大商业都会,城池富丽。同时扬州也是对外交往的重要口岸,天宝年间,扬州人鉴真大师东渡日本,是扬州历史上对外交流的一次盛举。

6.王禹偁、韩琦、欧阳修、苏轼等知扬州

宋代扬州再度兴盛,骚人名士往来不绝。王禹偁、韩琦、欧阳修、苏轼等先后出知扬州,留下许多有关扬州的篇章和轶事,如王禹偁对琼花的最早记载、韩琦等"四相答花"的轶事和欧、苏的平山堂词作等。

7.李庭芝抗元

南宋德祐元年(1275年),元军围困扬州,淮东制置使兼知扬州李庭芝率兵坚守城池。李庭芝、姜才就义于扬州。

8.扬州十日

清顺治二年(1645年),清豫亲王率军攻克扬州,坚守城池的史可法被俘不屈而死。四月二十五日至五月五日,清兵在扬州城内大肆屠杀,城内沦为一片废墟,死数万人,史称"扬州十日"。

9.曹寅刊刻《全唐诗》

清代扬州经济文化发展大于鼎盛,清康熙四十四年(1705年),江宁织造兼两淮巡盐御史曹寅奉旨在扬州天宁寺开设扬州诗局,刊刻《全唐诗》。曹寅还曾刊刻《佩文韵府》等大型图书。

10.徽班进京

乾隆五十五年(1790年),为祝皇帝八十寿辰,由高朗亭领衔的扬州三庆班被选赴北京演出,这是徽班进京之始。嘉庆年间,扬州四喜、和春、春台三徽班先后进京演出,为京剧的形成奠定了基础。

11.太平军进扬州

太平天国运动期间,太平军三进扬州城,与清军作战。在多种因素的综合作用下,扬州经济地位日渐衰落。

（二）名人轶事

扬州自古人文荟萃，英杰辈出。丰厚的文化沃土，孕育了代代巨匠名家，如建安七子之一的陈琳，《文选》学家曹宪、李善，"以孤篇压全唐"的张若虚，为中日文化交流作出卓越贡献的高僧鉴真，婉约派词宗秦观，独树一帜的"扬州八怪"画家郑板桥、罗聘，以博大精深著称于世的扬州学派的代表人物汪中、焦循、阮元、王念孙、王引之，以小说反映社会百态的作家李涵秋，诗人、学者、民主战士朱自清，扬州评话大师王少堂，剪纸艺术家张永寿等，其文学艺术成就各领风骚，为扬州的文化昌盛增光添彩。变幻的时代风云，造就了一批批英雄斗士，舍身抗元的扬州守将李庭芝，督师扬州以身殉难的民族英雄史可法，辛亥革命先驱熊成基，革命先烈曹起晋、沈毅、江上青等，他们的事迹可歌可泣，永远铭刻于扬州的历史丰碑。

（三）学术文化

汉代大儒董仲舒在扬州任江都相，倡明儒学，奠定了扬州学术研究的基础。明清以前，扬州学术研究在文学、文字学、史学方面成就突出。唐代《文选》风靡天下，扬州人曹宪对《文选》进行注释，开创《文选》之学；其后扬州人李善又在他的基础上重新注释《文选》，使文选学达到一个新的境界；之后文选学绵延千余年，继承光大者大都是扬州人，清代有阮元等为之表彰，王念孙等为之阐发。南唐扬州人徐铉、徐锴兄弟精于小学，世称"大小二徐"，对《说文解字》的整理影响深远，是中国文字学上的重要成果。

清代是扬州古代学术研究全面发展的鼎盛时期，在全国乾嘉学派中产生了一个重要分支—扬州学派，以汪中、刘台拱、焦循、阮元、王念孙、王引之、刘宝楠、刘文淇、薛传钧、刘余裕等为代表人物，学术渊源远师顾炎武，近承乾嘉学派的吴派、皖派两方面，治经兼及小学，博大精深，所涉极广，在史、文、天算、地理、校勘、目录等学术领域都取得了卓越成就，将乾嘉学派推向巅峰，并在历史转折时期开启近代学术之先河。清末民初的刘师培被视为扬州学派的殿后者。清道光至民国中叶，扬州还出现太谷学派。它以儒家思想为主，糅合佛道二教一些观点，被认为是中国儒家的最后一个学派，代表人物有周太谷、张积中等，其"教天下""养天下"的观点对其后的洋务运动、辛亥革命有直接的启示意义。

图书事业在扬州历史文化中占有特殊地位。唐以后各朝代都有大量的印刷品问世。清代扬州是江南三大雕版印刷中心之一,设有扬州诗局、扬州书局、淮南官书局等官办刻书机构,曾刊刻《全唐诗》《全唐文》等巨著,家刻、坊刻也很兴盛。扬州文汇阁是全国7处收藏《四库全书》的场所之一,马氏小玲珑山馆的藏书著称东南。

(四)文学艺术

扬州的文学创作源远流长,名家辈出。据统计,从汉末陈琳到现代朱自清,名扬全国、著作广传者达200人以上。唐到清,扬州文学创作高峰迭起,清代尤盛,文人交往频繁,传世文学书籍不下千部万卷,诗歌、散文、小说、戏曲、文学评论诸方面均有硕果,民间文学亦有丰厚的积淀,在中国文学史上占有重要地位。唐代李白、孟浩然、白居易、刘禹锡,宋代王安石、苏轼、杨万里、姜夔,元代萨都剌、关汉卿、白朴,明代康海、汤显祖、袁宏道、张岱,清代吴梅村、孔尚任、洪升、吴敬梓、王相望、杭世骏、厉鹗、姚鼐、戴震、方苞、魏源、龚自珍等,现代郁达夫、丰子恺、陈从周、王西彦等都到过扬州,留下多姿多彩、脍炙人口的文学篇章。不少曾经在扬州居官的文学家如唐代高适、杜牧,宋代王禹偁、欧阳修,清代王士禛、曹寅、卢见曾、谢启昆等都以倡导文学为己任,于公余结交名流,举行文会,促进了扬州文学创作的繁荣。民国时期一批文学家各以所长名世,刘师培、朱自清的文学成就尤为突出。

"烟花三月下扬州""天下三分明月夜,二分无赖是扬州""二十四桥明月夜""淮左名都,竹西佳处"等家喻户晓的佳句成了扬州的广告词。扬州的文化艺术历史悠久,延绵不断,种类众多,书法、绘画、曲艺戏剧、音乐、园林达到了极高的水平,在国内外享有盛誉,名家辈出,流派纷呈。隋唐宋时期,随着扬州历史地位的提高,逐步成为全国文化艺术的发达地区,李邕、秦观等人的书法艺术全国知名,李思训、陆仲仁等一大批画家各有擅长,明代陶成等画家亦有成就。清代前期至中叶,扬州盐业的兴盛、市井的繁荣和皇帝多次南巡,促成了艺术的空前繁荣。清代时期活跃在扬州画坛的扬州画派以金农、黄慎、郑燮、李鱓、李方膺、汪士慎、高翔、罗聘等"扬州八怪"为代表,他们注重从生活中汲取素材,打破常规,推陈出新,驰骋笔墨,抒发胸怀,树立了清高绝俗、清新淋漓的一代画风,在中国绘画艺术发展史上占有重要地位。书法、篆刻艺术也形成诸家荟萃的盛况,查士标、石涛、伊秉绶及"八怪"中的一些画家在书法上都有很高的造诣。阮元等倡导并身体力行的碑学在全国书坛兴起写碑的热潮,邓石如等成为扬州艺术史上第一批篆刻大家。晚清画坛仍活跃着一批画家,较有名气的十位字号都用"小"字的称"扬州十小"。民国有吕凤子等发起的晴社和"新芽画会"、涛社等组织,画界活动活跃,延至新中国成立后。

汉代扬州即有百戏和说唱演出。元代扬州是杂剧南移的中转地,创作、演出繁荣,有唯景臣等著名剧作家。明代,北曲未尽,南曲又兴,余姚腔、昆腔先后传入扬州,评话、道情等曲艺逐渐盛行。戏剧在乾隆时大于鼎盛,与北京并列为全国两大戏剧活动中心。1790年高朗亭领衔的扬州三庆班赴京演出,为徽班进京之始,为京剧的形成作出了不可磨灭的贡献。发源于扬州的剧种还有扬剧、淮剧(宝应等地为淮剧发源地之一)。扬州评话、弹词、道情、鼓书等曲艺剧种曾十分活跃,评话演出尤盛,说书名家如云,书场遍布街巷,书目丰富,艺术成熟。评话艺人王少堂说书形神兼备,描摹尽致,赢得"听戏要听梅兰芳,听书要听王少堂"的赞誉。扬州是木偶戏之乡,其杖头木偶与泉州提线木偶、漳州布袋木偶齐名。形成于清初的广陵琴派200多年来代有传人,至今仍是琴坛上一大流派;古筝艺术活动亦相当活跃。扬州园林艺术源远流长,早有"园林多是宅"之说。清乾隆年间,在强大的经济实力支撑下,园林出现鼎盛局面,城市山林,遍布街巷,湖上园林,罗列两岸。扬州园林艺术以叠石胜,并兼采南北之长,名擅一时。除著名的公共园林瘦西湖外,城区住宅园林有从汉代到民国名园108座。扬州的盆景艺术始于唐宋,清代扬州广筑园林,大兴盆景,有"家家有花园,户户养盆景"之说,并形成流派。扬州盆景技艺精湛,尤以观叶类的松、柏、榆、杨(瓜子黄杨)别树一帜,具有层次分明、严谨平整、富于工笔细描装饰美的地方特色。

(五)工艺特产

扬州的工艺极为出色。漆器、玉器在全国独领风骚;传统的雕版印刷和木、泥、锡、铜、瓷等多种活字印刷首屈一指;灯彩、剪纸、刺绣自成派别;绒花、通草花艳而不俗,神形兼备,是工艺品中的奇葩;扬州玩具以神取胜,富于动态和情趣,声名远扬;扬州香粉曾是朝廷贡品,行销各地,并曾在巴拿马万国博览会上获银质奖。扬州为美食之都,饮食华侈,制作精巧,食肆百品,奇视江表。淮扬菜是全国四大菜系之一,而且被认为是四大菜系中最重要的,其细致精美,远非其他各地所能及,扬州"三头宴""红楼宴"因浓郁的文化韵味赢得声誉。茶点亦自成体系,富春包子选料讲究,四季有别,制作精细,甜成适度,造型优美,三丁包被誉为"天下一品",千层油糕和翡翠烧卖被誉为"扬州双绝"。扬州酱菜以口味鲜、脆、嫩的独特风格闻名于世。扬州炒饭更是声名远播海内外。

扬州地区的特产还有仪征的雨花石、朴席、紫菜、茶叶,江都曹王三花,邗江泰安瓦窑铺青砖,高邮的"四色礼品"——茶干、董糖、醉蟹、双黄鸭蛋,宝应的白莲藕、藕粉、芡实等。

(六)民俗节庆

扬州从唐宋以来多次作为全国的贸易中心,商业、手工业发达,市井文化繁盛,并影响到民风民俗。扬州民间素有崇文尚教、重农钦商、喜逸好礼之风,在漫长的城市发展史上曾出现过诸多称得上"老字号"的店铺,市肆、市招、市声等均具有浓烈的地方特色。游艺项目多样且表现出独特风格,"广陵十八格"灯谜标新立异,"维扬棋派"称雄一时,扬州风筝、维扬灯彩独树一帜,瘦西湖沙飞船、扬州养鸟、扬州斗虫等游艺项目尚于民间。扬州素有"早上皮包水,晚上水包皮"的习惯,茶馆文化、浴室文化闻名遐迩。老城区教场一带如同北京天桥、上海城隍庙的公共娱乐场所,为扬州市井文化最集中的载体。

过去扬州的岁时民俗活动丰富,如元日家人亲友互相称贺,食来年饭,立天地牌;元宵玩灯,二月十二花朝日以红布绸条系花树;清明前后三五日陆行踏青,舟行游湖,玩蜀冈、瘦西湖诸生,清明墓祭,小儿替柳、放风筝;四月八日浴佛日妇女相约诣尼庵进香;五月端午解粽,门悬菖蒲、艾叶,广陵涛龙舟竞渡;六月六日晒书、晒衣物;七夕儿女守夜看巧云,设瓜果,对月穿针;七月十五盂兰盆会,放水陆荷灯;八月中秋陈瓜果、饼饵祀月;九月重阳出郭登高,以糕相馈;"小雪"、"大雪"期间腌大菜、猪肉;大冬(冬至)敬神祀祖,贴"九九消寒图";腊八日食"腊八粥";腊月二十四日送灶,扫屋尘;除夕守岁,各户贴春联、门神,室内贴年画,烧松盆,燃爆竹,吃年夜饭,祭祖先、祭天的三界十方万灵之位,封财门,分小儿压岁钱等。

第三章 新媒体概况及传播模式

　　界定新媒体的概念、特征和传播价值对于新媒体基础研究具有重要意义,一方面是因为新媒体传播已经日益深入到社会生活之中,但在理论定义层面始终无法得到统一的概念共识;另一方面,新媒体的持续发展为现实的传播具体实践提供了新的研究问题。因此什么是新媒体? 新媒体有哪些传播特征? 新媒体具有哪些社会价值? 这三个问题是亟待讨论和确定的基础概念。因此探求新媒体的基础概念,通过分析新媒体数字化、互动式、多渠道的核心属性,描绘出新媒体的合理概念,对新媒体多种传播特征进行深入解析,寻求新媒体传播的社会意义和价值,从新媒体动态发展过程中审视新传播技术所带来的现实意义,这为进一步确定新媒体的传播意义提供了理论上的基础和边界。

第一节 新媒体的概念、特征

一、新媒体的概念

　　新媒体研究中关于新媒体的概念众说纷纭,莫衷一是,但这又是了解"新媒体"这一事物无法绕过的一关,因此必须通过对学界及业界已有的概念认知,从多角度、多类型的定义范畴来形成关于新媒体概念的轮廓,并通过从时间范畴和技术范畴着手剖析,找到"新媒体"的关键词,从广义和狭义的范围划分来区分"新兴媒体"与"新型媒体",综合分析来界定新媒体概念。

(一)"新媒体"概念的提出

　　"新媒体"这一概念普遍认为是1967年由美国哥伦比亚广播公司技术研究所所长 P. 戈尔德马克(P.Goldmark)提出,他在1967年撰写的开发电子录像(EVR)商品的计划书中将"电子录像"称作"NewMedia"(新媒体)。

1969年时任美国传播政策总统特别委员会主席的E.罗斯托(E-Rostow)在给尼克松总统的报告书中多次提到"NewMedia",自此新媒体一词便普及开来。

1998年联合国新闻委员会年会中正式提出将互联网看作"第四媒体",随着网络技术的快速发展,新媒体应运而生并持续演进,如今在生活的方方面面新媒体都如影随形。起初对新媒体的理解只是望文生义地认为"新媒体"就是"新"+"媒体",将一切新兴的承载信息的物体,或者为信息传递服务的实体视为新媒体,而当时因经济及技术等原因,新媒体也并非唾手可及。根据中国互联网络信息中心(CNNIC)发布第三十七次《中国互联网络发展状况统计报告》显示,截至2015年底中国互联网普及率首次过半,达到50.3%,中国网民规模达6.88亿,移动互联网塑造了全新的社会生活形态。这意味着互联网对于整体社会的影响已进入到新的阶段,"新媒体"概念的内涵、外延以及意指范畴都在不断依据其技术发展和传播功能变化而调整,直接影响到对新媒体的界定和认知,目前代表性的观点主要有:[①]

传播技术观:"今天的'新媒介'的主要特征是集中了数字化、多媒体和网络化等最新技术"(清华大学崔保国教授);媒介要素观:"构成新媒体的基本要素是基于网络和数字技术所构筑的三个无限,即需求无限、传输无限和生产无限。人们的物质需求有限,但精神需求无限。作为满足人们精神需求的传媒,其市场无限广大。"(中国传媒大学黄升民教授)

传播特征观:"解读新媒体的关键词包括:数字化、传播语境的'碎片化'、话语权的阅众分享、全民出版"(北京师范大学喻国明教授);媒介形态观:"新媒体是新的技术支撑体系下出现的媒体形态,如数字杂志、数字报纸、数字广播、手机短信、移动电视、网络、桌面视窗、数字电视、数字电影、触摸媒体等"。

(二)新媒体概念的意义维度

通过以上定义梳理可以看出,对于新媒体不同观察视角决定了新媒体定义的界定维度。

从时间范畴看,新媒体的"新"与"旧"是相对且不断变化的,清华大学的熊澄宇教授曾指出"每个时代都有其所谓的新媒体,每一种新媒体也都

---

①喻彬. 新媒体写作教程[M]. 北京:中国传媒大学出版社,2018.

终将成为旧媒体。"就如同广播相对于报纸是新媒体,电视相对于广播是新媒体,网络相对于电视是新媒体。在时间的维度上层层涌出,不断更新,当受众还在庆幸印刷赋予时间永恒时,电视的出现就让信息内容转瞬即逝。但单从时间范畴定义也不准确,新出现的媒体并非都可称作是新媒体。例如,2011年世界园艺博览会时,出现在当地大街小巷的车体广告(私家车车门上印上世园会的石榴花标志),虽然是新出现的形式,但却沿用单向、非数字化的传播方式,这依然是传统媒体的延续。另外数字化的新传播方式也要放在全球视角下来判断,由于经济、科技诸多方面的因素,欠发达国家在新媒体发展上也始终落后于发达国家,当北美洲已经用上智能手机迈入数字化互联时代时,非洲地区还在分享着传统闭路电视带来的喜悦。因此不得不说发达国家成为媒体"新"的参考。

从技术范畴要求看,"新媒体是以数字技术、通信网技术、互联网技术和移动传播技术为基础,为公众提供资讯、内容和服务的新兴媒体。"在早期联合国教科文组织给新媒体的定义是"新媒体即网络媒体"。虽然现在看来未必准确,属于新媒体的手机媒体已被视为"第五媒体",但可以从教科文组织的定义中看出,以互联网为代表的技术是必要的,这是新媒体依托的基础,就如熊澄宇教授谈到的:"所谓新传媒,或数字媒体、网络媒体,是建立在计算机信息处理技术和互联网基础上,发挥传播功能的媒介的总和。"但也并不能说以互联网为平台,具有互动性、数字化的媒体就一定是新媒体。如上所述媒体的"新"与"旧"是相对地且不断更新的,"第四媒体"或"第五媒体"都是针对当下技术的新媒体,而新媒体还在马不停蹄地跨进,正如"摩尔定律"所指出的当价格不变时,集成电路上可容纳的元器件的数目,每隔约18～24个月增加一倍,性能也将提升一倍。换言之,每一美元所能买到的电脑性能,将每隔18～24个月翻一倍以上。这一定律所揭示的信息技术进步的速度正印证新媒体所依托的技术将持续快速发展,谁也无从得知并预测在互联网技术下之后又会有何等技术样态的"新媒体"问世。

如果将"新媒体"概念作广义和狭义的划分,广义上的"新媒体",是利用数字技术、网络技术和移动通信技术,通过互联网、宽带局域网、无线通信网和卫星等渠道,以电视、电脑和手机等为主要输出终端,向公众提供视频、音频、语音数据服务、在线游戏、远程教育等集成信息和娱乐服务的所有新的传播手段或传播形式的总称,包括"新兴媒体"和"新型媒体",而狭义的"新媒体"则专指"新兴媒体"。广义和狭义的共性在"新兴"二字,即媒体都依托互联网具备数字技术,而差异则在"新型",狭义认为新媒体改变了传统的传授关系,受众反客为主成为公众,从"点对面"的单向传输到"点对点"的双向传播,实现了互动性。可以认为像世园会车体广告,另外还有额头广告一样少数新兴媒体依然是传统媒体的延续,新兴媒体包含着新型媒体,而如中国人民大学国文波教授所说,只有同时具备了"数字化"和"互动性"才可界定为新媒体。

综上可以看出对新媒体概念的确定不一而足,本书结合新媒体的两大范畴给出一个参考的概念:当下所谓的新媒体即新兴诞生的数字化、互动式、多渠道的复合媒体。

二、新媒体的传播特征

新媒体是一个数字化、互动性、多渠道的复合媒体,伴随着互联网技术的突飞猛进,新媒体渗透进受众生活的方方面面,营造了一个新媒体环境。新媒体系统就好像四通八达的高速公路,将人们的意识信息快速传递到接收的各个端口。在和新媒体的频繁接触中会发现很多传播特征,这些特征也正是受众愿意融入新媒体环境中的原因。

(一)信息传达高速及时

信息的需求是人类好奇心和控制欲的使然,心理学上认为人们在掌握更多信息的同时会感觉一切在自己的掌控之中。信息最开始是人际间传播,通过口口相传的方式传播,但会发现人际传播要受制于时空限制,只能在特定时间的相对小范围展开,稍远一点声音就会分散掉。于是为了使信息传达得更远,传播载体渐渐出现。从马匹到飞鸽到电报,载体的传播能力越来越强,时空对信息的限制一点点在缩小,而新媒体的出现,不仅突破了时空限制,可以做到即时随地传播,更是可以通过数字化做到信息高还原、低损失,达到了历史传播进程中的顶点。施拉姆提到"大众媒介通常是指一种传播渠道里有中介的媒介。"新媒体的第一大优势正在于传播渠道里的媒介,互联网带宽的扩张使每秒能通过的数据位更多,就如同给新媒体这个高速公路拓宽道路使得同时通过的车流量更大。1M宽带的速率是125kb/s,换算到带宽的基本单位比特就是1M宽带可以传递1024×

106bit/s,而现在百兆光纤将信息传输速度进一步提升了一个数量级。最明显的信息高速传达体现在新闻采访中,每当重大新闻事件发生时,新闻直播节目都会连线当地记者进行现场报道,这种实时连线以1秒左右延时,传输着来自主持人和连线记者之间的沟通,以及现场记者所在场景的一切声画。因此,信息传达的高速及时性,让传媒环境更加真实可信,受众也越来越难判断,一切看上去都是栩栩如生。

(二)传播方式数字化

判断一个媒体的"新"或"旧"基本特征就是看是否数字化,从广义的概念上来看,只要符合传播方式的数字化就可判定为"新媒体",这是因为新媒体广义上被定义为新兴媒体,数字化代表最新传播方式的技术,自然无可非议。

新媒体采用数字化的制作传输手段,是从技术层面上突破传统模拟线路的传输,将采集信息转换成二进制编码,通过数字信号传递到终端,再进行数据的解码进行呈现。从量的角度上看,数字化传播解放了传播中介和传播终端,也诞生了信息,一方面在不拓宽信息公路宽度的情况下,为信息瘦身;另一方面解放了模拟信号对线路的要求,让终端可以自由移动;再者信息本身的传播范围、传播速度也得到极大提升。从质的角度上看,数字信息的复制、传输和转换更加容易,在编码及解码的过程中信息损失小,而且随着数字化技术的不断改进,高清、超清、无损画质日益出现,数字传播的质量越来越高。1967年麦克卢汉在《理解媒介——论人的延伸》中首次提出了"全球村"(Global Village)这一概念,仅仅两年后互联网的出现加速了人与人交流方式的转变和"重新村落化",而数字化时代的来临让:全球村基本形成。这和数字化的传输特点有关,在传输过程中可以将任何信息统一成数字编码,在接受过程中亦可以将数字编码转换成任何信息,这种方式消除了地域的界限和文化的差异,让人类重回村落和"巴别塔"前的社会,开创一种新的和谐与和平。

(三)信息传播具有互动性

互动特征是新型媒体的标志,和数字化特征合并起来构成狭义范围内的新媒体特征,因此互动性是新兴媒体到新型媒体的一次质的飞跃。互动性是对传统单向度传播的升级,改变了传统媒体"点对点""点对面"的固定传输方式,这种传播方式下信息传达以时间为轴呈线性传播,公众的态度只能通过事后的民意调查和收视率等来反馈。而新媒体采用双向传输,信息不再是某一方掌握主动权,而是权力双方的互相转化,传授身份不再一成不变,曾经的传输方发现接受公众的反馈会利于其良性发展,并且公众生产信息可以帮助传输方内容的丰富,而曾经的接收方主体意识也在增强,发现参与到信息生产中也是对自己生存媒介环境的打造,就会积极主动地参与其中。这种互动循环圈形成的是自发的良性互动,不同于之前的民意反馈,传者欣然接受并重视,收者主动参与并献策,双方有来有往,循环往复又相辅相成。信息传播的互动性也是"重回村落化"的一个体现,口语社会的交流是双向传播,A对B说话,B也对A说话,即使是:"点对面"的传播,"面"的表情、情绪都能形成对点的反馈,而且"面"之间会形成小声互动交流。随着媒介的发展互动在弱化,书信的互动只有在接受方回复才能形成,且互动受制于文字效果不佳,从印刷品开始媒介就已经形成单向度,无论书籍、报纸,或是电台、电视,传播一直是传和受的单向关系。因此互联网时代后的互动性打开了"重回村落化"的通道,这对信息的有效传播起到重要作用,李普曼在《公共舆论》中提到外部世界与人们头脑中的景象时认为"每个人的行为依据都不是直接而确凿的知识,而是他自己制作的或别人给他的图像",随着信息的传播,个人脑海中图像是一个更新过程,当接收到的信息与既有图像不符时,开始会先排斥、再协调、最后有可能接受。而单向传播过程中出现图像排斥时,受众无法和传播主体产生沟通(有极少的读者,电视观众会给传播主体写受众信),所以传播的效果大打折扣。

以数据算法推荐为例,运营方重视公众的收视习惯,大到公众信息选择倾向,小到各时段兴趣选择,公众手到之处,眼睛停留时间都成为运营方收集到的反馈,根据后台算法整理,最终依据公众喜好为公众提供源源不断的私人定制服务。公众也乐于通过自己的行为暗示运营商如何进行满意的信息提供,获取更佳的公众体验。在这个流动性的过程中,运营商源源不断地接受公众数据,提供公众感兴趣的信息,公众通过行动反馈来获得越来越好的服务,双方互动频繁,相辅相成。即使有"信息茧房"的弊端出现,但运营商意兴在此,而公众也全然不知。

（四）传播携带海量信息

21世纪是信息爆炸的时代,媒体对社会的发展产生重要的影响作用。信息传播海量性是互联网时代下媒体传播的独有特征,报纸受制于版面、广播受制于频率、电视受制于频道,这些传统媒体都无法摆脱传播内容的有限性,直到新媒体的出现传播的海量性让受众从"没什么看"转变为"不知道看什么"。从技术角度看这一切都归功于互联网技术和数字化技术,互联网空间上的无限性使信息只在时间轴上形成覆盖,但在空间线上形成堆砌,每分每秒信息都在急剧增加,所以从空间上信息海量还在递增。另外数字化技术让世界四个维度的信息都可以经过数字化处理而传播,理论上依托数字化技术的新媒体就具有了信息资源的无限丰富性。再者带宽的增加,为海量信息的传播提供载体,如果说互联网平台和数字化技术是个大仓库可以让信息进行海量存储,那么互联网带宽就相当于运输工具可以帮助海量信息传输。

（五）信息传播的多媒体化

媒介融合已经成为当前媒体发展的基本态势,传统媒体在新媒体的步步紧逼下不得不走向转型。不同于传统媒体线性的文本处理方式,基于网络的新媒体是超文本的传播方式,纸媒以字符为基本单位,广播以电波频率为基本单位,电视以帧速率为基本单位,而新媒体以结点为基本单位,结点是由文本、图像、声音、画面等共同组合而成的,因此新媒体和传统媒体并不是一个维度的事物。

这种传输的差别在于过去纸媒传播文字和图片,广播传播声音,电视传播声画,而新媒体传播的是多媒体内容。例如虎扑体育是一家做体育新闻的新媒体,主要通过手机端为公众提供体育即时资讯,在新闻内容中文字介绍穿插精彩图片,静止图像无法展示的视频,接着会提供完整视频或是集锦放在新闻条目中点开即可收看,或是超链接的形式转到网页收看,并且开启省流量模式,移动数据使用期间只提供文字介绍,公众可以根据自己需要决定使用数据点开图片或动图或视频等。新媒体环境下,媒体将受众视作客户,提供最优质的服务,这种优质不仅仅在于内容质量,声画是信息最丰富的形式,若仅凭内容质量单单提供可移动的高清声画即可,但服务质量比的是"人有我优",在公众适合的条件下选择最优接受方式,才可以算作最优质服务。

（六）信息的跨时空传播

新媒体的跨时空传播体现在时间和空间两方面。跨时间方面并不是指信息可以多维空间下在时间线上非线性穿梭，而是指信息传播突破传受双方时间上的间隔，也就是可以即时传播。跨空间方面是真正突破自然空间限制，无论山川河流，还是太空或海底，只要有公众关注的消息，新媒体都可以获取，地球空间近乎被信息全部覆盖，当时间空间被结合起来形成跨时空传播时，公众就可随时随地接受即时信息。

跨时空传播的另一层面涉及虚拟现实技术对消失时空的再现，这种再现自古即有，只是随着媒介的发展，信息跨时空传播更加能唤起情感共鸣。口语时代人们用混乱无序的口语描述过去的故事，这种形式留下对故事的平淡了解；印刷时代书本以有序详尽描述调动人们想象力形成对过往故事、形象添加诸多既有图景的不准确印象；电视时代可以"再生"出原有图像，形成形象较准确但缺少感觉的印象。这些都算这一层面的跨时空传播，但从传播效果来说，只有视觉、触觉、嗅觉等多样体验下诉诸情感共鸣的传播才有更深的印象，营造仿佛置身其中的感觉。这一点新媒体的虚拟现实技术一步步帮人们接近。以侏罗纪时代的跨时空传播为例，电视时代可以"再生"这一消失时代生物的画面和声音，公众接收到2D视觉和听觉的体验，而新媒体的虚拟现实技术，让公众可以接收到3D视觉、立体听觉甚至通过穿戴设备得到部分触觉，新媒体无疑是历史进程中跨文化传播最有力的载体。

（七）信息传播的个性化

个性化这一概念在新媒体环境下有了新的含义，早期的网络媒体的公众主动性地选择个性化，在海量信息和媒体筛选分类的信息中选择自己喜欢的方向，加收藏或加定制，来实现信息传播的主动个性化，而随着数据技术的崛起，公众以被动方式享受着个性化。以 YouTube 为例，公众在 YouTube 上的收视习惯和收藏习惯可以让 YouTube 运营商基于公众的兴趣标签和兴趣模型，找到公众的兴趣点，因此会发现当在 YouTube 看几个体育视频后首页就成了体育新闻的主页，再看一些天文视频首页又充满了外星人议题。

数据支持下的算法通过内容习惯推荐、协同过滤推荐或其他混合推荐方式来判断公众喜好，提供个性化服务，内容习惯推荐基于公众的接收喜好和历史浏览记录来分析公众的兴趣点,当信息库里出现接近公众兴趣点的信息时就会优先推荐。而协同过滤推荐是通过公众兴趣分析和公众社群划分,为有相同兴趣的群体提供群体中成员感兴趣的信息。内容习惯推荐是运营商跟着公众喜好走的方式,采用保守方式巩固公众,如果算法不准确将面临失去公众的风险,而协调过滤推荐是走在公众面前的方式,通过合理猜想来引导公众的收视习惯。

新媒体信息传播的个性化让大众媒介变成分众媒介,同一传播端可以生成"千人千面"的终端服务。

(八)信息传播的虚拟化

信息传播的虚拟化主要指传播内容,前面提到的虚拟现实技术在新媒体上的应用即是此类。能进行虚拟化的前提是信息的可篡改,这又要归功于数字化技术,数字化技术下"0"和"1"构成的二进制编码让信息可以,轻易复制修改,基于此类似于3DMax、AE、C4d等一批软件才可以辅助视觉信息制作出各类虚拟影像及特效,常见的如新闻中的虚拟演播间、好莱坞大片中的华丽特效、网络游戏中的虚拟场景等。

虚拟化优化的是信息传播中的公众体验,以新闻中对于犯罪案件的报道为例,对于犯罪案件的报道往往是事后信息的采集,很少能巧妙地撞上,所以犯罪类新闻通常会用案件有关的空镜头配上文字描述。当然随着"公民记者"的出现公民素材的使用率越来越高,但遇上类似于抢劫等难以取证的素材时,虚拟画面新闻的优势就凸显了,通过虚拟案件经过的全过程,可实现声画同步,增加信息传播的质量,带给公众更多的体验。

综上特征分析可以看出:新媒体的传播特征无论是新兴出现的"数字化""互动性",还是基于原有特征进行升级优化的"跨时空""个性化"所体现的都是作为新型传播载体来为公众提供最优质的信息服务。

第二节 新媒体传播的价值与基本模式

一、新媒体的技术表征与传播价值

尤瓦尔·赫拉利(yuva Noah Harari)在他的两本新著中传达出人类将从

"智人"到"智神"的观点,人类从起先创造神,到人类自己成为神,所依靠的都是人造工具和人造技术,随着科学技术的继续发展,智能技术将帮助少数精英进阶成智神来统治人类。这一带有夸张又耸人听闻的预测之所以能激起千层巨浪和当下技术的发展倾向有很大关系,在虚拟现实、人工智能、数据应用等技术迅猛发展的当下,已经隐隐看见赫拉利所描绘未来的影子。如今,新媒体紧随最新技术的步伐,和历史进程中的诸多工具一样,服务使用者的同时进化着接触者,改变着既有生存环境。

媒介作为人们认识世界的工具其价值体现在服务受众的方方面面,社会效果和受众体验是价值的评判标准。新媒体的服务方式更像是嵌入,随着使用时间的增长逐渐嵌入皮肤、血液到融成身体的一部分,当公众产生依赖而难以割舍时个人体验就会达到效果,个体扩散到群体再到社会整体,于是新媒体就悄然将社会改造成另一番模样。在思考新媒体传播的技术价值时发现新媒体已在诸多方面产生影响。[1]

(一)新媒体传播与日常生活记忆

日常记忆承载着一个时期、一个群体的集体意识,在无数具体和抽象的生活细节中构筑了历史。新媒体和新媒体技术是发达国家的舶来品,无论是数字化,还是交互性;无论是微博,还是微信。虽然进行了因地制宜的改良,但都还带有明显的欧美社会的影子,这也带来了中国个体和集体关系的转化,促进了个性化的生长。因此,新媒体对日常生活的记忆也是对集体记忆的描述,也有可能是对社会记忆的建构。日常生活记忆研究涵盖从记忆到个体记忆到集体记忆到社会记忆的整个过程,而媒介记忆的涉入被认为颠覆性地改变了人类记忆与思维方式。

1.记忆与媒介记忆

"记忆"一词的定义:记忆是人脑对经历过事物的识记、保持、再现或再认。它被视为进行思维、想象等高级心理活动的基础,从心理学上看它是保存和积累个体经验的过程。记忆过程是对视觉看见的客观图景,进行人为筛选并采集输入,在大脑中加工并保持最后主观再现的一系列活动,因客观存在和个体的差异记忆过程会形成鲜明的个性化和信息存储时间差异,正所谓"一千个读者就会有一千个哈姆雷特",即使是相同的客观存在在不同个体的记忆过程中会产生不同的主观图景和再现,而个体的记忆能

①李鹏,舒三友,陈芊芊,等.新媒体概论[M].西安:陕西师范大学出版总社,2018.

力、客观存在的记忆难度和对客观存在的主观选择会产生瞬时记忆、短时记忆、长时记忆三种记忆结果。综上基于记忆活动的个性化产生的个体记忆,个体记忆在人际交互中形成的集体记忆,及集体记忆的整体化组成的社会记忆构成了日常生活记忆的全内容。

记忆在传播中不仅仅指大脑的输入和再现过程,其外延也包含了记忆方法。媒介作为一种超强记忆工具,衍生出作为媒介工具的记忆。根据邵鹏老师的定义:"媒介记忆是指媒介通过对日常信息的采集、编辑、记载或报道,形成一种以媒介为主导的对于社会信息的记忆过程,并以此影响人类的文化记忆、历史记忆与社会记忆。"不能忽视其社会功能,媒介记忆也是通过存留在媒介空间中的各种符号营造一个社会环境。由于各个媒介的特殊性,或形成文字符号,或形成图像声音,或是复合形式,加上媒介空间的不同会形成独具特色的媒介记忆。而新兴媒介即新媒体,通过增强记忆间的互动模式和转变人类对媒介记忆的使用方式,起到颠覆性的效果。一方面新媒介依托技术优势和媒介特色频繁穿梭在个人记忆与集体记忆之间,形成更强的互动模式,将记录的媒介符号作用在个人记忆和集体记忆中,又从二者中获取源源不断的素材,同时在个人记忆和集体记忆间搭起了传输的桥梁。另一方面新媒介成为信息记忆的中心,一个巨大的信息存储库,人们从这里提取记忆,媒介也主动传输记忆,正是如此人们解放了大脑的记忆,将原先记忆的时间用来创造更多的信息,要是有记忆模糊或者记忆缺失,只需要打开信息存储库来获取。

2.新媒体与个体记忆

媒介记忆是个人记忆的集合与凝聚,作为基础要素的存在,个体记忆和媒介记忆联系紧密,从媒介记忆的方向看去总能找到个体记忆的影子,与此同时个体从媒介获取信息形成记忆的过程也赋予了媒介记忆更大的影响力。新媒体以颠覆性的姿态出现在媒介发展历史的进程中,既带有媒介记忆的典型特征,又具有自身的特性。新媒体更加重视公众身份存在的个体,因而对个体的记忆也更加关注:

第一,新媒体以其广阔无限的纵深性吸收着每个个体的记忆,越来越多的记忆样本构成集体记忆的元素,丰富着集体记忆的储存室,甚至随着数据技术的发展,个体记忆的采集会越发细微。

第二,新媒体点对点和不断互动的传输模式,让个体记忆在双向的传播中动态趋势更明显,媒介记忆的影响力更大,一方面能覆盖的个体更广,另一方面形成记忆的可能性更大,在单向传播中面临接受形成记忆或不接受形成遗忘的选择,而双向的动态演进中为转变提供了可能。

第三,媒介记忆通过对个体记忆倾向的数据化分析,投其所好的将相似信息传递到个人,这种"信息茧房"也是对个体记忆的束缚,将媒介记忆中的元素加工成个体的模拟记忆起到强化或束缚个体记忆的现象。

依照传播的功能观念,新媒体对个体记忆产生作用主要表现在以下几点:

(1)赋予个体身份认同

新媒体的记忆在传递给个体的同时,也唤起个体记忆之间的共鸣,帮助个体确认了自我的身份,以及自己所属的记忆范围,正如《想象的共同体:民族主义的起源与散布》中提到的传播媒介通过想象意象将同民族的身份认同结合起来,媒介的记忆也是如此将个体的身份认同进行确认。

(2)传承社会中的记忆

新媒体在媒介历程中有着最强大的采集和记录能力,将个体记忆记录、积累并保存,或在日后主动地提供记忆,或以记忆中心的方式供个体按需提取。

(3)提供危机记忆

新媒体通过技术手段汇聚到更多的记忆元素,在提供给个体丰富的信息时也为个体遇到相似情况的应对起作用,另外技术的分析能力也将个体的亲近记忆进行预筛选,形成个体可能遇到的危机记忆,起到预警和环境侦察作用。

新媒体和个体记忆之间也发生着显著的改变,新媒体在吸收个体记忆方面的强化和传输记忆方面的弱化是有目共睹的趋势。新媒体集合各种各样个体记忆,以及凝聚个体记忆的方方面面,没有其他媒介在记忆聚合上可以相提并论,但新媒体的海量记忆也带来了个体记忆的弱化。一方面丰富的记忆元素对个体有限的注意力起到稀释作用。另一方面新媒体带来了记忆形式和公众阅读习惯的改变,碎片化和浅层化的记忆形式以及快速阅读、跳跃获取的阅读习惯也让个体记忆向瞬时记忆靠拢,记忆的能力和时间让位于记忆元素的生产,当有个体记忆的模糊或遗忘时,只需要打开新媒体这个记忆仓库进行快速提取即可。

3.新媒体与社会记忆

关于社会记忆的讨论开始于20世纪80年代,法国社会学家莫里斯·哈布瓦赫认为个人记忆是无法独立存在的,人们通常要在社会中获取,并在社会中加以定位,从而打破记忆在个体层面的禁锢,反思个体记忆在社群中的延续性,提出了"集体记忆"这一概念。美国学者保罗·康纳顿是"社会记忆"概念的提出者,他在《社会如何记忆》一书中指出,除了个体记忆外,还存在着另外一种记忆,即社会记忆。他将集体记忆进一步延伸,也将独立的个体记忆置于社会属性中来探讨。《社会记忆》的主编者哈拉尔德·韦尔策将社会记忆概括为"一个大我群体的全体成员的社会经验的总和"。从中可以看出社会记忆的群体集合和社会经验这两大必备属性。

置于新媒体的环境下来看媒介和社会记忆的关系可以发现,新媒体占据了社会记忆产生的主要渠道,也成为重要的组成部分,新媒体公众群体的不断增长和媒介接触时间的扩张反映出个体对新媒体的依赖性在强化。媒介已经淡化了充当个体记忆和社会记忆的纽带作用,而融入二者之间,成为其组成部分。另外新媒体也将社会记忆一次次激活并强化,随着新媒体技术的发展,记忆元素的丰富,以及新媒体和个体关系的深化,个体在使用新媒体的同时,新出现的记忆元素也将趋于遗忘的社会记忆唤醒,并在激活过程中起到强化作用。最后新媒体对社会记忆还起到重构的作用,哈布瓦赫认为集体记忆是对社会的建构过程,是立足于当下环境对过去记忆的重构。在新媒体技术的帮助下,对过去的记忆进行详尽梳理和数据分析成为可能,一些从当下视角出发的新元素不断浮出水面。

新媒体对社会记忆的最大帮助在于数字化技术的支持,既可以将新近产生的社会记忆置于互联网空间内传播,也可以将过去的历史记忆通过数字化进行存储。由此使得社会记忆的存储成本大大降低,过去需要笔墨纸砚,需要印刷仓储,需要磁带光碟这些物质载体来保留社会记忆,而新媒体则将既有的和未来的记忆通通数字化呈现,大大节省了记忆成本。而且数字化社会记忆的获取更加便利,或被动接受新媒体的筛选呈现来激活记忆,或主动在新媒体中搜索记忆元素来获取,节省记忆时间的同时也产生更多的记忆元素。另外数字化的保存方式,也使社会记忆真正超越时空而存在,印刷书籍的出现曾一度认为打破了传播的时间障碍,让信息可以永恒传播,但时间、霸权、战争、文化压制等等都会出现对信息永恒的致命挑战,而新媒体的记录能力让记忆得到更好的保护,愉快的记忆、伤痛的记忆、该保护的记忆与不该存留的记忆都留存了下来,即使可以删除新媒体的信息也无法抹去留下的痕迹。

新媒体对社会记忆的转变产生了双重影响,新媒体带来的社会记忆多样化、长久化,很好地丰富并推动了记忆对社会的建构。而碎片化和快餐化,则使社会记忆的深度缺乏,产生社会记忆流于表面的危机,个体在跳跃和快速浏览中,社会记忆的影响力正在稀释。另外新媒体带来了社会记忆的情感化倾向,一方面新媒体语言的娱乐化,把关的放宽,使得记忆的煽动性更强。另一方面迎合公众口味,唤起更多个体记忆的共鸣的同时,却是让社会记忆的"愉悦"或"忧伤"等色彩标签更加明显。

(二)社会现实的再度重构

社会现实的重构来源于李普曼的《公共舆论》一书,重构是个人认识世界的方式,因为无法直接并完全地体验现实世界,从而需要加工成人脑能接受的图景。媒介被视为人的延伸,是帮助人们认识现实最有力的工具,所以在新媒体环境下,重构的方式也有了新的变化。

1.虚拟环境

李普曼指出"在社会生活层面上,人对环境的调适是通过'虚构'这一媒介进行的",因此这个环境在某种程度上是由人类本身创造出来的,是外部世界在人们头脑中的景象。至于"虚构"的原因是因为客观世界是人们获取信息和认识的来源,而"直接面对的现实环境实在是太庞大、太复杂、太短暂了,人们并没有做好准备去应付如此奥妙、如此多样、有着如此频繁变化与组合的环境。"但人们无法逃离这个环境而生存,所以只能进行重构。

媒介传递外部世界的消息对人们的重构起到重要作用,从口语传播的小范围到电子媒介的"全球村",媒介延伸了人们的触角去感知更为丰富的外部世界,但即便在如今这个看似无所不能的新媒介面前,依然无法真切地体验到本真的世界,一方面客观世界是庞大而复杂的。另一方面个人在主观认识世界上存在着差异,而"媒介+科技"只起到辅助作用,提供更多真实世界的信息,提供更多的认识渠道来弥补人未体验到的部分。因此,人们和外界世界还存在交集,虚拟环境就还会生成在人们的脑海中,人们无力消除,只能适当弥补,而相较于弥补个人认识能力的缓慢和微弱,"科技+媒介"是唯一仰赖的,媒介的演变和科技的发展让我们看到虚拟环境也是一个动态的过程。

2.新媒体与虚拟世界

虚拟世界是依托互联网技术并基于人类心理需要开发出的模拟环境,虚拟环境源于真实世界,其中的场景设置、人物排列或多或少都来源于真实生活的反映,这样体验者才能有更深的浸入感,因此虚拟世界力求贴近现实世界来唤起体验者的共鸣;虚拟世界高于真实世界,体验者在虚拟世界中可以满足现实生活中无法实现的需求,在虚拟世界中穿越、生死、上天入地等等这些随着千百年来人们诉诸神话幻想的心理需求,一一得以实现,在虚拟世界中人类已经成为"智神"(参见上述尤瓦尔·赫拉利观点);虚拟世界却又和真实世界有所不同,即使虚拟现实技术极力营造浸入感也无法给体验者带来等同于真实世界的多维感觉,视觉上3D的立体呈现和真实场景中的多感官接触相比少了许多质感,只能是作为工具来使用,帮助人类获得较人体感官更进一步的真切体验。

(1)虚拟技术

新媒体的技术正带来着更丰富的虚拟世界体验,以网络游戏为例,线上游戏以视觉加感知元素的虚拟交互美学,逼真的场景和立体的人物带来视觉上的冲击,贴近真实的流血、交流、货币等元素产生感知上的共鸣。加上新媒体为线上游戏扩展了更广阔的平台,从网站线上,到电视IPTV,到手机App,多种形式的线上游戏满足着游戏玩家多种多样、随时随地的虚拟世界体验。根据艾瑞网《2017年中国网络游戏行业研究报告》显示2016年移动游戏公众规模约5.21亿人,而电脑端游戏公众规模约为4.84亿人,且到2016年中国首次超越美国成为全球最大的游戏市场D。由此可见,中国这一拥有近14亿潜在公众的巨大市场,超过1/3的公众涉足线上游戏,寻求着游戏世界的虚拟体验。

VR技术(Virtual Reality)即虚拟现实技术,是以计算机技术为核心,结合相关科学技术,生成与一定范围真实环境在视、听、触觉等方面高度近似的数字化环境,公众借助必要的装备与数字化环境中的对象进行交互作用、相互影响,可以产生亲临对应真实环境的感受和体验。这种VR体验基于对虚拟世界的进一步仿真,以多感知性、高存在感和交互性实现三维的动态体验。和之前的虚拟体验不同,体验者需要通过外接设备的帮助,实现虚拟世界的三维浸入感,而 VR 设备仍处在萌芽期,技术研发还在进行中,这也使外接设备成为获取 VR 体验的一个障碍。如今,VR 技术进入医学、教育、航天、新闻等诸多领域,以新闻领域为例,美国众多新闻广播公司和技术公司合作提供 VR 的新闻直播,一方面需要广播公司在直播时采用 VR 录制设备。另一方面公众可以佩戴相应的 VR 眼镜或头盔,在家中即可体验 180°甚至 360°视角,仿佛置身新闻事件当中。

AR 技术(Augmented Reality)即现实环境增强,是通过将计算机生成的虚拟物体、场景或系统提示信息叠加到真实场景中,从而实现对现实场景的增强。和虚拟现实 VR 技术不同,VR 是完全营造一个三维的虚拟世界,公众通过虚拟的仿真模拟达到身临其境的感觉,而 AR 技术通过外接设备实现的是虚拟信息和真实环境的叠加,虚拟信息的作用是辅助公众更好地感知真实世界。

AR 技术具备两大特征①虚实结合:通过计算机图像技术将虚拟信息叠映在现实对象上,现实环境没有被取代或影响,反而因和虚拟技术的融合而增强,达到超越现实的感官体验。②实时交互:实时交互体现了虚实结合中虚拟对现实更深的依赖,AR 体验者通过外接设备获得增强体验,又将现实环境中的信息通过传感器传递给设备来获取反馈。

如今增强现实在医疗、教育、游戏、生活等诸多领域广泛应用,并随着科技的成熟,逐渐走入了寻常百姓家。谷歌公司在 2012 年推出扩展现实的谷歌眼镜(Google Project Glass)被定义为一款增强现实型穿戴式智能眼镜,在小巧的眼镜上通过微型投影仪、摄像头、传感器、存储传输操控设备的协调工作,和声音、触碰及自动控制模式来操控。该眼镜前方配备小型摄像头进行平行视角下的视频和图像的采集,像具有记忆功能的第三只眼;镜架内侧配有处理器,处理各样信息并控制眼镜的功能使用;镜框中央侧配有传感器,感应眼睛方向;镜片配有显示屏,通过微型投影仪将图像投射在视网膜上,公众可以通过眨眼睛、声音控制等方式来实现拍照摄像、视频通话、上网浏览等智能功能体验。目前市场上有四种谷歌眼镜,公众可以应需选择,由于成本较高,价位成为公众购买的最大限制。

世界信息的复杂和人体感官的有限及进化的缓慢形成了天然的鸿沟,像镜子那般映射真实世界是人体本身永远无法企及的,"媒介+科技"只是通过外在力量来改善这一现状,如果按照麦克卢汉的说法,电子媒体延伸的是人的中枢神经,那么虚拟现实媒介延伸的则是人的大脑,VR帮公众模拟接近真实的体验,AR为公众认识世界补充更多的信息,归根结底这些虚拟现实技术都是在弥补人脑重构世界的局限性,为了尽可能帮助公众获得真切体验从而使外部世界在公众头脑中的景象变得逼近真实。

(2)虚拟新闻业

技术的发展撬动了行业的变动,虚拟现实技术带来的是新闻行业的又一次变革,帮助个体在感知真实世界的道路上更进了一步。视觉传播呈现立体化和综合化是媒介一直以来的发展趋势,这是在丰富人们的感知,单一符号传播下的体验只是局部的展示,受限于感知而无法体验整体。报纸文本利用平面视觉来获取信息,虽有清晰的逻辑性但缺少形象直观,电视图像打破单一,形成视听结合,虽然形象直观却又稍显杂乱并且转瞬即逝,新媒体的复合信息虽然可以有的放矢地将信息送达,满足公众的多样需求,但公众的浸入感不强,参与限于知觉的平面维度,如文字互动、表情达意、视频传输等,虚拟新闻的出现真正地将新闻的信息元素立体化,等着公众去主动探知。

虚拟新闻也可以称为"沉浸式新闻",因其最大特点是能带给公众沉浸新闻之中的体验,即在虚拟现实技术的帮助下公众能够在新闻报道中置身新闻现场之中,获得更丰富、更真切地体验。这是人类感知世界能力里程碑式的突破,互联网出现之时人们可以做到"足不出户而知天下事",但这种感知仅限于知晓,而虚拟技术带来的是诉诸公众情感的相似感受,当公众改变自己的视角时,虚拟环境也会做出相应反应,并呈现出真实环境,从而使公众变成了参与者和目击者。从虚拟现实新闻的技术转变来看主要发生在拍摄制作和收视设备上,虚拟现实新闻的拍摄对技术有着更高的要求,多台摄像机进行三百六十度的实景拍摄,呈现出立体空间感,再通过后期技术手段模拟,最终实现虚拟现实环境的构建,大大增加了新闻的制作难度和成本。公众在收看时需借助虚拟现实的可穿戴设备,通过VR眼镜或头盔等科技产物的延伸,实现虚拟环境的穿越。从虚拟新闻行业来看,一方面推动了新闻业和技术的联合甚至是融合。新闻的传播一直离不开最新科技的帮助,印刷技术产生了书籍、报纸的传播,第二次工业革命带来了电子媒介的问世,而第三次科技革命更是将网络媒体推上历史舞台,但不同以往的是虚拟新闻实现了媒体和科技公司的真正联手共同生产新闻,如CNN和NextVR公司合作对2015年美国民主党总统候选人竞选辩论进行直播,这是CNN依托美国VR制作和直播的领头羊NextVR公司进行的一次新闻直播的突破,观众只要拥有一台三星GearVR头盔,即可通过VR视频流门户网站NextVR进行观看,获得身临其境的体验。另一方面推动了新闻报道内容的深化。VR技术带来沉浸式的新闻体验,新闻的信息元素也成了三维状态,公众的真切感受正是来源于信息的立体式包围,每一个方向的转头都会给公众留下多面的印象,另外AR技术带来了更多的信息补充,在观看新闻的同时,AR可以呈现出更丰富的相关新闻和背景信息,帮助公众更全面的建构脑部图景。

整体来看虚拟现实新闻产生了以下影响:首先解放了观众,公众可以直接参与到新闻现场之中,更是在思维上,公众可以在多元立体的信息元素中搜寻自己的发现,找到自己的新闻视角。另外进一步打破了传授关系,传授的天平已从双向平衡开始向公众倾斜,传统意义上的传者演变成新闻信息的呈现者,只负责尽可能真实全面地呈现360度空间上的新闻元素,而从哪一度视角看去,吸收哪些有效信息,更像是公众主动的选择。最后带来极强的娱乐感,媒介的发展越来越贴合尼尔·波兹曼的娱乐生态,这种从虚拟游戏引进而来的技术,让每一个观众都变成了新闻事件中的虚拟玩家,带来极强的趣味性和娱乐感,唯一和游戏的区别在于不能改变新闻的结果。虚拟现实新闻业还处在探索阶段,其技术上的不成熟、不稳定,成本上给双方带来的高昂代价以及理论和秩序建构上的缺失都是虚拟新闻业迫切需要解决的,但即便如此虚拟新闻业未来也已经呈现出清晰的发展方向。

(3)虚拟文化产业

虚拟现实技术的渗透不仅仅在新闻行业,甚至对整个社会的文化产业的发展起着作用,按照文化产业的分类来看:首先是在"生产与销售以相对独立的物态形式呈现的文化产品的行业",即虚拟现实技术对图书、影视、音像作品的影响。由于受限于技术、成本和拍摄难度等多方面原因,真正意义上完整的虚拟现实影视作品还未浮出水面,继好莱坞著名导演斯皮尔伯格宣布拍摄VR电影之后,罗布·麦克莱伦(Rob McLellan)拍摄完成了全球第一部时长9分钟的VR微电影《ABE VR》,这一带有杀戮气息的VR电影给观众带来恐怖的沉浸感。即便如此,一个显著的发展倾向呈现在面前,加之断断续续在VR平台、景区、科技馆冒出的VR影像作品,VR在文化产品行业的积极作用已是显然。其次是在以劳务形式出现的文化服务行业如戏剧、舞蹈、体育、娱乐等的发展。以体育为例,全球最大、最顶尖的篮球联盟NBA(National Basketball Association)和Next VR公司合作,继2015—2016赛季金州勇士队对新奥尔良鹈鹕队揭幕战之后,于2017—2018赛季为球迷提供每场比赛的VR直播,公众通过付费和佩戴虚拟现实装置就可获得亲临观战的体验。最后是在向其他商品和行业提供文化附加值的行业如旅游文化上的作用。既包括公众可以足不出户获得相似的文化旅游体验,也包括在旅游景区主客双方更好的协调配合,一方面景区维护者可以通过虚拟现实更好的保护资源,对于易损耗、难修复的文物通过虚拟现实技术,来隔开游客的触碰,也提供了更优的游客体验。另一方面虚拟现实技术可以帮助失去场景的再现,游客可以通过VR装置获得侏罗纪、秦汉时代、动画场景等客观世界无法触及的体验。再者虚拟现实技术可以帮助资源创造,对于特色或文物有限的景点,光靠大力宣传效果有限,如今借助技术可以在既有基础上创造新的景色。

有观点认为虚拟现实技术推动文化产业发展具有四个方面,"一是推动文化产品的内容创新;二是推动文化产品外在形式的创新;三是激发消费者新的文化需求;四是重塑文化产业的产业链,促进整个文化产业链条的升级"。如今看来虚拟现实技术还停留在前两方面,且只在部分形态中出现,重塑文化产业链条并推动升级最终形成虚拟现实技术下的文化产业生态还有很长的路要走。

(三)公共信息的个体化实现

公共信息的个体化实现主要是指传播话语权的转移,过去的信息生产是传统媒体主导的、精英阶级的发声利器,而如今自媒体的成熟,话语权向平民阶级转移,大众媒介成了草根发声的平台,从而发现公共信息的生产个体化,公民新闻的崛起,以及公共信息的传播个体化,私人定制千人千面这两大现象。思考其原因首先互联网平台的交际本质决定了,依托该平台生长的新媒体所具备的交互特色。其次新媒体的全息性决定了各形态间必须相互依存的互动关系,各个媒介系统的有机联合构成的交互网络系统产生了一荣俱荣、一损俱损的效果。再者个人终端的兴起,使点对点的传播成为常态,彻底瓦解了传统媒体为中心的单一信息辐散,诞生了多

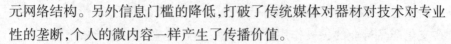

元网络结构。另外信息门槛的降低,打破了传统媒体对器材对技术对专业性的垄断,个人的微内容一样产生了传播价值。

1.新媒体的信息分享

新媒体信息的内容更加多样化和平民化,这主要来自新媒体内容生产方式的变化。在传统媒体环境下,新闻内容生产是由专业领域员工的垄断行为,报纸的采访到印制,电视的采集到播出,相关新闻的制作都是专业领域的内部行为,流程是单向地生产到接收过程,受众是新闻传播过程中被动的客体。直到网络媒体的出现,为公众生产内容的兴起提供了适宜土壤,囊括海内、包罗万象的门户网站是一个提供信息内容服务的平台,一方面为了吸引足够多的浏览,需要庞杂的新闻信息,而庞大的公众流量又为提供多样个性化信息奠定了基础。另一方面商业网站没有获得新闻业务从业许可,成为缺少自主采编能力的媒体,这一劣势反而转变成为汇集公众提供信息的推动力。

Web2.0时代的到来,信息从单向度的传播转变为双向的互动,有传递有反馈,且自由流动、循环往复。UGC(User Generated Content)公众生产内容模式顺风而呼,逐渐成为主流,形成了文学创作类、图片分享类、音视频分享类、社区论坛类、文件共享类、社交网络、维基类、博客类、微博类、电子商务类等多种表现形式。公众生产内容大致分为两种:

(1)公众直接发布内容

公众编辑一条微博,发一张有新闻价值的图片或生活中拍下一段能引起注意的视频并上传等等都属于该模式下的公众生产,公众以直接参与的方式生产内容,打破之前专业领域的垄断,有影响力的人发布的消息如明星、领袖,或普通人发布一条有影响力的消息如天价虾、城管打人,这些能吸引其他人注意力,甚至能参与信息互动产生更大效应的消息极大地丰富了新闻信息的内容。

(2)公众间接生产内容

新媒体强大的互动平台成为众多有价值信息线索的诞生地,公众通过对信息的反馈提供信息生产者更多有价值信息,例如对一论坛问题进行回帖讨论,提供多一度视角,或信息的多一点要素,从而推动信息的反转或更新。另外互联网强大的信息采集能力使得公众生产内容或有意上传或无意为之,只要出现在网络这个公共领域就有成为信息的可能。

UGC是一种互动信息生产的良性循环,公众可以将获取到的信息通过多种渠道上传至公共平台,其他公众可以轻易地进行信息的参与和分享,并提供反馈,丰富互联网信息的同时也给其他公众提供源源不断的信息更新。UGC也充分调动了公众的积极性,赋予公众更深的参与感和信息的丰富多样性。在此之前公众是信息的接受者,由媒体筛选议题呈现,公众即使能找到具有亲近性的信息,但也是置身事外地看客,UGC赋予平民话语权,公众可以一同登上信息高速列车,来参与信息运输。另外媒体生产内容时期,记者是一个博而不渊的职业,需要运用自己有限时间习得的各种知识完成信息报道,随着社会分工细化,专业领域的信息由专业公众生产,不仅可以丰富信息内容的种类,更可以提升信息的精确度。因此,媒介内容是新媒体复合技术及特征带动下自然而然形成的产物,相较于内容的表象呈现,模式的突破创新是根本。

2.众筹新闻的生产

众筹新闻是一种依靠民众集资来制作新闻的方式,其大致过程为媒体记者或自媒体人以众筹网站和社交媒体为平台,发起新闻报道计划,面向公众筹集报道所需资金,资金筹集成功后,便开展调查和报道,作为回报,受助人在整个新闻报道过程中需及时向捐助公众呈现报道内容。是一种利用群策群力来做新闻的新形式,群力是因为群众的义务捐助是新闻得以顺利完成报道的保障,而群策是因为受众的智慧和兴趣倾向检验并决定了众筹新闻的报道方向。

众筹新闻的生产流程和体系中,受众替代了传统媒体中政府或经济集团的地位,成为出资人和把关人,记者不再向部门主编汇报选题,而是向受众展示,受众根据自己的兴趣和期望决定是否支持报道,并了解进展,参与其中最终获得的报道成果作为回报。对于新闻记者来说摆脱了传统新闻制作中的层层束缚获得了适当的报道自由,可按照自己兴趣,本着对受众负责的心态生产优质新闻;对于受众来说,既可以参与到新闻报道之中,又可以以低成本途径生产高质量新闻。

众筹新闻是基于公众对新闻产品的需求难以满足而催生的产物,虽是开辟出了新闻报道的新形式,但问题也很明显,一方面受众的新闻素养不足以支撑其判断新闻选题的优劣,这种以市场来推动,社会来投资,受众来决定的方式使新闻在价值上大打折扣。另一方面发起人发布选题迎合投资的倾向明显,因此其商业主义倾向会对新闻价值和社会功能产生巨大挑战。

(四)新媒体传播与社会服务

新媒体传播形成了三大社会服务内容趋势,一是社会服务信息覆盖全面化,涉及出行、经济、教育、医疗等等方方面面,和生活息息相关的信息日益丰富。二是社会信息服务专业化,新媒体不仅可以做到提供信息广,更可以做到信息的深度更深,以出行方面为例,新媒体可以提供分时段天气情况、最优交通方式、交通流量情况等周全齐备的服务支持。三是社会信息服务个性化,依靠私人定制或数据分析提供更适合使用者个人的个性化信息服务,过滤掉其他分散信息。基于新媒体提供社会服务的周全详备,公众依赖性也与日俱增,公众更是将这些服务信息视为自己日常生活必备的一部分。

新媒体的服务功能包括了以下几部分:

1.信息提供

信息提供是媒介固有功能,也是其释放社会价值的所在,通过媒介信息的传递,人们获取外在消息,进而和人交流,最后形成对客观世界的主观图景。施拉姆在《传播学教程》中归纳了媒介的基本结构和功能①,可以看出在结构的两端分别是信息内容和受众,而媒介充当的是传输信息内容给受众的中介,这决定了媒介的本身意义就在于传递信息。而新媒体作为一种新型媒介,信息提供是其首先要履行的职能,继承传统媒体固有的功能并发挥出自身的优势。

(1)新媒体信息提供的海量内容

信息呈几何倍数的数量级传播于网络平台上,这是由新媒体媒介的海量性特征所带来的。对比传统媒体的媒介自身有着无法摆脱的制约,报纸受制于版面、广播受制于频率、电视受制于频道,可供信息内容呈现的时间空间是有限的,以至于传统媒体需要在信息中进行筛选,哪些更有价值。新媒体真正面向世界各地,公众群体更为多样,信息需求更广泛,传统媒体虽然技术上打破边界限制,但内容选择还是倾向性地服务区域地区,再加上传播渠道更全能,信道容量可承载复合形态的信息元素高速传播,以及信息空间接近无限的存储等等共同释放了海量内容的活力。

（2）新媒体信息提供的碎片化形式

媒介电子化后信息内容的逻辑性和全面性就大打折扣，到新媒体时代更是呈现出碎片化的样态。新媒体就像可以自由进行信息生产，不同信息提供者提供各式各样的信息，因此前后很难连贯形成体系，另外内容呈现也是二十四小时随时推送，未经专门的训练也没有一定的传统媒体下的专业素养，打破原先的传媒制作体制，形成碎片化生产、碎片化内容、碎片化呈现的流程。

（3）新媒体信息提供的反馈

信息反馈在新媒体时期有极大的可能性变成信息内容，新媒体的互动性为公众内容生产创造了条件，也第一次让媒体重视了受众的转变和来自受众的力量，连极具严肃的传统媒体也开始从公民新闻中获取有价值的素材。自此信息提供就打破了传统媒体的单向度、单线条传播，形成信息循环圈。

2.产业价值

新媒体的产业价值演进路线为：规模化生产到网络规模化传播（互联网）到个性化搜索（搜索引擎）再到个性化传播（网络社区）。整个看来最终的走向将是个性化的生产，虽然如今公民新闻已经崛起，实现了个性化内容的呈现，但从经济学角度考量完成生产还需要实现经济效益，即"个性化内容+内容付费"成为常态才能称作个性化的生产。

新媒体的产业价值主要体现在以下四个方面：首先，新媒体的零成本传播，新媒体有固定成本，需要一次性投入设备、网络等成本，但却有着无限趋近于零的边际成本，每一次信息传播几乎不需要额外付出什么。其次，新媒体有着巨大的市场，不仅新媒体公众的数量庞大，变现方式多样，内容影响还可以涉及周边交叉产业或者泛媒体产业，以至于如今几乎所有产业都会引入新媒体运营。再者，新媒体的内容生产由规模化转向个性化，让个人端的信息生产产生价值例如某公众号，在2016年粉丝超过600万，单篇文章阅读量能达到10万以上，其用于营销的软文，价值可以达到40万元人民币。最后，新媒体充分发挥了"长尾效益"。较互联网带来的长尾效益更进一步，新媒体商家不一定依托淘宝、亚马逊、京东等电商平台来获取长尾，新媒体本身就给存储和流通提供了足够大的渠道，如微商营销、微博商品营销、公众号软文营销等都提供给个体获取长尾收益的可能。

3.社会教育

新媒体的公众接触率越来越高,尤其是手机媒体带来的"手机综合症"让公众产生深深的依赖,根据工信部发布的《2016年通信运营业统计公报》显示,截至2016年我国移动电话公众总数达13.2亿户,移动电话公众普及率达96.2部/百人。随着手机公众数量的逐年递增,手机成为继报纸、广播、电视和网络之后的"第五媒体",日益融为公众生活中难以分割的组成部分,因此以个人手机为典型的新媒体成为人们获取信息的新渠道。

新媒体的社会教育在于首先提供了社会教育和信息流通的平台,新媒体自身的互动性和吸引来的公众群,形成了一个舆论场或者知识场,信息的交汇讨论,为公众提供源源不断的新信息或自己信息框架中的盲点,奠定了相互学习、讨论相长的平台基础,当然目前的平台的优质信息较少,充斥着大量无效甚至负面信息,这也是新媒体需要重视社会教育功能的原因,过度娱乐化而忽视了媒体的社会职责。

4.娱乐功能

查尔斯·赖特(CharlesWright)从社会学的视角提出了传播的第四个功能——娱乐功能,威尔伯·施拉姆(Wilbur Schramm)援引社会科学家描绘的传播功能图谱在一般社会功能中列出了社会娱乐功能,并解释为"休闲活动、从工作与现实问题中得到解脱,无意为之的学习,社会化"。可以说媒介的社会娱乐功能从电子媒介时代起就越来越突出,以至于媒介生态研究大师尼尔·波兹曼(Neil Postman)担心沉浸并麻木在电子媒介的轻松欢愉中,会使受众娱乐至死。而从电子媒介到网络媒介,社会娱乐功能进一步被放大,电子媒介时代社会娱乐还仅停留在媒介通过轻松的内容呈现,让受众接受信息的同时感到解脱和快乐,网络媒介则将社会娱乐上升到了娱乐产业的层面。

新媒体环境下,媒介的娱乐功能分为新媒体本身的娱乐性和新媒体内容的娱乐性。首先新媒体本身是娱乐化的,由传统的机器和人的互动,转变为人和人之间的互动方式,如电视通过西面来娱乐受众,而网络则通过平台上的多媒体内容促进公众与公众之间的交互来起到娱乐的效果,比较起来传统机器的娱乐方式更固定和单一,且是相对而论的,不同受众可能会产生迥异的体验,而新媒体的人际互动,则提供了动态的、多样的娱乐方式,在人际互动中,同类相吸引产生更优的娱乐体验。其次新媒体的内容极具娱乐性,碎片化、大众化的信息迎合着公众的胃口,公众通过浏览轻松的信息获得精神上的欢愉,新媒体运营者通过制造轻松的内容来吸引公众获取收益,双方相互依存,互利共赢。

商业消费和娱乐的结合形成产业化是新媒体的趋势,新媒体更动态、多样的娱乐方式和新媒体自身的趋利本质使两者的结合,新媒体信息的呈现不仅在于信息娱乐的形式,更在于信息娱乐的产业化,信息娱乐作为第三产业中的新兴产业,正取代工业产业中能源作用,成为新的经济增长点。

克莱·舍己(Clay Shirk)提出"人人时代"这一概念,认为在新的社会工具帮助下,人与人之间可以突破传统社会的限制形成新的人际互动和联系方式,构成一种无组织的集体力量,这也被视为未来的变革力量。如今,新媒体正是这些新的社会工具的总称,新媒体的公众决定了新的内容形式和技术价值体现,新媒体的新环境联结了新的公众社群,使之有望成为克莱·舍己提到的变革力量。

二、新媒体传播的基本模式

过程性和系统性是人类社会信息传播构成的重要特点。信息传播的过程性体现在其具有动态性、序列性和结构性;信息传播的系统性体现在传播是一个由相互联系、相互作用的各个部分(或过程)组成,并执行特定功能的有机整体。干扰这个系统运行的因素除了它的内部结构,还有系统的外部环境,所以传播系统需与环境保持互动,才能维持良好的运行。可以看出,要想领会人类信息传播这一活动的运动性质及传播是如何普遍联系、相互影响的,就必须要解析信息传播的过程性和系统性。

(一)传播的基本过程

传播过程即传播的结构和各个要素之间的关系。美国学者戴维·伯洛通过对传播过程进行详细的解析后认为:传播过程具有动态性,没有起点和终点,也没有边界;传播过程的结构十分复杂,在传播过程中的多元关系被作为研究所用的基本要素;传播过程的实质是不断变化,在这过程中各种要素相互影响和变化。他着眼于"过程研究"的关键性和科学性,提出了"S-M-C-R"(讯息来源——讯息——渠道——受者)传播过程模式。

在传播过程的研究中出现了多种方向,最普遍的是历史性考察和共识性考察,前者是按照时间顺序考察传播活动产生和发展的历史演变,属于纵向过程研究;后者是对传播活动的要素、环节和结构进行剖析,属于横向过程研究。本节主要从共识性考察的视角出发,简要地叙述了传播的基本过程及其特性。

1.传播过程的构成要素

传播者:又称信源,指的是传播行为的发起者,能够主动作用于他人,其作用方式是进行传递信息。传播者并非只局限于个人,也可以是群体或组织。

受传者:又称信宿,即讯息的承受者和反馈者,传播行为作用的对象。受传者并非只能被动接受讯息,也可以给予反馈,促使传播者调整传播过程。受传者可以是个人,也可以是群体或组织。

受传者和传播者的角色并非一成不变的,在传播过程中,这两者能够发生互换或更替。于是可能出现这种情况:一个人发出讯息时,他是传播者;而这个人在接收讯息时,他是受传者。

讯息:是由一组关联的有意义符号组成,能够表达某种完整意义的信息。传受双方通过讯息发生的意义交换来进行社会互动,所以说讯息是传者和受者之间社会互动的介质。

媒介:又称传播渠道、手段或工具,能够将传播过程中的各种因素相互连接起来。在现实社会中,媒介的类型是多样的,经常使用的媒介包括大众传播系统、互联网络系统等。

反馈:指受传者对接收到的讯息的态度,也是受传者作用于传播者的过程。传播者的目的是为了反馈讯息,受传者的主观能动性就体现在发送反馈讯息。反馈是体现社会传播的双向性和互动性的重要机制,尽管媒介的速度和质量会随着渠道的性质的变化而变化,但它总是传播过程必不可少的一个环节。

有多种的因素构成与影响传播过程,但不仅局限于上述几种。即便是在以上五种要素中,一些要素还可以做进一步拆分,如讯息可以分成"符号"和"意义",传播者可以分成"信源"和"符号编译者",受传者可以分成"信宿"和"符号解读者"等等。这种分解在电子通信过程中必不可少,被分解要素及其功能会有各式的机器来执行；而在人类社会的传播过程中，它们通常统一存在于个体中，它也可以被归类成同一个要素。这五种要素是传播过程能够成立和正常运行的基本条件，无论在哪一种人类传播活动中，它们都是不可或缺的。

2.传播过程的特点

以上简要地概述了传播过程的基本构成要素，并分析了若干有影响的传播过程模式，可以从中总结出传播过程的特征：传播过程的动态性，在形式上表现为有意义的符号组合（讯息）在特定途径中的流通，在本质上则表现为传播者与受传者的双向互动，即作用与反作用。

传播过程的序列性，表现为传播过程中各环节和因素按照时间和讯息流向的顺序发生作用。关于传播双方能同时向对方发送讯息的假设是无法成立的，环环相扣的链式结构体现了传播过程的序列性。

传播过程的结构性，即该过程中各要素、各环节之间关联构成一个总体。这个过程的结构特点包括时间上的先后顺序、形态上的链式联结。总体结构除外，传播过程中的各环节或要素还有各自的深层结构，例如传播双方都是编码者、译码者、释码者的结合体，讯息则是符号和意义的结合体等等。

为了归纳出人类传播活动的规律性，必须了解并掌握传播过程的这些特点。理解人类社会的传播是考察传播过程的最终目的，但仅仅分析传播过程及其内部的运行，还无法深入总体社会传播的全部情况。只有用普遍联系和相互作用的系统观看问题，才能科学地把握传播活动的总体。本节通过研究传播过程，来解析社会传播的整体结构。

到目前为止，在对人类传播的探索研究中，除施拉姆的大众传播过程模式之外，大部分过程研究有两个特点：第一，研究的是微观的、单一的传播过程，而非宏观的、综合的传播过程；第二，研究着眼于传播过程的内部运作规律，明显忽视对过程以外的因素的考察。在这种倾向的影响下，提到传播过程便会立刻想到如拉斯韦尔、香农等链式结构。因此进行综合研究是十分有必要的，许多学者在意识到这一点之后，开始运用系统论的原理和方法来研究社会传播。为了避免与传统的过程研究混淆，人们称这种研究为系统研究或传播总过程研究。

(二)主要的传播过程模式

在传播学研究史上,许多学者利用建构模式来了解传播过程的结构和性质。模式是科学研究中的一种方法,其内容是以图形或公式的方式解释对象事物。这种方法具有两种属性:一是,模式具有某种程度的抽象化和定理化性质,虽然它对应着现实事物,但不仅是对现实事物的简单摹写;二是,模式对应一定的理论,又不等于理论本身,而是对理论的一种解释,因此,一种理论可以对应多种模式。模式虽然具有不完全性,但它能够使人们有效地了解和讨论事物。所以,在传播学研究中,模式可以普遍地使用。

1.传播过程的循环和互动模式

(1)循环模式

循环模式是由奥斯古德与施拉姆提出的一种新的过程模式。这种模式指出了社会传播互动的重要性,并把传播双方都看作是传播行为的主体。但是,这个模式有自身的缺点:首先,它把传播双方放在完全平等的位置上,这种情况不符合现实传播。在当代社会中,传播双方在政治、经济和文化地位、传播资源以及能力等方面会存在着一些差别,传播双方极少可能完全平等;其次,这个模式适用于人际传播,特别是面对面传播,却不能适用于大众传播过程。

(2)德弗勒互动模式

在香农——韦弗模式的基础上,发展了德弗勒互动过程模式,后者补充了前者的不足之处,增加了反馈,克服了单项直线的缺点,使传播过程更符合传播互动的特点。与此同时,在这个模式中,噪音的概念得到了扩展,噪音的影响范围从讯息的内容扩大到了传达和反馈过程中的每一个环节和要素,这对噪音所起的作用有了更深刻的认知。不仅如此,该模式的应用范围宽广,可以解释包括大众传播在内的多种的社会传播过程。

当然,德弗勒模式的缺陷在于只是从过程内部来研究。从辩证的角度来看,事物的运动过程不只有过程的内部因素决定,还会受到外部条件或环境影响。在德弗勒的模式中,只有"噪音"是外部影响因素,但仅仅一个简单的"噪音"概念并不能完全解释和说明影响传播过程的外部条件和环境的因素。

2.传播过程的系统模式

（1）赖利夫妇的系统模式

系统模式是赖利夫妇在《大众传播与社会系统》中提出的，认为所有的传播过程都是由一系列的系统活动组成，其特点是具有多重结构：①传播双方都是完整的个体系统，这些个体系统内在的活动就是人内传播；②个体系统相互连接，构成人际传播；③个体系统属于不同的群体系统，构成群体传播；④群体系统又属于总体社会系统，与社会的政治、经济、文化、意识形态的大环境相互影响。而包含报刊、广播、电视在内的大众传播，也属于现代社会各种传播系统中的一种。

（2）马莱兹克的系统模式

赖利夫妇的系统模式，把传播作为一个复杂的社会互动过程。这种互动不仅是有形的社会影响力之间的互动，也是无形的社会影响力即社会心理因素之间的互动。德国学者马莱兹克的系统模式，也证明了这一点。

马莱兹克认为，在这个模式中，大众传播是一个"场"，此中，包含社会心理因素在内的各种社会影响力相互作用，这些因素或影响力聚集于传播的每个主要环节，其中包括：①限制传播者的因素——传播者的自我印象、人格结构、所在群体、所处的组织及社会环境、媒介内容的公共性的约束力、受众的自主反馈的约束力、讯息自身以及媒介性质的约束力等等；②限制受传者的因素——受传者的自我印象、人格结构、群体影响、所在的社会环境及讯息内容的效果或影响、媒介的约束力等等；③限制媒介与讯息的因素——主要来自两个方面：一方面是传播过程中，传播者对讯息内容的筛选和完善，是传播者背后的多种因素相互作用的结果；另一方面是受传者基于本身的社会背景和需求，来选择接触媒介内容。此外，限制媒介的一个重要因素是受传者接触媒介时留下的印象。

总而言之，马莱兹克的系统模式表明，社会传播过程是复杂的，在解析任何一种传播活动、传播过程（即使是单一过程的结果）的时候都不能只通过简单地研究传播系统内部就轻易地得出论断，而必须全面地、系统地分析涉及该活动或过程的各种因素或影响力。关于社会传播的系统模式还有许多，这些模式虽然着重之处各有不同，但思路是基本统一的，为探索传播过程提供了足够有益的启发。但也应该意识到，目前传播学中关于系统模式的研究还处于起始阶段，表现为现阶段开发的理论模式较多，而对开发的应用模式较少。即便是理论模式也有无法避免的缺陷,如马莱兹克的模式只是罗列了各种影响传播的因素,并没有分析这些因素的作用或影响程度的区别。而在大众传播的过程中,传播者和受传者都会对媒体内容有影响,但两者影响的性质和大小是完全不同的。如果不将这些情况分别研究,在考察大众传播过程时就很难抓住主要矛盾。由此看来,还需要进一步完善传播过程模式的研究。

(三)新媒体传播基本结构模式

新媒体的形式多样,它的传播模式也不尽相同。在这里主要以对网络新闻的传播结构为例来对新媒体传播的基本结构模式进行分析。

1.网络新闻传播结构的意义

网络新闻传播结构是网络新闻传播各要素的关系构成方式与运动方式,即传播者、受众、传播内容、传播渠道、传播环境等的相互作用方式。网络新闻传播中,主要传播的内容有两种,分别是信息流和意见流。信息是指各种个人或组织发布的纯新闻或信息。意见则是指由人们接触信息后发表的观点,类似于"影响流"。但并非网上所有的观点都是意见,因为研究主要在新闻传播领域进行,所以要对意见的定义范围进行限定,通过研究信息和意见在网络新闻中的传播,来解析网络新闻传播结构的意义。

(1)便于认识网络中信息与意见的运动过程

人们一直在关注网络传播的结构与模式问题,试图通过对其的研究来建立网络传播理论框架。但是,网络传播本身是一个很广的概念,它是大众传播、群体传播、组织传播与人际传播的综合体。从广义上看,内容传播、服务推广及商品交换等都可看作是网络传播中的组成部分。在无法准确地确定网络传播范围的前提下,要对网络传播的结构进行完整地描绘,是很有难度的。

一条信息或意见自被发布到网上起,就会进入某种状态:或者永远停留在原始状态,成为"死"信息,没有人浏览,最终从网上永远消失;或者进入一种活跃的流动状态,在网上以一种更为迅速和广泛的方式流通;或者进入一个周而复始的循环中,产生久远的影响。信息或意见内容本身的属性决定了不同信息在网络中的状态。但是也不能忽略内容所处的传播结构对信息传播的影响。有些传播结构会促进信息或意见的流通,甚至帮助一些信息或意见扩大它们的影响力;而有些结构则会妨碍信息或意见的畅通。因此,研究网络新闻传播结构,从一定程度上可以帮助预测信息与意见的运动过程,以便判断它的走势,也可以有助于为特定的信息发布来挑选适当的结构,使之达到预期的效果。

新闻信息的传播与意见的传播虽然有很大的关联性,但是,信息本身是触发物,而意见是触发结果,这两者并非是一起作用的。因此,它们的传播结构应该分开来研究。信息与意见的分布往往是有偏差的,这种偏差在一定程度上反映了意见的流动过程。从发布方式看,信息与意见虽然都采用同样的技术手段,但侧重点不同。此外,信息对个体所起作用主要取决于信息传播者、信息内容、信息途径及信息接收者之间的关系,而意见对个体起作用的过程,还要由个体的内因,以及个体在网络中所处的意见场决定,形成过程更为复杂。

(2)便于进行新闻传播效果分析

虽然技术层面上的网络的结构并不算太复杂,但是建立在技术基础上的传播活动十分繁复,这因为传播诸要素在网络中作用方式的复杂性。建立网络新闻传播的结构模型,其目的在于解释传播要素是如何共同作用,如何影响信息传播的方向与方式,如何影响信息传播的期限和效果。

传播效果的产生与传播结构和社会结构是密不可分的。因此,在各种关于传播效果的理论研究中,可以看出很多研究者都是基于一定的社会结构和传播结构来进行假设。例如,"魔弹论":是由"大众社会论"发展而来。该理论认为,现代社会生活破坏了传统社会中的严格等级秩序和社会成员之间密切的社会联系,使其变成了均质的、零散的、独立的"原子"。对于单独的社会成员而言,在获得个人自由的同时也失去了统一的价值观和参照标准,失去了曾经从传统社会中获得的保护。在这种状况下,他们在任何有组织地说服或宣传活动面前都处于孤立无助、十分不坚定的状态,这便使得大众传播能够乘隙而入。而"有限效果"理论,研究的是传播的结构问题,将传播分为"两级"与"多级"模式。从这种结构框架中获取到影响传播效果的具体因素,例如,"意见领袖"理论。传播效果的假设与传播结构的假设是有相互关系的,每一种传播效果假说都可以解释与它相关的传播结构。因此,传播结构模型的建立越准确,对传播效果产生机制的认识也就越充分。用构建网络新闻传播结构模型的方法,可以知道网络信息所在环节、作用对象、作用程度、其他要素的参与。在此基础上,可以对传播学中一些较有影响的有关传播效果的理论假说进行研究。

2.网络新闻传播中的信息传播结构

网络信息传播结构无法整合在一个完整的结构模式中,为了方便研究,根据信息生存周期,将网络中的信息传播结构分为:信息的发布结构、信息的流动结构和信息的循环结构。从纵向看,这些结构组成了一则信息的生命周期,从初期、中期到长期。从横向看,利用这些结构可以分析出信息与信息之间、信息与新闻传播的其他要素之间的相互作用。信息总是通过某个途径诞生于网络:一些网站或是社交软件等,而后会进入某个既成的信息发布系统中。因此,整个信息传播结构的起点是信息的发布结构。研究这一结构是为了明确让受众接收信息的方法及影响或干预受众的接收的因素。在消息一经发布之后,由于其自身的潜力,以及其他因素的共同作用,一些信息会进入到流动过程,另一些则停滞不前。研究信息的流动结构能够揭示信息内容流动的条件和模式,信息的中期传播的作用机制是通过信息流动模式表现的。网上的大部分信息会以各自方式存在,在不同的循环中流动。研究信息的长期效果的主要方面就是信息的循环结构。

(1)信息发布结构

在传统的信息传播结构的研究中,较少关注信息的发布阶段,只是侧重于信息的流动阶段。实际上,信息发布是信息在网上生存的初始阶段,信息的发布结构影响着信息的流动。同时网络中的信息流动过程是再次发布过程。信息发布结构在信息的每一次传播中起着重要的作用。因此,人们只要了解信息发布结构及效果,就可以全面掌握完整的信息传播状况。与传统的传播模式中,人们只关注单方信息的流动过程相比,网络传播环境下,信息间的关系更为重要,这些关系直接影响信息运动与否,及其运动方向和运动程度。这也是信息发布结构有着重要地位的原因。信息发布结构可以展现出网络技术平台对信息发布的影响、信息之间的相互关系以及信息发布者与接收者之间关联性。信息发布的结构,主要由信息发布的技术手段决定。这种技术手段主要有以下几种模式:

第一,直线式结构。直线式结构是指信息传播者与信息接收者之间是直线连接的。即人们借助e-mail、社交软件或网站等进行信息发布的一种结构。它能够方便地连接信息传播者与接收者,它的形式可以是点对点,或点对面的。直线式结构可以单独发布一条信息,或打包发送一组信息。在信息发送与接收的同步性方面,直线式结构又分为同步式与异步式两种。e-mail发送是异步式的结构,而社交软件则是同步式的结构。

异步式直线结构的特点,是信息发布者是主动方而接收者是被动方。无论接收者需要与否,他都会接收到一些信息。因此,异步式直线结构是一种强制性的信息发布结构。在这种结构中,接收者的账号,具有开关的作用。信息传播者只有获得接收者的账号,才能发送信息。信息接收者可以通过改变账号来拒绝自己不需要的信息,或将发送者列入"黑名单"。因此,异步是直线结构,是一种单向结构,容易被控制和破坏。

信息发送者与信息接收者在同步式直线结构中,地位是平等的,当发送者向接收者发送信息时,接收者可以根据自己的意愿来决定是否接收信息并建立连接,之后,接收者也有权利决定是否终止连接。

信息在直线式信息发布结构中,能否被正常接收和处理,取决于接收者对信息内容和信息发送者的判断与评价,与结构本身没有关系。因此,信息发送者如果采用这样一种结构,为了保证信息的正常发布流通,应注意以下几点:

接收者:虽然接收者是被动的,但他能决定是否处理已收到的信息,也可以影响信息的进一步流通,例如他可能对感兴趣的信息进行转发,使其再次进入流通渠道。同时,接收者能够决定是否接收之前的发送者再次发来的信息。发送者为了发挥信息的最大效益,需要对接收者进行分析与预测:接收者是否会对信息产生兴趣? 如果不感兴趣,如何在内容或发送方式上进行改变? 如何利用首次信息发布,来获得接收者的好感,进而保证信息的持续发布?

发送者:除了信息内容,对发送者的印象也能决定接收者对信息的态度。因此发送者通过完善自身形象,来提高自己在接收者心目中的权威性与可信度,以追求更好的传播效果。

信息发送的方式与方法:发送者应当采取恰当的方式和方法发送信息,包括使用更好的包装方式,以适应接收者的接收能力与习惯。例如,人们会在接收到令人反感的邮件广告时,看也不看就直接删除。如果发送者增加了邮件标题的吸引力,就可能促使接收者打开邮件。同样的方式可以应用到网络新闻的传播中。

直线式发布结构,是适合当下信息发布的一种模式,但不适合信息的进一步流动。因为它是一种单向通道,一方面,大部分接收者可以阻止当前信息继续流动,另一方面,即使接收者中转了信息,也不会对信息继续流动起到推动作用。

第二,队列式结构。在BBS等媒介发布的信息,其结构具有"队列式"特点,即信息是按一定原则(比如时间顺序)来排序的。尽管不同BBS有不同原则,但从总体看,信息间是线性的关系,按先后顺序传递。受众的接收和阅读过程同样是线性的。排在前面的信息更容易被接收。采用队列式的信息发布结构,明确排列的原则是十分重要的。以下是现有的信息排列原则:

时间原则:排列在前的是最新发布的帖子和最新被点击过或回复的帖子。

关注度原则:排列在前的是点击量最多的帖子。只适用于如"热帖推荐"的特殊部分。

上述两种排列原则,都使用了新闻价值的衡量标准,即信息越新则价值越高,信息的关注度越高则价值越高。这些原则与大众的新闻消费习惯相符,也被应用在实践中。

然而,人们在通常上网中所阅读的信息量不同于BBS信息更新频率,因此,队列式结构最大的缺陷是会使得一些信息被人们完全忽略。这种情况只是偶然因素所致,而非有意识的选择与过滤。

有些信息发布者通过增加同一条信息发布的次数提高其曝光率,来解决这个问题。另外,可以使用增加一个页面的信息量的方法,来增加曝光的信息量。

引起关注和点击的主要因素是信息的标题。队列式的信息发布结构符合多通道的信息传递模式,比直线式信息发布结构更能促进信息流动。但先决条件是信息能够被接收。

第三,层次式结构。多数信息之间的关系是树状层次的结构,是因为采用WWW网站或FTP服务器的信息发布方式。即发布者将信息分层,不同的层级上有着不同信息。信息所处的层级越高,被人们接收到的可能性越大,反之越小。总之,信息被人们接收到的可能性,与所在的层次高低是成正比的。

如果信息接收者采取一些措施,就能打破发布者制定的层次结构,例如,直接在收藏夹中加入低层信息,就能直接进入低层信息的阅读。这样一来,信息的流通就无法受到固有结构的限制。最能体现信息发送者主观意愿的一种结构是层次结构,但是,主观意愿被受众认可与否,会影响到此种结构信息发布状况。构建层次结构,需要注意以下几点:

信息发送者的认知结构、对信息重要性的判断、对信息接收习惯的理解都是通过层次结构与接收结构的同构程度体现的。但如果这种结构与接收结构的同构程度不够,那信息的接收过程就无法达到最佳状态。

事实上,这两种结构不可能完全同构。因为信息接收者人数众多,彼此的认知习惯无法统一,同构难度大。但信息的发送者要促使信息流通更加顺畅,就要使制作的层次结构尽量符合受众信息接收基本认知规律,从而确保在信息传播过程中制作层次结构与受众接收结构的一致性。

信息发送者都希望所有信息都能被接收。但是,受网络阅读的方式所限,包括一些大型的网站在内的多数信息发布者无法做到让所有信息被接收。所以让接收者以最小的成本接收最多的信息就成了信息发送者的目标,前提是层次结构效率能够大幅提升。而影响效率的一个重要因素,是层次结构的层级数与每层信息数量的关系。层数越多,到达末端信息所经过的路线也越复杂,这与一些人的阅读习惯不相符合,会妨碍他们接受信息。置于高层次页面的信息数量多,意味着信息的曝光率较大,但并不代表信息会被全部接收,反而证明了信息传递效率的低下。因为接收者同样需要时间在一定数量的信息中进行挑选。另一方面,若是在首页等高层页面放的信息数量较少,则这些信息被接收的可能性较大。但同时位于底层页面的信息则会被人忽略。合理的分配才能提高信息传递效率。这种效率仍与信息接收者的接收心理与行为结构有关。

网站是层次结构的信息发布主体,其信息传播方式是点到面的,能够提供多通道出口。

(2)信息流动结构

信息发布者进行信息发布的目的在于广泛并快速地传递信息。对信息流动和流向的控制,由以下因素决定:

网络信息顺着网络物理结构流动,属于网状渗透型。在此过程中,信息不断复制分流,呈指数增长。而复制完成的同时,信息开始新一轮的发布,即以直线、队列和层次等多种方式进入下一个传播周期。因此,信息的发布结构不断地影响信息流动。

互联网的物理结构,为信息流动提供了多种路线,使网络中任意两个节点之间的连接方式更为多样。如果一条信息拥有流动的力量,它的流动途径是不可能被阻断的,这也是为什么"把关人"在网络中被认为不复存在。但是传统的"把关人"是指媒体的把关功能。信息流动的方向很难掌控的原因在于网络信息的流动结构,信息的扩散与复制同时进行。而复制是人为操纵的,在操纵的同时进行把关,所以网络媒体的把关功能仍然存在。

个体无法完全控制信息流动,只能在信息流动过程中起到一定的作用。虽然复制是信息流动过程的基本方式,但也会造成信息减弱和改变。

第三节 新媒体传播与"议程设置"

议程设置理论是麦库姆斯(Mc Combs)和肖(Shaw)在《大众传媒的议程设置功能》一文中提出的。其内容主要包含:大众传媒具有这样一种能力,即通过增加对某些问题的报道数量或突出报道某些问题,来影响受众关于这些问题重要程度的认知。在之后的多年里,"议程设置"作为大众传播学经验主义研究的一个重要命题得到了很大的发展。进一步的研究使麦库姆斯等学者开始思索:究竟是谁影响了传媒的议程设置?关注点从议程设置的运作,转移到了其背后的控制者上。把这一理论置于了社会大环境中,而这已超出了经验主义研究的方法范围。

一、新媒体的"议程设置功能"

近年来,以网络和手机为代表的新媒体迅速崛起,其最大特点能够把人际传播和大众传播融合在一起,具有典型的"全民传播"(Mass- participated Communication)的特点,这是任何传统媒体都无法媲美的。基于数字化平台的新媒体信息传播,具有交互性、及时性、信息平台的开放性和多媒体化等特征。新媒体的出现使媒介环境发生了巨大的变化。

随着网络传播的兴起,"议程设置功能"理论呈现出新特点一受众自我议程设置的构建。在传统媒体中,传播者永远是那些少数占据媒介资源的人,他们往往是阶层的上层领导或者是在经济领域中占据主导地位的人。而网络媒体属于一种"弱控制媒体",因为在网络传播的过程中,多样的传播者与海量的传播信息及传播途径是开放的,都会削弱媒介的议程设置效果。这体现在两个方面:首先,网民自己的议事日程很少受网络的限制。受众之所以筛选信息能更自主,是受到了个人匿名心理和网络的虚拟性的影响。网民拥有自主选择权利,可以从不同的门户网站上获取不同的新闻信息,可以选择使用不同的社交软件,受媒介的议程设置影响小。^①

其次,由网民集体设置的"自我议程"可能成为媒体设置的议程。网民自主传递的信息传播可以跨越地域、国界、文化,几乎没有任何限制,任何人都可以进行议题设置。尤其是在如今传统媒体的新闻传播中也存在着这种状况,很多纸媒的记者都在通过网民在网络上发布的大量信息获取新闻素材。由此看来,网民在一定程度上是可以为媒体设置议程的。

那么,网络媒体的极大发展是否意味着传统媒体的"议程设置功能"正在走向衰退?

针对这种说法,"议程设置功能"理论的提出者麦库姆斯并不赞同,他不认为现在的议程设置会走向衰退。他的观点如下:第一,就信息社会现有的知沟或数字鸿沟的现状来看,网络媒体的利用程度不够;第二,在能够接触网络的受众中,并非每个人都有定期阅读的习惯;第三,虽然网络媒体的种类多样,但实际上单个媒体的访问量不多;第四,在网络传播中传统媒体仍然占据主要地位,新闻网站的信息大部分还是来自传统媒体。

二、新媒体议程设置的影响因素

新媒体已经成为社会生活中不可缺少的议题设置,对监测环境、协调社会方面起到积极作用,能够全面和真实地反映社会生活,使人们可以从不同角度、不同层次深刻了解自身和周围人的生存状况,了解社会生活的变化和发展。从社会和技术发展的角度看,新媒体的议程设置功能在公共传播中的作用会越来越大,应用的范围也将越来越广。

在研究传统传播时,把议程设置作为一个过程,包含三部分:媒介议程、受众议程和政策议程。媒介议程是议程设置运作中的重要一环,即一

①褚亚玲,强华力.新媒体传播学概论[M].北京:中国国际广播出版社,2018.

个议题首先要登上媒介的议程表,才能出现在受众面前。媒介议程到受众议程的转换,以及受众议程到政策议程的转换,这两种转换均与新媒体的传播效果有关。尽管在议程设置的根源方面,仍不清楚是在于公众成员及其需求还是媒介,或是作为媒介信息来源的主导者,但个人的直接经验是干扰媒介设置议程的一个主要因素。这表现在那些与人们生活相关的议题,被人们重视的程度不会受到媒介的报道强度的影响。由此看出,在选择重要议题方面,个人直接经验能比大众媒介起到更大的作用。交谈是另一个干扰因素,议题被人们讨论得越多,被媒介控制得就越少。还有一个干扰因素是人们对媒介的接触过程。心理学和社会学方面的研究表明,该过程能够阻止人们全部接受媒介议题,甚至能够反过来操纵媒介。在传统议程设置的公共领域,如果人们参与和自己有关的议题,那么这种议程设置就会取得显著效果。

新媒体对议程设置的影响因素包括以下几点:

(一)新媒体多层次散点传播的影响

在进行大众传播时,传统媒体的传播途径和承载的信息容量是有限的,且媒介版面等都是固定的。因此在面对众多新闻素材时,作为媒体的控制者,为了达到最大的传播效果,就只能进行必要的取舍。于是,议程设置就成了传统媒体进行信息传播时必不可少的环节。在此情况下,公众的认知来自媒体,具有局限性,导致许多社会舆论能够轻易地被传统媒体设置的议题所引导。社会领导阶层只要控制了大众媒体就能有效影响议程的设置,但这源于有限的媒体数量。而新媒体的出现,改变了这一现状。与传统媒体不同,新媒体是一个多元化的媒介,其传播主体和传播权发生了转移,从少数社会上层主导者到普通公众,新闻的发布也由单向传播到多向传播。由于新媒体具有多层次散点传播的特点,没有焦点、没有权威,单个受众作为信息收发点是平等的,从理论上说每个信息收发点都有设置议程的可行性,使得议程设置中公民的参与度大幅度提升。在这种散点结构下,为社会权力机构尝试掌控议题来引导舆论增加了难度。也正因为这样,可以使议题的来源和内容更具普遍性、民意性和草根性。新媒体能促使公众参与自我议程的设置,其原因在于传播者的多元化、传播形态的复合化、传播途径的多样化等因素。公共事务、人生百态、奇闻逸事、世界大事,还有各种贴近性、反常性、趣味性、娱乐性的议题都成为公众关心的话题。议题设置的广泛性增加,新媒体能够全面地、充分地再现人们生活的世界,显现各种社会问题,表达民众真实意见,这正是民意在新媒体时代产生的社会基础。

当然,这种散点结构也存在难以突出议题的问题。与传统媒介相比,新媒体设置的议程形成过程特殊。如果新媒体中的某一个议题能够引起公众大量的关注,那么它就可能成为公共议题。

(二)海量信息对公共议程的淹没

新媒体的议题范围广泛,但在众多信息中,重要的信息也会被埋没。在当今的新媒体时代下,大量的信息垃圾正逐渐形成信息污染。新媒体有自由生长的空间,包含各种文化类型、思想意识、价值观念、生活准则、道德规范等,由于缺乏相应的管理机制和应对措施,展现在新媒体上的信息过于纷杂,其中夹杂一些无用的、过时的、粗糙的、虚假的、与社会主流价值观不相符合的信息,混乱了整个新媒体议题,一些重要的议题得不到重视。新媒体还缺乏明确的舆论导向,聚集了无数的个人观点,成为"观点的自由市场"。从表面上看,这似乎是一个真实、自觉、流畅的观点自由市场,但是,实际上形成了新媒体中的议题整体混乱、无序,缺乏权威性、导向性的局面。因此重要的公共议题就容易被信息的海洋淹没。此外,新媒体中信息和话题的众多也造成了其快速更新,快速消退的特点,这使得一个话题的形成缺少必要的时间。因此,海量信息会对新媒体的议程设置造成消极的影响。根据这一情况,有些社会观察家便预言议程设置理论已经过时。因为受众分散,且在媒介之外,大部分人都拥有自己独特的议程,而这些议程是由大量的网络新闻和信息组成的、高度个人化的综合体。这样性质改变的个人议程,构建起具有多元化的、视线分散等特点的公众议程。

例如,2003年伊拉克战争爆发后,搜狐网在半小时内就发布多达200多条消息,新闻发布量在开战一小时内攀升到500多条,很少有人会将时间和精力花费在这么庞大的信息中,受众自然会忽视真正重要的新闻。何况其中有大量新闻内容重复,说明新闻报道制作中没有认真整理,只是简单堆积。所以,即使网络媒体具有传播信息的速度快、数量大的优势,但是这并不能使主要议题突出,也浪费了公众的时间。

（三）新媒体公信力的缺乏对议程设置能力的弱化

由于在新媒体传播过程中，媒介把关环节被缩减，传播内容缺少监管，从而造成其公信力的不足。新媒体公信力的缺乏主要表现在以下几点：①众多的虚假信息。新媒体上总会出现一些虚假的信息，这是因为传播者不对自己传播的内容负责，不去考虑信息是否真实，也不去考虑这些不真实的信息进入流通过程，会造成怎样的后果。甚至有些人为了某些目的故意编造事实，损害了新媒体的权威性。如史上最毒后妈事件，从开始到结束展现在公众面前的都是虚假的消息，丁香小慧被其后妈虐待致伤，整个事件就是一场彻头彻尾的炒作。②严重的低俗现象。由于我国的法律体系中关于新媒体的部分还有待完善，对新媒体的监管不严，再加上一些媒体片面追求数量和即时轰动效应，媚俗倾向严重，有许多低俗、暴力、色情的内容，把新闻变成了"性"闻、"星"闻、"腥"闻，这种现象在文化娱乐新闻和体育新闻中尤为普遍。那些利用新媒体参与互动话题的公众会受到虚假信息的欺骗与伤害，之后公众使用新媒体时会一直保持着怀疑的态度，这会对新媒体的整体传播环境产生不利的影响。传播中大量的低俗信息会弱化新媒体自身在公众心中的地位与权威性。这些都必然影响公信力的建立，从而削弱新媒体的议程设置功能。

（四）新媒体议程设置的偏向性

与严谨的传统媒体议程不同，随意地与不受约束的新媒体议程设置会导致传播者缺乏应有的责任感，滥用话语权，因此在传播中表达的意见和言论会显现出感性的一面，甚至造成盲目和偏激，这时候，新媒体会出现相当严重的偏向一支持所有的新媒体议程，反对所有的传统媒体议程，形成了一种与传统观念对抗的力量，影响着人们的价值观，也影响着社会舆论的发展，为议程设置带来不利影响。

大部分新媒体受众均有着逆反性和迎合性的心理状态。逆反性指的是对传统媒体议程的盲目反对。传统媒体推出某个议程时会尝试创造一些热点，例如推出某个先进典型人物，对受众传递某种思想。然而受众拒绝接受，不关注媒体的内容，这便导致媒介议程效果远不如预期，并且使公众心目中的权威性被降低。迎合性便是对新媒体议题的赞同与参与。大部分人最初的民主训练（肆意地表达自己的看法），来源于新媒体，它使许多人忽然间得到了从未体会过的民主权、话语权等，真切地感受到获得权利的力量与快感。此时,人们处于一种激动的状态,很容易滥用手中的权力。具有共同利益追求的个人在新媒体的帮助下,轻易地集合到一起形成群体。因此,个人在现实中对某个事件的意见十分弱小,但在新媒体的传播中能够借群体之手变得强大,而大部分受众在某些意见观点尚未确定正确与否时,就盲目地附和,那些偏激的、非理性的舆论就此产生。社会上普遍存在的这种逆反性和迎合性的心理,会使新媒体设置的议程符合人们需要宣泄的心理,不需要具备多么强大的威力和气势,一些观点只要经过传播,就能迅速扩散。这不仅导致舆论的盲目性和偏向性日益严重,给社会的发展和稳定带来不利影响,长此以往会使人们养成一种对传统媒介议程、对权威习惯性反对的价值取向,使得新媒体议程设置越来越被人们理解与接受,而传统媒体议程越来越被人忽略和抵触。这种与传统权威相反的心理,逐渐成为一种对现实有重要影响的力量。

(五)新媒体与传统媒体的议程互动

新媒体在设置议程时与传统媒体进行互动,共同影响公众议程。按照议题的起因将互动过程分为两种。第一种是:议程最先从新媒体开始,后来被传统媒体援引,进而再引起新媒体用户对议题的热烈讨论,最终形成了新旧媒体的互动。第二种是:传统媒体报道了某些内容或议题,新媒体用户进行转载并讨论使之成为热点话题,之后传统媒体跟进报道与新媒体发生互动,促使该议题成为全民关注的焦点事件。

新媒体与传统媒体互动的一个典型的案例就是华南虎照片事件。"华南虎事件"的最初议程由政府部门联合传统媒体设置。陕西省林业厅召开发布会,向大众媒体宣告,我国珍稀的野生华南虎并未灭绝,并展示出周正龙拍到其在我国境内活动的照片。但在一天内,就有人通过BBS对照片的真实性产生疑问,引发了网上对这一议题的关注和讨论。之后,全国范围内,不断有网民提供了新证据,来证明照片的虚假,同时也对当地政府公信力提出质疑。接着,传统媒体和新媒体开始相互推动,传统媒体的记者根据网络上提出的疑点和证据,进行跟踪报道。同时,网络就传统媒体记者发布的疑点,进行新一轮的讨论。传统媒体与新媒体的相互作用,逐步使得此一事件超越其本身,超越当事人利益甚至超越科学和国界,成为2007年度中国最为重要的新闻事件与公共事件之一。最后,陕西警方经过对当事人进行的刑事调查后指出,华南虎照片实属造假。

第四节 新媒体传播与"沉默的螺旋"

在网络技术不断发展的今天,人们把网络媒介当作交流和获取信息的主要渠道,能够自由地发表言论和自主的解说图片和信息。网络信息传播平台的发展使得舆论压力进一步减弱,而舆论压力(意见)作为引发"沉默螺旋"理论产生作用的重要起因,舆论环境(意见环境)的改变也会致使整个"沉默的螺旋"理论体系的变化,因此必须基于整体网络传播环境下的信息传播现状,解析当代网络信息虚拟传播环境下沉默的螺旋理论的变化和存在现状。

一、"沉默的螺旋"理论的研究综述

沉默的螺旋理论是研究大众传播效果的理论,内容包括:在大众传媒建立和引导下的意见环境中,形成了多数意见和少数意见,各种意见产生的舆论会受到意见环境和大众传媒的影响和限制。在这种意见环境下,个人意见与优势意见或者多数意见不一致时,为了避免自己被孤立,迫于舆论压力,就会转而迎合多数意见,或保持沉默,这种意见表达的过程是一种螺旋式扩展的传播趋势。在这个传播过程中,一方意见的沉默或者减弱会造成另一方的不断增强,多数意见经过不断巩固而更加强大,反之,对立和中立意见被削减。周而复始,便形成了一方越来越大声一方越来越沉默的螺旋式的过程。

在网络传播时代下,传递消息或者发表言论的途径更加多样化和非正式化,每个人都有自由发表言论的权利,不必事先观察周围的意见环境,也不用担心被社会孤立。于是个人开始敢于坚持自己的意见,不愿意改变意见或者保持沉默。同时,因为缺乏意见整合与舆论引导,个人承受的主流意识压力减小,进而各方意见背后的社会阶层很难形成统一舆论压力来制约其他意见,出现了一种势均力敌的局面,"沉默的螺旋"的现象也就不会显现出现了。

人类历史上工具(如印刷术等)的发明与发现,都对社会的整体进步产生或多或少的影响,这并非由于媒介的内容,而是媒介本身所带来的。在这个意义上,互联网的出现也带来了"讯息",它带来了人们更多挑选信息的机会,改变了以往单一的接收方式,以往媒介"推"(push)出信息,现在变成了由用户从网中"拉"(pul)出信息,由此产生了一种新风尚,即人们进行匿名的个性化交流。网络改变了传统的传播方式,具有数字化、多元化、多媒体化、实时性、交互性、虚拟性等新特征。与此同时,对应传统传播方式的传播学理论在网络传播中是否仍旧能够应用,或是发生了一些变化,又会有哪些新的理论与之对应,这在传播学界开辟了新的研究领域和课题。由伊丽莎白·诺埃勒·诺依曼提出的"沉默的螺旋"理论就是其中之一。①

二、关于"沉默的螺旋"(the Spiral of Silence)

伊丽莎白·诺埃勒·诺依曼在对德国大选及一系列舆论调查之后,发表了《重归大众传媒的强力观》一文,宣称大众传播依旧能产生强大的效果,尤其是在影响大众的意见发表方面。她发现,人类具有较强的群体意识,害怕被孤立,以此为基础,她提出了关于"沉默的螺旋"(the Spiral of Silence)的五个假定:

第一,背离社会的个人会产生孤独感;

第二,个人独处时经常恐惧孤独;

第三,对孤独的恐惧使得个人不断地猜测社会主流观点是什么;

第四,预估的结果会影响个人在公开场合的行为,特别是将自己的观点公开或是隐藏;

第五,此假定与上述四个假定均有联系。综合起来考虑,上述四个假定对于公众观念形成、巩固和变化起到了有效的作用。

"沉默的螺旋"描述了这样一种现象:人们在表达自己想法和观点的时候,会进行事先的观察,若是大部分受欢迎的观点与自己的观点一致,就会积极参与,这类观点发表和扩散的速度就越快、范围就越广;若是发觉自己的观点与几乎没有人支持(有时会有群起而攻之的遭遇)的观点相符,就会同样保持沉默。这样一方的沉默造成另一方的增势,循环往复,便形成一方的声音越来越强大,另一方越来越沉默下去的螺旋式的发展过程。

---

①罗小萍,李韧.新媒体传播及其效果研究[M].北京:中国广播影视出版社,2018.

"沉默的螺旋"理论的提出为传播学效果研究开辟了一个新视角,使大众传播的强效果理论再次进入人们的视野,产生了重大影响。但同时,这个理论也受到了挑战,包括学界和时代发展两方面。在理论上,学者们针对她的理论的缺陷问题,比如质疑她用人对孤立的恐惧这个单一因素来解释人的行为;此外,该理论对于异常思想传播的速度也很快这一现象无法做出合理的解释;而且,这一理论发生的条件与特定的民族心理有关,在不同的社会文化环境中和不同的议题上,这一假说是否都能普遍适用尚不可知。从时代的发展来看,新技术特别是互联网的革新,也对这一理论造成了新的挑战。由于互联网平等性、匿名性和地域不限的特点,所以要对其施加群体的压力具有较大难度。如果惧怕被孤立的心理状态,即这一理论的核心要点不成立,那么"沉默的螺旋"理论也就没有了实际应用的价值。

互联网络改变了传播方式及受众心理,与此相对的,也会引起传统的传播理论新的变革,但一种全新的传播方式的出现,并不能全盘否定传统的理论。传播方式的改变并不会突然地引起人们的生活以及思维方式的改变,而是与原有的生活及思维方式有着必然的联系的,而且技术理论上的正确推论不代表能完全应用于实践中。

三、"沉默的螺旋"在网络传播中的适用问题

关于这一问题,学界大致有三种不同的意见:

1.坚持"沉默的螺旋"理论依然能够适用于网络传播

在网络空间中,由于引发沉默螺旋的心理条件仍然存在,而网际传播与现实传播具有诸多相似性,从表面上看沉默螺旋现象似乎已经消失,实则只是变化了表现形式。

第一,个人在网络中的大胆表现,并不是因为在网络中个人不会害怕被社会孤立,而是因为缺少了害怕被孤立的必备条件,或者认为自己的言行不会被人察觉;

第二,传播是否公开,取决于传播对象而非使用的媒介。这样使得个人能够决定在网络上,是否公开表达意见;

第三,在网络中依然存在着相应的群体与群体规范,群体中的成员在群体规范的作用下,必然会感到和现实中类似的压力与被孤立的恐惧感。

2."沉默的螺旋"理论在网络传播中已经无法适用

有观点认为,在网络环境下,作为网络传播的显著性特征之一的匿名性是"沉默的螺旋"面临的最大挑战。

第一,由于网络上的传播交流载体是以文字为主,不会受到如人际传播中双方的表情等直接阻碍,也不会受到大众传播声音和图像的影响,所以网上交流使人们不需要留下关于自己的信息,也不需要知道对方的身份言论的真假,言论自由不受干涉。因此,网络传播带给了人们更为宽松的空间来进行交流与自由表达,而这正是"沉默的螺旋"理论假设中所没有提到的条件;

第二,在网络传播的匿名性的作用下,个人可以自由发表观点,基本不被社会规范所限制,他们不用担心自己的行为会受到谴责,这就使"沉默的螺旋"理论所提出的"因害怕被孤立而不敢表示出自己的不同观点"现象逐渐减弱直至消失;

第三,交流双方都存在着这样一种心理状态:不清楚是否有人真的发表了不同的观点,不排除为了引发关注而故意与众不同,那些异议者或许不会有较重的责备,网络环境下人们随意表达意见后所需承担的心理压力较小;

第四,在网络传播中人们更倾向于展示真实的自我,这会更加促使即使在与别人持不同意见时,也仍坚持表明自己的见解,不会妥协。

因此按照这种观点,网络传播中,由于匿名性的存在,人们将真实的观点展示出来,不会出现对别人的观点随意附和或者保持沉默的情形。如此看来,"沉默的螺旋"理论无法解释这样的情况,也就失去了实用性。

但仅用"匿名性"来否定"沉默的螺旋"理论的适用性,还是缺少足够的证据。"匿名性"可以构建一个轻松的交流氛围,其中人人平等而不受群体压力的影响,但是,这种"匿名性"所创造出的平等环境只是一种理想的状态,并不是真实存在的。

3."沉默的螺旋"在网络传播中仍然适用,只是作用方式已有所改变

第一,在网络传播环境中,传播的整个结构发生了巨大的变化;另一方面,在"沉默的螺旋"假设中的关键因素"从众心理"也发生了变化,人们的交往空间也得到了扩展一在现实世界之外,还有网络世界;

第二,在网络传播环境中,因为匿名性的存在,每个人都会更靠近他最

真实的自己。在传统社会环境中的恐惧心理几乎消失,取而代之的是"无所谓"的心理,而且,受众不需要对自己的言行承担任何责任,因此,就不用担心"自己的观点"会和"多数的观点"产生矛盾;

第三,对于个人而言,网络时代是一个尊重个体的时代,它使人们能够自由地表达个人意见并有了发展个性的机会,与此相对的,传统的从众心理对人的作用逐渐被削减。

四、网络传播下"沉默的螺旋"的作用

通过对以上的分析可以发现:这一理论的支持或反对者,都把论点放在了"沉默的螺旋"理论的核心假设上,支持者认为,诺依曼的假设在网络传播中仍旧成立,只是作用形式发生变化,而反对者则认为诺依曼的核心假设不能成立,所以"沉默的螺旋"已经失效,其证据在于网络传播的传播方式已经发生改变,继而影响到受众心理特征的变化。但就目前的研究来看,关于该理论在网络传播背景下是否适用这一问题的研究,大部分仅局限于"网络传播"的环境下,而非将网络传播置于"信息时代"这个大的环境背景下进行双重层面的分析讨论。尽管也有一些宏观层面的研究,它们不是一笔带过并没有太强的针对性,就是研究只重视研究宏观而忽略了微观。

随着互联网的普及和网络用户数量的迅速增长,社会进入了网络时代。在这个时代,网络已成为社会主流媒体,与报纸、广播、电视等大众传播媒体并重,甚至呈现出超过其中某类媒体的趋势。因此需要在进行研究时考虑到整个时代大的背景,而对于网络传播环境下的传统传播理论效用的研究更是如此,应当用整体的发展的眼光来看待这一问题。

从宏观层面来看,网络传播本身的数字化、多元化、多媒体化、实时性、交互性、虚拟性等特点,它的优势在于传播即时性强、传播范围广,使得其他传播方式可以借助这个平台,吸引到更多的受众;但网络传播匿名性的特点,使得那些网络上的活跃者可以使自己的观点表达更肆意更不受约束,甚至发表一些极端的言论来打击那些不同的声音,并拒绝对此负责。

因此,一种新的"沉默的螺旋"现象在互联网上逐渐形成。即发表极端言论者能够得到支持,声音和势力越来越强大,言辞也越来越激烈;而理性言论的发表者则接连被打压,声音和势力越来越弱小;而多数中间势力

则在极端言论的"潜移默化"中逐渐走向了偏激。于是,极端言论遍布互联网,沉默的大多数被极端的少数所控制。

从微观层面看,"沉默的螺旋"理论在网络传播中并未失效,主要在于个,人的行为对于传播过程的影响。有以下几方面的理由:

(一)个性影响

从众心理(conformity),指的是人们的行为或态度迫于真实或想象的群体压力而发生改变。社会心理学家认为,从众行为是在群体压力下,个体为了能缓解与群体的冲突、获得安全感所采取的手段。从众行为的产生,源于在群体压力下,个人改变行为与态度,以适应社会或群体的要求,改变或放弃了原来的观点。比如有些人就是天生内向、不善言辞或者一直不喜表达观点,甚至缺乏个人见解,愿意附和别人的看法,即使是在自由环境下也是如此。在从众概念中的"或想象的群体压力",在网络传播中是否存在无法证明;同样也无法证明那些缺乏见解、喜欢随波逐流的人,可以在网络的匿名交流中敢于表达。此外,如果长期的社会及群体压力下的从众行为,会成为一种潜意识的惯性行为,那么就能充分证明"沉默的螺旋"在网络传播中仍旧有效。

(二)处理海量信息的能力

社会处于网络所提供便捷和自由的传播环境,但这种环境在技术理论上的可行性,并不代表在实践层面也能适用。网络信息成千上万,人们面对大量的信息,多数只是阅读,并不参加交流,特别是那些不喜欢公开发表观点的人。据统计,在新闻读者中,参加讨论的投稿还不到一成,在中国,九成以上的网络用户上网处于阅读的状态,网络数据信息传输级别极低。这就会形成一种现象:那些喜欢发表自己的观点的人不断地在各论坛、网站留言,而不喜欢"讲话"的人基本上保持沉默。因此,网上的许多观点无论是形式还是内容都像是复制粘贴的。

第五节 新媒体传播与"把关人"

传统传播意义上的"把关人",在网络传播环境中并不适用,理由有两个方面：一方面，网络传播的双向性使传播的权力分散，每个人都可以进行信息传播，造成传播者的权威地位下降；另一方面，网络传播的自由化使传播的范围更宽更广，造成信息多而泛。

一、"把关人"概念及模式

"把关人"（gatekeeper）概念的提出者是美国社会心理学家、传播学奠基人之一的库尔特·卢因提出的。他的观点是：群体传播中存在这样一些"把关人"，由他们决定信息是否继续流通。因此，只有那些信息与群体规范或价值标准相符合，才被允许通过传播者设置的"检查点"，得到"通关许可证"，这些掌握发放许可证的人或组织即传播过程中的"守门人"（gate-keeper）。

传播学者怀特把"把关人"概念引入新闻传播领域，他认为在面对众多的新闻素材时必须进行取舍选择。在此过程中，媒介组织起到了"把关人"的作用，判定哪些信息能最终进入传播渠道。此后，新闻选择的"把关人"理论从人们的不自觉行为发展成专业化传媒组织的主观操作，扩大了其影响新闻实践范围和程度。在传播过程中，大众传播的一切信息，都要经过媒介内部的工作人员把关，才能面向公众，所以他们在信息传播过程中担当"把关人"。把关人这一概念，现在已得到大众传播学者的普遍承认，把关人的作用、性质也随之成为大众传播学的重要课题。

二、网络与把关人理论

在网络传播中，存在着一种力量能够挑选信息，保留下真正能够吸引受众的信息，除去没有价值的"垃圾信息"。这个力量，在传播者看来，就与"沉默的螺旋"的理论相符，即最终占据优势地位的是，被多数传播者认可的信息，能够保持传播，那些处于劣势的信息最终会消失。在受传者看来，它又与"使用—满足"理论相符，因为在网络传播中，传者和受者不是固定的，两种角色可以互换，无论哪一方认可的信息，只要能引起受众的兴趣，就能继续传递，反之不能使受众愉悦的信息则无法存在。因为这种力量同"把关"作用中最重要的过滤功能类似，因此可以将这种力量看作是一种具有"把关"功能的"类把关人"。[①]

---

① 曲升刚. 新媒体背景下政府舆论传播研究[M]. 长春：东北师范大学出版社，2018.

三、网络中的"把关人"

随着网络的发展,在网络的信息传播过程中"把关人"的角色产生了新的改变:

(一)网站编辑

网络媒介兴起后,传媒行业涌进了一批新的从业人员,担任网站编辑一职,负责网站的内容建设。在网络传播过程中,网站编辑担当"把关人"一角,这是因为目前我国网络用户的媒介素养普遍较低。网站编辑发挥着至关重要的作用:一方面要审查信息的真实性、伦理道德、社会公德等方面是否符合传播标准,对不符合标准的信息进行修改或剔除;另一方面,采取必要的技术手段,屏蔽掉不该出现的"糟粕"词汇。

(二)论坛版主

论坛版主是网站论坛的管理人员,其工作内容是管理论坛秩序,活跃论坛讨论和交流气氛,并尽可能经常发表与该版内容有关的文章或回答论坛网民的问题,也是网络传播中的一群较为特殊的"把关人"。从"把关"的过程看,他们处于第二道关卡的位置,位于网络用户与网站编辑之间。从本质上看,他们仍属于但不同于普通用户。正确引导网络论坛最直接的方式是版主的管理,版主有责任及时删除有明显失据的言论、含不雅文字、有人身攻击倾向、与该版内容无关以及其他违反该论坛相关规定的信息。

论坛的版主的"把关人"职能更接近传统意义上的把关人,但仍有些差别。版主在论坛传播中是相对的管理和引导者而非绝对主导者,他们要在健康的行为规范和道德自律的约束下,为网民提供一种健康的价值观念与审美情趣的标准,促进网络论坛健康、有序地发展。

(三)法律法规及职业守则

法律法规通常具有强制性的约束力,而职业守则是具有弹性的自律规范。这一类"把关人"虽然不居于"把关"工作的"第一线",却是最后也是最强有力的一道关卡,保证了包括网络传播在内的社会各种传播活动能够正常进行,使其遵守道德和法律的底线。中国互联网新闻信息服务工作委员会成立于2003年,新华网、人民网、新浪网、搜狐网等30多家互联网新闻信息服务单位共同签署了《互联网新闻信息服务自律公约》,承诺自觉接

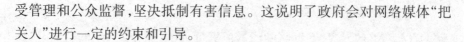

受管理和公众监督,坚决抵制有害信息。这说明了政府会对网络媒体"把关人"进行一定的约束和引导。

(四)"潜网"的深层控制

美国控制问题研究教授布里德认为,维护秩序和加强凝聚力是社会的主要问题,其中保持价值体系的一致性与完整性是最重要的,否则会导致整个社会的崩溃。"一致与完整"的价值体系就是一张"潜网",它对社会成员思想和行为的深层控制是在不知不觉中进行的,它贯穿于整个社会系统的运行中。因此在网络传播的过程中,网络用户的言行会受到影响和限制,原因在于两方面:一方面,人具有社会性的特点,网民的传播是在社会环境尤其是舆论环境中进行的。另一方面,网络传播中的反馈环节作用比传统媒体更加突出,信息传播的过程中对信息内容和传播者的讨论与交流增多。网络中"把关"仍然发挥着作用,把关行为如果没有处于社会环境中,就无法存在。这也是在信息爆炸的现今,"价值体系的一致性与完整性"没有被破坏的缘由。

总之,在网络传播中,"潜网"的作用最终还是要通过网民实际的"把关"行为来体现,即外因通过内因发挥作用。因此,"潜网"的深层控制也可以理解为"个人主观标准"的内化或延伸。

(五)技术过滤

"技术过滤"包含两方面的内容,一方面是指用于网络上的多种媒介形式中的敏感词过滤功能,被过滤的内容主要是违反法律、法规以及政治宣传方针的词汇。当传播者发布敏感词语时,那些词语就会被剔除,最终不会与受传者有任何接触。即使技术过滤无法完全过滤掉违禁词汇,在一定范围内仍能起到"把关"作用。而"把关"效果需要不断完善的技术来支撑。另一方面是指有些社交网站的"实名制"方式,即需要验证用户的

真实身份。在一定程度上起到了把关的作用。例如,在新浪、腾讯等网站微博中,没有经过实名认证的用户,将只能浏览,无法进行信息的发布或转发。"实名制"从功能使用上对传播者的传播行为进行限制,减少了用户任意传播言论的现象。

第四章 历史文化名城与媒体广告创意设计的策略及分类

第一节 文化元素、自然环境与媒体广告创意

一、文化元素与数字媒体广告创意

在全球经济一体化和多样化的变革中,具有民族文化元素的本土广告给受众留下了深刻的印象。可见,进行广告创意时应注重融入特色的民族文化元素,尊重民族文化,形成鲜明的民族个性特征。

优秀的广告创意,必须植根于民族文化元素的沃土之中。运用生动的民族文化元素,透过人类意识层面,将深埋在人的潜意识中的民族文化元素表达出来,达到令人心领神会的效果。目前,我国广告在创意上也取得了突破性发展,广告创意水平与过去相比有明显提高,但就整体而言,我国广告与西方发达地区的广告还存在不小的差距。以人为本、原创性的作品少,广告创意缺乏民族文化元素,无法体现民族性、地域性特色,在表现方式上也缺乏创新。其最主要的原因在于我们的广告创意深受西方广告的影响,反而对自己的民族文化、地域特色缺乏了解,不能体现出民族的个性特征。因此,广告创意要重视民族文化的差异性与民族文化特征,运用文化策略,充分应用我国博大精深的民族文化资源,将民族文化元素与广告创意有机结合,提升民族品牌的竞争力。

(一)民族文化元素是广告创意的重要元素

在现代社会发展中,人们越来越认识到文化对于一个民族发展所起的重要作用。广告作为一种经济活动当然离不开文化,只有搞好文化建设,广告事业才能更快发展,广告创意水平以及发展空间才能整体上得到提升。一个广告要达到其诉求目标需要有优秀的创意。民族文化元素的融入成为一个广告创意成功的关键。只有将内蕴丰富的民族文化元素有机

融入广告创意之中,才能赋予广告经久不衰的生命。广告创意要根据不同的营销商品,采用不同的方法。一是借鉴国外的广告创意设计历史经验、方法、技术和运营经验,针对我国不同地区的实际经济状况,为我所用,与时俱进,同国际接轨,具有国际化意识。更重要的是深入研究中国历史和挖掘中国民族文化,如五粮液和茅台酒的广告创意,提取相关民族文化设计元素和精华,设计出具有中华民族特色又有时代感,走民族化道路,具有本民族意识。这样,我们的作品在国际上才有特色,在国内又能倍感亲切。我们要研究相关各民族和地区的历史和文化,挖掘民族特色和地区特色,把民族文化元素融合到广告创意设计中,创作出高品位的广告创意作品。①

(二)注入民族文化元素内涵,使广告创意增加产品形象文化附加值

商品能满足消费者的需求:一种是物质需求,如空调是用来调节室内气温的,这类商品给消费者提供使用功能。另一种是精神需求,如名牌汽车、手表等具有品牌的高贵感、魅力感,这类商品给消费者提供使用价值外同时还附有精神价值。现在大众消费已日益从"物质"的消费转向"精神"的消费,日益倾向于感性、品位、心情满意等抽象的标准。产品形象的文化附加值产生是广告创意的追求。针对不同的民族、地域特征,广告创意为产品赋予的文化元素是不同的。就如一款同样的音响产品,美国人崇尚个性,强调自我,在他们身上更多体现出来的是自我文化,广告创意要注重产品的品质与实用注入民族文化元素为诉求点;而日本的文化是岛国文化,人们之间很有凝聚力,他们更多的是注重人与人之间的情感交流,以情动人是征服他们的一个很好的方法,广告创意则要注重从产品情感注入民族文化元素诉求方面下手。这和两国的不同民族、地域、文化有关,因此好的广告创意能增加产品形象的文化附加值,要注重注入民族文化元素内涵。

(三)凸显民族文化元素特征,增强广告创意,塑造特色的城市文化形象

任何城市文化形象总是与该民族的文化存在着一种割舍不断的血缘

---

① 刘慧. 历史文化名城与数字媒体广告创意研究[M]. 长春:东北师范大学出版社,2018.

关系,它总是附着于民族文化的机体之上。企业文化形象通过企业的标志、产品、广告、行为等体现出来,代表着企业的重要形象,也在一定程度上体现出其所在民族的文化。如,奔驰汽车传递的是一种德国文化,高度纪律、效率和高质量;美国万宝路表示了美国文化的进取和自由;我国的全聚德、同仁堂道出了中国文化中儒家文化的精髓。周恩来曾以"全面无缺、聚而不散、仁德至上"来解释中国的百年老店"全聚德",其实这也正是对文化的经典注释。现代企业之间的竞争,已经不再仅仅是企业在资金、技术、人力等资源层次上的竞争,也是在企业文化层次上的竞争。从顾客的角度来说,他们不仅关注产品的性能和服务,也非常渴望知道这家企业的文化是什么。对于广告的受众来说,他会带着自身民族文化的经验积淀去解读广告传达的文化价值,并作出接受与否的判断。在不同民族文化中成长的受众,对广告的接收能力表现出巨大的差异性。企业文化对企业的发展具有重大的意义,广告是塑造企业文化形象的重要途径,要创建独具特色的民族品牌,在广告创意中凸显民族文化元素特征,成功地表现优秀的企业文化元素内涵是至关重要的。

总之,广告创意关系到一个民族的形象,并且深刻地影响着大众的价值观念、生活方式等。因此,广告创意要不断创建具有民族文化特色的作品,塑造强大的民族品牌,克服西方文化对民族文化的冲击。中华民族文化博大精深,其文化精髓为广告创意提供了丰富的资源,广告在创意上要充分利用这些资源,将民族文化视为广告创意的精神和灵魂,恰当地将民族文化元素与广告创意结合起来,创出更多满足国情需要的广告精品,提升我国广告的创意水平,创建民族的更是世界的品牌形象。这不仅是全球性经济竞争的需要,也是全球性文化交流和文化竞争的需要。

(四)民族文化元素是广告创意的重要源泉

民族文化元素是一个由其历史延续下来,具有一定特色、思维方式,伦理道德、情感方式、语言文字及风俗习惯的总和。在现阶段,消费者对广告所宣传的商品的认可,在某种程度上是对广告传达的商品的文化价值的认同。广告是一种商业行为,也是一种文化行为。民族文化元素可以为广告所宣传的商品塑造一种感性形象,为其品牌增加信誉度。在众多案例中,我们可以看到,成功的广告创意中都蕴含有与其所要推销的商品相适应的某种文化诉求。如红牛饮料"中国红"的风格非常明确,以本土化的策略扎根中国市场。公司在广告中宣传红牛的品牌,尽力与中国文化相结合。这些叙述固化在各种宣传文字中,在色彩表现上以"中国红"为主,与品牌中红牛的"红"字相呼应,从而成为品牌文化的底色。中国人万事都图个喜庆、吉利,因而红红火火,越喝越牛。这正体现了红牛饮料树立品牌形象的意图,了解中国市场消费者的购买心理后,将红牛自身特点与中国本土文化结合的完美体现。此类广告创意中蕴含的文化意味已远远超过了商品的使用价值本身,它已经将商品的使用价值转换为一种文化价值,民族文化元素是广告创意的重要源泉。

(五)广告创意要注重与民族文化元素的融合

广告是用来刺激消费、影响消费和参与商业竞争有力的武器,优秀广告创意在商品产生强烈竞争时体现了重要地位。美国是市场经济最发达的国家,纵观美国现代广告创意,如创意革命、营销策略定位、视觉至上、整合思考模式等一般性广告创意形式,在信息时代,供求关系越来越复杂和多样化,人们的生活节奏越来越快,活动范围越来越大,高度发达的商品化的市场经济社会,对我国有一定启示和帮助。面对国内外市场,中国广告创意的世界多姿多彩,其表现手段多种多样,推陈出新。然而当我们仔细去推敲那些得到受众喜爱,并能给他们留下深刻印象的广告,会发现有创意的好作品往往有着共同的特点,即巧妙运用了民族元素,这些共性是一些有价值的方法或原则,寻找、探讨并运用这些原则有助于广告创意的实现。

二、自然环境与数字媒体广告创意

人类心灵深处有一种对自然的向往,自然的情感最能打动人的内心。高明的设计和艺术是忽略人工设计的,最原汁原味的生活和形象超越了人工的痕迹,巧夺天工是设计的最高境界。如果广告创意能从最自然的物象中发现并提炼新的含义,进行广告信息的传达,那么这种方法最容易激起受众内心的自然情感,获得领悟者会心的赞美。大自然和本真的生活给我们提供了丰富的资源,一个有创造力的广告创意人应当学会探寻并利用这种近乎天启的宝藏。

什么是自然?自然是未经人工雕琢的天然存在,正所谓"清水出芙蓉,天然去雕饰",自然的东西最忌矫揉造作、刻意而为。自然原则中的"自然",指的是发掘创意对象中的自然元素,从对象中的自然形态、属性或特性中抽取新的视觉意义,同时运用最自然的形式将广告信息呈现出来。

人类社会在发展的过程中,出于传播信息和交流信息的需要,建立起社会约定俗成的符号系统,因此我们身边的一切物象和视觉符号都有其特定的基础意义。符号是信息的外在形式或物质载体,如图像、形式、现象等,而意义是信息的内在本质或精神内容,如情感、语言、价值等,一切通过符号或象征手段进行的社会互动,都是"符号"和"意义"的统一体。比如著名设计师霍尔兰德为IBM公司设计的形象广告中,分别用眼睛、蜜蜂和字母"M"等元素组合来代替公司的缩写字母,此时眼睛的含义是交流,蜜蜂(bee)则寓意着辛勤和努力。

但是一切物象语言又是具有多重意境的,不同的人有不同的解读,从不同的角度去理解会有不同的意义。在我们熟悉的表象下面有可能藏着一个陌生却又令人惊喜的意义世界。比如字母"m"它原本是人类创造出来的一个抽象的符号,但是如果我们用好奇的目光在自然生活中寻找,你会发现拱桥下的两个桥洞就像一个"m"的符号;剥开的香蕉皮向两边垂下形成一个"m";一个咧开嘴笑着的孩子缺着的两颗门牙留下的空洞就像一个"m";小女孩头上扎着的冲天辫自然地向两边垂下,恰好形成一个"m"。

自然环境在广告创意中的运用包括以下几种途径:

(一)直接从物象的自然形态中寻找新的意义

这种手法是指不对所选择的自然物象进行任何夸张、变形或附加,将创意对象本身所具有的天然造型和内在品质直接提取出来并赋予它新的意义。呈现在受众面前的画面是他们熟知的原始的物象,但通过广告语言的简单点拨,使受众打破原有对此物象的认识空间,进入另一个有趣的或有意味的崭新世界,瞬间获得感悟并留下难以磨灭的印象。

直接从自然物象中寻找新的意义不是借助电脑软件变幻出一个新的物种,或是刻意将某种东西进行变形,而是充分发挥创意者的想象力,利用自然生活中本来存在的元素,将这些本真的事物进行重新阐释。寻找的过程也许不简单,但它能给创意者带来惊喜,有一种"众里寻他千百度,蓦然回首,那人却在灯火阑珊处"的感受。比如某超市的系列广告:

《洋葱篇》。图片的主角是洋葱,这里的洋葱没有任何变化,就是我们在超市里看到的最普通的洋葱,但有的很大,有的很小,运用不同的比例呈现,于是从视觉效果上形成了远近的感觉,洋葱表面自然的条纹以及洋葱本来的形状再加上视觉效果,使受众很自然地联想到了热气球,仿佛一个个淡红条纹的热气球飘在空中,画面的一角写着简单的广告语"是洋葱还是热气球?"

《西瓜篇》。图片的主角是切成两半的西瓜,仍然是本真的西瓜,但这些半个的西瓜也有大有小,有的还量一定角度的倾斜,从视觉效果上看有远有近,在空中呈现不同的飞行姿态,广告语"是西瓜还是飞碟?"使受随着创意人进行了一次新的体验,在自然而然地认同过程中感受到意外又惊喜。

《辣椒篇》。这一次图片的主角换成了有些弯曲的红辣椒,它们似乎漂浮在水中,外形像极了海马,广告语变为"是辣椒还是海马?"

《草莓篇》。按照这样的创意思路,超市里的草莓配上一滴晶莹的水珠,看起来和一条条游动着的金鱼没有两样。

超市里的蔬菜水果原本是人们非常熟悉的事物,它们的基础意义就是食品,不会引起太多的注意,然而经过创意者的发现,它们有了新的意义,新的解释。当然这种创意的方法并不是哗众取宠,仅仅让人感觉新奇是不够的,广告需要的是传达信息。超市里的普通事物经过这样的发现变得饶有趣味,蔬菜水果们仿佛拥有了生命,或轻盈可人,或憨态可掬,或飞扬灵动,无不传达着一种概念——该超市的食品相当新鲜诱人,受众在充满惊喜地发现和领悟过程中水到渠成地接受了这个信息,留下了深刻印象和好感,进而促发购买欲望和行为。

广告创意对大自然的利用和追求有多种形式,直接利用自然物象的自然形态,需要创意者充分发挥联想。由于这些自然物像是自然生活中非常常见的物品,人们太过熟悉以至于难以发现新的意义,而且在广告创意过程中不能改变其原貌,因此只有那种最自然贴切地发现才会成为佳作。寻找新的意义的过程有时非常艰苦,饱含着创意者的殚精竭虑,但最后呈现出来的一定是自然的、轻松的甚至是显得有些不经意的画面。

(二)对自然物象进行适当配置和重组以获取新的意义

美国著名的广告大师詹姆斯·韦伯·扬以为:"创意是把原来的许多旧要素做新的组合。"进行新的组合的能力,实际上大部分在于了解、把握要素相互关系的本领。旧的元素就像装在万花筒里的彩色碎片,当我们转动万花筒的时候,这些碎片就会产生新的组合,产生出变幻莫测的全新图案。人脑就像这个万花筒,转动万花筒的时候就是人脑在进行复杂的思维活动,如果我们将头脑中各种旧有的丰富的信息不停地转动并重新排列组合,就会有新的发现和创造。

丰富多彩的世界给创意者提供了许许多多的素材,如果将这些素材进行不同方式配置和重组并从中发现新的意义,那么创意者的眼光将更加开阔,创意出来的作品更加千变万化。我们来看以下案例:

以上提到的超市系列广告《豌豆篇》。广告的主题是豌豆,但是创意者将豌豆进行了一些排列组合。一颗颗绿色的豌豆排列成直线,四个豌豆壳展开放在直线的两边,看上去就像一只展翅飞舞的蜻蜓。仍然用不同的比例产生视觉效果,使这些"蜻蜓"有远有近,配上广告语"是豌豆还是蜻蜓?"

公益广告《大蒜篇》。将两种形态的大蒜头组合起来,上面是一个完整的大蒜头,下面是一个个剥开的蒜头横向排列,广告语是"下岗……找到合适的土壤,生命就会焕发新的光彩。"完整的蒜头就像原先的工作集体,每一个个体紧紧抱在一起,而剥开的大蒜就像每一个个体,当个体离开整体,会有什么结果呢? 不是生命的完结,而是生命的开始。大蒜的特点就是能够很快利用自身的养分重新发芽,再次生长,以此来比喻"下岗再就业的主题",激发下岗员工的希望,达到公益广告的效果。

玉米糊广告《哑铃篇》。两个并排摆放的玉米,每个玉米中间的玉米粒已经被剥掉,两头的玉米粒仍然保存,这样的两个玉米从外在形态看就像一对哑铃,以此表达玉米糊能强健体魄的诉求。以上是对同一种事物进行组合,有时是把看起来没有直接联系甚至是毫不相干的事物进行组合,却能传达新的含义。

某果汁广告《三根香蕉上吊篇》。这里将一根环状的绳索和三根弯弯的香蕉组合在一起,把香蕉挂在绳索上。"香蕉上吊?"为什么? 原来"冰箱已是果汁的地盘,我活着还有什么意思。"

航空公司的广告《鸡蛋篇》。一盘盘鸡蛋被置于机场的行李传送带上,鸡蛋的标签上写着"由维珍航空托运"。将易碎的鸡蛋与行李传送带组合,表达出"航空公司的服务好"的诉求。

经过创造性的联想,将原本看起来不相关的物象或概念组合起来,产生了与众不同的创意。元素只是元素,结构却可以做很多事情,组合是产生创意的重要源泉。对图形或文字要素进行审美编排,来引出所示对象的结构要素和造型要素的审美运用,同时把商品或商品的特性作为价值引入,让接受信息的人的视线集中在艺术与商业信息的传达中,于是广告对象和广告解释之间形成通畅的渠道,具体的事物形态得到全新的理解。既然最普通的事物都可以建构出新的意义,那么我们可以利用世界提供的千千万万物象的宝库建构出无数拍案叫绝的图景。

(三)对自然图景进行意义加工

对原始的自然图景进行意义加工就是将原有的信号形式以及人们头脑中的图像格式转换为新的符号含义,使旧的信号产生新的联想,从而达到进行广告信息的传达。

比如这样一幅图片:两个相互敌视的昆虫正准备一场生死大战,千钧一发之际,一滴硕大的树脂凌空而降,正巧将它们凝固住了,亿万年后一颗晶莹剔透的琥珀形成了,它们对峙的情景被永远定格。

这样的一幅图片,如何进行意义加工呢? 有多种意义加工的方法:

主题为"战争与和平"。用一种自然主义表现的力量警醒人们,反思战争,呼吁和平。

主题为"珠宝的历史与恒久价值"。自然的宝石形成需要长久的年月,其中蕴含着岁月的变迁和历史的痕迹。

主题为"照相机对画面的记录与保存"。生活中有许多美好或有意义的瞬间,照相机可以为你定格。

对自然图景进行解读加工时,最重要的是不牵强附会,不需要表面的强加意义,而是保持和运用其自然形貌,由此提炼新的意义。

"一个有很多年轮的树桩"是一个自然的图景,广告创意人对之解读并进行加工:拿破仑、梵高、爱因斯坦分别是政治、艺术、科学的杰出代表。他们的出现,改变了历史的进程,而这棵大树就是历史的见证。砍倒了它,不仅意味着谋杀了历史的见证人,更意味着人类文明惨遭破坏。利用直观的视觉语言进行意义提炼可以超越语言障碍和文化壁垒,这是一种自然的悄无声息地震撼。

一则来自日本的平面广告中,两棵奇特的树撑满整个画面,看起来就像两个人在痛苦地呐喊。文案写道:"自然在无声地求救"。对于自然的关心就是将来对自己的关心。树木被污染,森林无言;河水被污染,江海无语。无论自然有多么的痛她也不声不响,但是她们不是在无声地抗议吗? 人类也是自然的一部分,不知何时人类自己也会发出求救的呼声,因此不要忘了保护自然。

(四)依照事物的自然属性或特征进行价值附加

好的创意需要寻找到一个最适于表达的自然物,然后顺时而动,沿着它的自然走向、自然属性或特征进行价值附加。比如以下案例:

吉普车广告《钥匙篇》。画面中是一把横放的吉普车钥匙,钥匙上的齿就像崎岖不平的山峰,巧妙利用车钥匙本身的齿形与山峰同构,表明该吉普车的越野性能和特色。同时借助广告语“发动你的吉普,开车上山”进行价值附加,进一步开拓广告的含义。

巨能钙产品的平面广告《油条骨头》。大量留白的画面中间横放着一根我们熟知的食品一油条,外在形态酷似一根骨头。下面的广告语是“假如它支撑你的身体……”这个广告既利用了油条的外在形态,又利用了油条的特性一酥松香脆,由此来强调补钙的重要性,诉求明确。

特辣西红柿酱广告。缓缓倾倒的辣西红柿酱酷似伸出的红舌头,既利用了西红柿酱倒出时的符号表征,又传达出“辣”的刺激感觉,准确地表现出辣西红柿酱的纯正与地道。酱汁倾出的一刻是流动的自然状态,却能让人立即联想到舌头,毋庸多言,简简单单却充满震撼。

依照事物的自然属性和特征进行价值附加和意义升华,传达单纯化、清晰化的广告信息,能够直刺目标,一针见血,对消费者形成心灵冲击。这样的广告巧妙运用自然原则,用事物的自然属性和特征激发受众的联想,然后产生逻辑性的推论,达到广告诉求的实现。此类广告静静地散发出光芒,无比亲和地触及消费者的心理,引起注意,产生共鸣。

今天的电脑和软件开发日新月异,功能繁多,我们可以轻易地在电脑上把自然的事物进行变形、改造和打扮,然而顺应自然事物的属性和特征,沿着其原始的脉络进行价值附加才有可能重新还原人类与自然的淳朴关系。在进行广告创意的时候,我们首先想到的不应是对自然事物的控制或强加,而是顺应和给予,这样做出来的作品才是精当的。“顺其自然,归其自然”的创作理念能够引导创意者达到梦寐以求的境界。

（五）运用文字、图景或声音激起接受者的自然感觉、情感或体验

刺激消费者的自然感觉和知觉以引起消费者的注意是广告心理学的基本要求。感觉是人脑对直接作用于感觉器官的客观事物的个别属性的反应，包括视觉、听觉、味觉、触觉、嗅觉等。人们通过感官得到广告信息，而后通过大脑的综合与解释，产生对广告诉求的感知。外界刺激的强度越大，就越容易感知。

广告创意的效果与接受者的广告心理密切相关。一幅优秀的广告作品能醒人耳目并被牢记于心，从而感染人的情感、影响人的态度、激发起人们购买的欲望并采取购买行动。如果广告能够激起接受者的自然感受、情感和体验，那么该广告往往可以切中受众心理，其广告诉求能够满足消费者的某些动机和需要。比如在沃尔沃的安全气垫广告中，一个婴儿躺在母亲的怀抱中，母亲的乳房是裸露的，人们立即获得了一种柔软的受到保护的感受，从而接受"安全"的诉求。

母子间的温馨亲情、朋友间的真挚友情、恋人间的甜蜜爱情、怀旧之情、思乡之情等都容易激发消费者的自然情感或体验。比如孔府家酒的广告牢牢抓住一个"家"字，用亲人久别重逢、游子返家的欣喜场面，配上当时流行的《北京人在纽约》的主题曲，深深感染了离家的游子，这个广告确实牵引出"叫人想家"的自然情感。再比如南方黑芝麻糊的广告，随着那"芝麻糊"的叫卖声，把人们拉到了旧日的回忆之中，年幼的人们，曾有那样的时光，听到芝麻糊的叫卖声，迫不及待地奔出家……自然的情感有时被人们的潜意识藏得很深，只有那些与人的经验相关的内容才能将它们牵引出来，在广告信息的传达过程中，受众的感觉是真实而自然的。

此外，幽默感或恐惧感也属于自然情感，激发这两种情感也是自然原则的运用。幽默是一种高度的智慧，受众在自然的愉悦状态中接收广告信息会达到良好的效果。比如一条公路的急转弯处竖了一个广告牌："如果您的汽车会游泳的话，请照直开，不必刹车。"这类富有幽默感的广告会缓解紧张情绪，也会给人留下深刻印象。人类本身就具有生存的欲望和躲避危险的本能，与恐惧相关的情绪体验有惊慌、厌恶和不适等。比如某交通广告中，一个男人在小路上行走，突然被一辆车撞飞，然后同样的场面用慢镜头重放一次，男人被撞飞的那个刹那触目惊心，字幕是："请不要在小路上高速行驶。"激发人们幽默感和恐惧感的广告都需要注意分寸，如果

诉求的强弱把握不好,有可能激发的不是自然的感受,而是过量的刺激。

以上从五个方面对自然原则的运用进行了阐述,诸多成功的广告证实了该原则的有效性。自然原则是一种方法,一种思维习惯,也是一种境界,一种艺术智慧,一种创意风格。只有秉承对自然的尊重,才能更有效地创意出好的作品。了无生趣的产品因为这些自然、富有戏剧性的创意令人注意并达到顿悟是一个轻松、美妙的过程。

第二节　中国元素、人文环境与媒体广告创意

一、中国元素与数字媒体广告创意

现代广告创意总是深深地受到社会文化的影响,而历久弥新的民风民俗,即中国元素,在现代市场经济的作用下,重新焕发出旺盛的生命力和影响力。表现最为突出的是在广告传播中大量使用中国元素,并且以中国元素做广告创意与设计的灵感源泉,运用中国元素进行与时代相连的现代式创新,借中国元素在广告作品中抒发情感等,但是我们在使用过程中也必须充分考虑国家间的文化差异,并且取其精华,弃其糟粕,更要积极地在全球化的趋势下使中国元素现代化,否则会因文化差异而造成认知理解上的偏差,使大量运用中国元素的广告传播不能达到预期的传播效果。

当我们发现街上人们穿着各种国外品牌的服饰,吃着洋快餐,着迷于好莱坞大片时,一种全新的舶来的生活方式已经融入普通人的文化生活中。在这样的情况下,提升我国自己的文化影响力,对外进行跨文化传播显得尤为重要。中国元素提出后,人们期望中国广告、中国品牌走向世界,便有人提出了"中国式创意""中国式广告"的说法。

中国元素不计其数,承载着无尽的力量,带来的是一种全新的创新思想。在全球化的时代,我们要向世界展示中国的文化,让世界也接受中国文化。中国元素在广告中的运用,能够帮助企业在市场竞争中脱颖而出,促进企业的成长,从而为中国品牌走向世界增添自信,只有这样,才能推动代表中国形象的中国品牌及产品迅速走向世界。[1]

----

①郭栋. 网络与新媒体概论[M]. 西安:陕西师范大学出版社,2018.

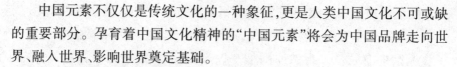

中国元素不仅仅是传统文化的一种象征,更是人类中国文化不可或缺的重要部分。孕育着中国文化精神的"中国元素"将会为中国品牌走向世界、融入世界、影响世界奠定基础。

(一)中国元素的内涵及分类

中国元素是时代发展的产物,当前社会已经由原先的经济型向文化型过渡,物质需求早已经不能满足消费者的心理需求,他们的生活需要提到更高的文化价值层面。他们把更多的注意力从产品的实质投向产品背后的品牌效应和企业文化,在消费过程中汲取文化成分。因此,顺应时代潮流使中国元素在广告创意中发挥其不可或缺的重要作用成为当今经济全球化背景下的必经之路。

1.中国元素的内涵

关于中国元素的内涵,是在2007年创办的"人文中国"大型系列活动时,文化和旅游部和人文中国系列活动组委会提出的:凡是被大多数中国人(包括海外华人)认同的、凝结着中华民族传统文化精神,并体现国家尊严和民族利益的形象、符号或风俗习惯,均可被视为"中国元素"。中国传统文化造就了中国元素,它扎根于中国的社会、历史和文化,以各种文化符号或具体事物表现出来,这些符号和事物成为中国文化的象征,而消费者也可以通过这些符号理解中国传统文化。

2.中国元素的分类

(1)物质外壳下的实物代表

分别有以龙凤为代表的精神尊严类;以牛郎织女等为代表的人物类;以长城、泰山等为代表的景观类;以秦砖汉瓦、古塔钟楼为代表的建筑类;以汉字、竹简为代表的书法类;以黄包车、茶具等为代表的日常用品类;以唐装、旗袍等为代表的服饰类;以中国红为代表的色彩类等。

(2)中国元素里的精神内核

国际广告中用到的中国元素包括了中国人的价值观、生活方式、风俗习惯、理念思想等抽象的内容,并不只是具象的东西,例如:家庭观念、含蓄的表达方式、谦逊的心态等。这些价值观、生活方式和理念思想等现在仍在很高程度上影响着现代人的思维模式和价值取向。因此,只有很好地把握并且运用恰当才能产生有效果的广告创意和作品。

（二）全球化时代下的中国元素

在全球化的时代背景下,各个国家的研究都从经济、政治领域延伸到文化领域。自从中国元素这个概念提出之后,在2008年北京奥运会上,中国将其灿烂悠久的历史文化呈现给全世界,向世界展现了中国博大精深的文化,世界各国人民也逐渐开始认识、接收、认同中国元素。而且这种具有传统文化象征的理念越来越多地受到广告业界人士的推崇和发扬。越来越多的国际品牌在进入中国市场时也开始重视中国元素的使用和表现,并且邀请中国明星为品牌代言人,在广告设计中常常会使用中国龙、京剧脸谱,甚至是书法。

当消费者的素质在不断提高的时候,中国元素作为民族文化的一种回归,成为受众对民族文化的一种渴望。中国广告在秉承优秀民族文化的同时,将现代设计的理念融入其中,正好满足这种需求。

1.中国元素在广告创意中的表现方法

（1）直接表现法

中国元素在广告中最直接的视觉表达方式就是具体实物的展现。在中国人生活细节中的点点滴滴,凝聚了大量的生活智慧和情感,承载着国人独有的生活方式和格调。中国艺术有着独特的表现方式,如京剧通过戏装脸谐、程式化动作、独特唱腔等符号传达其特质,可以将这些形式符号通过变换或者与新内容嫁接来完成创意表达,从而在广告中使用。

（2）间接表现法

在广告中,直接运用的中国元素一般是极具民族特色的符号,例如书法、龙凤等。中国文化中具体体现的精神或观念,间接地通过画面、故事等隐晦的方式传达给人们,这便需要通过情节和联想完成所指的信息传达。

总之,在进行广告创意时,一定要深刻理解社会文化对广告创意的影响,充分考虑哲学观念、思维模式、道德观念、生活观念对广告创意的影响,"中国元素"不仅是传统文化的一种象征,体现出更多的是民族精神、民族自信心和民族力量的凝聚。"中国元素"在世界的盛行,为"中国式创意""中国式广告"奠定了强有力的基础,为中国品牌走向世界铺开一条崭新的道路。

二、人文环境与数字媒体广告创意

我们正处于一个信息时代,大量的广告像洪水一样充斥着我们。身处其中的现代人,是否对铺天盖地的广告已经麻木?答案应该是肯定的!这就要求广告创意人提升广告的质量,重新寻找广告创意点。一个完美品牌,除了品牌形象加上良好的产品品质外,还需要优秀的广告创意。优秀的广告是"如何使用创意去打动消费者,提高消费者对品牌的认知与认同,使该广告与众不同,进而脱颖而出"。而在大量的商业广告中,商家是否只注重了产品本身的宣传而忽略了人们所关注的人文理念?如果真是这样,那商家可就大错特错了。因为人文精神是人的想象、幻想、激情、冲动闪射的光芒,是一种生长在感性之中,与感性同躯的精神,而这种精神正是人们感性诉求的本源。因此,成功的广告应当立足于挖掘人性,以人为本,满足人们心灵深处的渴求与祈愿,体现人的价值所在。也就是说,在广告创意中,我们要用感性的方式来体现人文精神,即用艺术语言把人文精神中蕴含的理性与情感融合在形象之中,以克服理性的抽象性、概念性与说教性,使理性回归到感性,既能超越感性,又能超越理性,从而达到双赢的效果。

(一)人文广告的成功案例

1.丰田轿车的广告语

"车到山前必有路,有路必有丰田车。"这是丰田车的广告语,从这则广告语中我们可以看出,它体现的是一种拼搏向上的人文精神,不仅展示了丰田车追求卓越、开拓进取的优越品质,而且暗示了驾驭者自信、顽强、拼搏、进取的人生价值取向。

2."舒肤佳"香皂的广告语

众所周知,"舒肤佳"是香皂业的大品牌,当香皂市场上的品牌一个接一个被吞噬的时候,舒肤佳还屹立不倒,最主要的原因是它重点提出杀菌的概念,真正掌握了消费者的心理。请看它的广告语——"促进健康为全家"。这则广告语充分体现了对人性的关爱,准确地抓住了人们的健康理念,将人文关爱融入其中,从而给人们一种信赖感,让人们从心理上亲近它,接受它。成功的广告创意加之舒肤佳本身的优良品质,铸造了舒肤佳品牌的辉煌。所以广告创意要在"人文文化"上下功夫。个性鲜明的图形,能够唤起人们情感上的记忆,触发情感上的联想,因而更具感染力。例如"希望工程"公益广告中女孩那充满渴望的大眼睛,观者不禁为之一振,从而引发心灵的震撼。这样的广告,谁不会为之动情呢。

3."豆浆"的广告创意

豆浆是一种营养丰富的饮品,一直受到广大消费者的欢迎。当豆浆已经变得司空见惯的时候,"豆奶"便应运而生了。其实豆奶就是把豆浆灌进消毒的玻璃瓶子里,放入冰箱,便成为方便的营养饮品,获得了消费者的青睐。日后又出现的"维他奶"还是豆奶,放入了更为轻便、更为科学的"利乐包"中,它又一次展现了"豆浆"的魅力,丢掉了玻璃瓶的沉重,实现了更为快捷的"健康之路"。因此,"维他奶"便走遍了世界。显然,产品"豆浆"是没有变的,就是利用广告创意去解决问题,而创意中恰恰体现了人们所关心的营养、健康、便捷问题,将人文理念融入其中,使"豆浆"长盛不衰。

(二)人文精神在广告创意中的表现

可见,只是表现物质的商业广告时代已经过去,人文精神的融入使广告多了一分"人情味",多了一分对人性的关爱。广告商通过刺激消费者的感情诉求,引发消费者的情感体验,通过人们的感情过程来引导、支配和控制人们的消费行为,从而达到广告促销的目的。

1.文字的人文性

文字是广告的第二大视觉要素,其中包括文稿和广告语等。文字在广告中不仅起到说明的作用,更主要的是与图形相得益彰,共同起到传情达意的作用。优美的文字能够使人们心情舒畅,诗化的文字能够使人们产生联想,高亢的文字能够使人们奋进,诱惑的文字能够使人们产生欲望。中华文字历史悠久,博大精深,对文字的研究和运用是一种深奥的文学艺术。在广告创意中文字的表达要抓住消费者的诉求心理,结合图形所要表达的主题,运用简洁明了的语言直叩消费者的心弦。例如一款内衣的广告语"没有什么大不了的""做女人挺好",语言简练,主题鲜明且含而不露,叫人一看就心领神会,尤其让女性更加心动。这样就成功地达到了广告的目的,实现了语言的艺术魅力。

2.图形的人文性

广告图形是广告的视觉语言,具有生动的直观形象性,它能传达人们的思想情感和信息,是情感符号的载体。图形语言直观、具体、形象,具有很强的说服性和感染力。所以在广告创意过程中,在图形元素中融入亲和的、人性的、传统的、自然的力量,才能与受众产生共鸣,从而达到传播的目的。广告的受众是人,而广告的目的是引起人们的注意,激发人们的欲望。

3.色彩的人文性

色彩,作为视觉刺激语言,在广告创意中的作用是不可忽视的,色彩运用的好坏将直接影响到广告的成功与否。色彩的运用要根据商品的受众和商品本身的内容而定,不同年龄段的人们对色彩的喜好不同,不同商品的表现对色彩的要求也不同。一般来说,年龄越小,越爱接近红色端的色彩,而且喜欢纯色;年龄越大越容易接受紫色端的色彩,并且喜好逐渐向复色过渡。然而,人们对色彩所表达的情绪却是有共性的,这是人们在长期的历史文化积淀中总结的经验和成果。色彩的情感主要表现在以下几个方面:兴奋感与沉静感、冷暖感与轻重感、前进感与后退感、软硬感、明快感和忧郁感以及色相感等。在广告创意中,运用好色彩的情绪感,能够有效地使受众产生激情、欲望、联想、回忆、喜悦等情绪,从而达到广告"从视觉的角度引起人们心理的变化"的艺术效果。

(三)人文精神在广告创意中的价值

1.促进社会主义精神文明建设

优秀的广告应该是对人们物质信息需求和精神需求的双重满足。广告的目的,不仅是传达商品或服务信息,而且要求能够使人们从中感受到一种精神满足。也就是要从精神文明的角度、从道德和知识的层面体现出对人们的关怀;从文化的角度、从思想和情感的层面体现出人文关怀,这对于构建社会主义精神文明必然起着积极的促进作用。

2.体现时代特征和社会价值

广告中的人文精神所体现和关注的,不仅仅是社会中的某个人或某些人,而是人们所处的整个社会以及人们所接受的文化,也就是说,广告不仅仅是对广告目标受众这些个体的关怀,而且也要考虑到整个社会和文化的发展,具有现代社会的时代精神和先进理念。不仅关注人的社会行动,而且关注人的精神、品格、信念、理想和尊严;不仅关注自己而且关注他人;不仅关注经济效益而且关注社会发展;不仅关注人文环境而且关注生态环境;不仅关注人类现在而且关注人类的未来。这就是人文精神所体现的时代特征和社会价值。

3.有助于实现商业利润的最大化,提高市场竞争力

广告的目标受众是人,离开了人的广告就无所谓"广告"。在传媒日益发达的今天,各类广告像雪片一样飞向我们。广告活动只有充分尊重受众的价值和人格,尊重他们的情感需求,与广告受众建立起平等对话和双向交流的关系,才能使其广告信息传播得更为充分,并进而使受众发生情感转移,接受广告所宣传的商品,从而使商品在激烈的市场竞争中占有一席之地,达到商业价值的最大化,提高产品的市场竞争力。

优秀的广告创意,不仅使广告产生传递信息的作用,能够使人们产生情感上的满足和共鸣,唤起人们对真、善、美的追求,这是广告视觉语言精神功能的体现。在广告创意中以人为本,关注人们的感情诉求,突破传统,挖掘人性的潜能,体现人文精神的内涵,突出艺术的感染力,才能使广告创意在信息激流中脱颖而出。

第三节 整合优势资源,科学精准定位

一、整合优势资源

历史文化古城拥有丰富的文物景观与文化名人资源,多样的民间艺术、习俗资源与饮食文化资源。本节以商丘为例,论述有效开发古城的文化资源,促进文化发展应遵循的几点策略。

(一)商丘古城的文化旅游资源

商丘古城是国家历史文化名城,具有悠久的文明史,西周时期为宋国的都城,汉代为梁国都城,宋代称为应天府,并一度改建为南京,元朝时为归德府城,曾经是历代郡国治所,是历史上的重要城市,是豫东地区的政治、经济和文化中心。悠久的历史给商丘留下了众多的名胜古迹、历史文物,孕育了丰富的文化习俗与民间艺术,传承了丰富的饮食文化资源等,具有很高的城市文化旅游价值。

1.文物景观资源

商丘古城悠久的历史,为商丘留下了丰富名胜古迹等文物景观资源。这里不仅有古老天文观星遗址阏伯台,火祖燧人氏之墓燧皇陵,纪念孔子的文雅台,祭奠孔子的大成殿,追忆"战神"的张巡祠,还有名扬四海的北宋四大书院之一的应天书院,讲学弘道的明伦堂,佛教名寺八关斋,香火绵延的月老宫;不仅有侯方域故居壮晦堂、李香君居所翡翠楼、户部尚书侯陶故居以及古朴典雅的明清穆氏四合院,还有淮海战役总前委司令部、中原二月会议旧址、中共中原局扩大会议秘书处以及西式圣保罗医院、洋式西班牙天主教堂等。这些文物景观资源为商丘古城的文化旅游打下了坚实的物质基础。

2文化名人云集

据历史记载与专家考证,颛顼帝曾建都于商丘,舜帝曾在商丘活动;商丘是商人始祖契、华商始祖王亥、商王成汤,墨家创始人墨翟、名家代表人物惠施的诞生地,还是道家代表人物庄子之故里。宋国大司马孔父嘉,孔门七十二贤之一原宪,东汉名臣桥玄,宋代文坛领袖石延年,刑部尚书张方平,元代吏部尚书、正议大夫陈思济,明代吏部尚书宋镖,太常寺卿侯执蒲,明末清初文学家侯方域,明万历礼部尚书沈鲤等均为商丘人氏。商丘还是历代文人的聚集地,司马相如、李白、杜甫、高适、岑参、韦应物、李贺、范仲淹、晏殊、欧阳修、王安石、苏轼、文天祥等名家都曾客居或游历于商丘并留下传世佳作。这些丰厚的名人资源无疑是古城发展文化旅游的生动素材。[①]

3.艺术、习俗资源

商丘古城还传承了丰富的民间艺术,文化习俗资源。传承至今的民间文化艺术有豫剧(豫东调)、四平调、梆子戏等独特的戏曲艺术文化;有龙灯、高跷、旱船、秧歌舞、舞龙、舞狮、竹马、二鬼摔跤、老背少、拉秦桧、花鼓舞、蹦伞、顶灯、独杆轿、抬花轿等生动的舞蹈艺术文化;有宋绣、剪纸、柳编、丝织、泥塑、面人等手工艺术文化等。具有特色的民俗文化有火神台庙会、正月十五灯展、三月三插花踏青等民俗活动;有"玄鸟生商"等神话故事、"商伯盗火"等民间传说与传奇剧本《桃花扇》塑造的才子佳人故事等。

---

①陈昊. 新媒体艺术在中国历史文化街区中的应用探析[J]. 新丝路,2021(5):153.

3.饮食文化资源

商丘是中华烹饪鼻祖伊尹的诞生地,商丘古城更是豫东独树一帜的美食名城。城内经营的风味食品、老字号小吃等品种繁多,地方特色十分浓郁。这里不仅有商丘水激馍、马家水煎包、宋家汤圆、最佳麻花、鸡爪麻花、开花烧饼、油茶、鸡汤豆腐脑等传统名吃,还有虾子烧素、冉家糟鱼、郭村烧鸡、郭村肘子、垛子羊肉、大有丰酱菜、贾寨豆腐干为代表的传统名菜。

(二)商丘古城文化旅游的开发策略

商丘古城虽有着丰富的文化旅游资源,但由于受到社会经济的制约与人们认识观念等因素的影响,其文化旅游资源的开发力度明显不足,开发层次较浅,品位不高。无论是文化旅游个性的凸显、旅游产品的打造,还是为发展旅游所做的宣传和推广等都存在很大的差距。因此,为发展商丘古城的文化旅游,必须探寻开发文化旅游资源的有效策略。借鉴其他历史文化名城旅游开发的成功经验,商丘古城的文化旅游资源开发可以从以下几方面着手:

1.把握古城文化主题,彰显文化个性

把握文化主题,就是要把城市文化中最突出、最厚重、最能显示该城文化特色、最能吸引人们的文化资源充分、鲜明、生动地展现给游客。一个历史文化名城的旅游如果没有独特的文化内容做支撑,就会显得单薄、肤浅。所以,发展商丘古城文化旅游首先就要注意挖掘古城所蕴含的传统文化内涵,突出其鲜明的文化主题。否则,商丘古城就很难在众多的历史文化名城的文化旅游竞争中争得一席之地。商丘是"火"文化的发源地,中国古代的"三皇之首"燧人氏,钻木取火于商丘,使商丘成为华夏火文化的源头。商丘还是火神阏伯司火的圣地。阏伯是中国有文字记载的第一位天文学家,为当时之火正,后来被后人称之为火神。他观星、祀火、管火的高台被称作瘀伯台或火神台,台上建有火神庙。至今,火神庙会影响仍达方圆数百里。其次,商丘还是商部族的起源和聚居地,商人商业的发祥地,商朝最早的建都地,被誉为"华商之都""三商之源"。商丘"三商之源"文化内涵博大而精深,在中国的传统文化中占有特别的位置。

因此,商丘古城文化旅游资源的开发,一定要以这些特色文化为中心打造旅游产品,无论是开展文化景观、艺术民俗文化旅游,还是开展宗教文化、建筑文化、饮食文化、节庆文化旅游等,都要围绕这些主题文化内容来打造。商丘在进行文化旅游建设时,一定不要忘记对文化主题的突出,其他旅游产品的开发也都要注意为反映主题文化的旅游项目建设服务。

2.整合古城文化资源,打造文化旅游精品

旅游精品的打造是推动城市文化旅游业发展的重要保证。商丘古城的文化旅游要注意文化资源向旅游产品的转化,注意打造文化旅游精品,依靠精品开拓文化旅游市场。

要把商丘古城特色的文化资源打造成文化精品,需要把古城文化中最突出、最厚重、最能显示该城文化特色的文化资源打造成旅游产品,因此商丘古城文化旅游产品的打造,首先,就要突出它"古"的特点,不仅要突出古城、古街、古建筑等"古"的特点,牌隔、栏杆、路灯、电话亭等辅助设施也要制作得古色古香。其次,还要追求旅游产品的"真",古城、古建筑、古建筑的修复,古人、古装、古老习俗、艺术活动的仿古,都要注意对产品的细节打造,使之符合历史的真实,要做到形神兼备,生动逼真,充满浓厚的古代生活气息。同时要凸显旅游产品的"美",开发出的任何文化旅游项目,都要能给人以美的享受,美的熏陶,能够激发培养人积极、向上的审美情趣与文化精神。另外,文化旅游产品的开发,还要注重文化产品的丰富、多样性,要把文物景观、历史名人、艺术,习俗与饮食文化等文化资源通盘考虑,全面系统地开发,以增强古城文化旅游内容的丰富性与对游客的吸引力。

3.树立古城文化形象,扩大文化旅游影响

要促进商丘古城文化旅游的发展,不仅需要高质量的文化旅游产品,还需要有高素质的旅游专业人才提供高质量的旅游服务,树立良好的文化旅游形象,并要加大对古城文化的宣传力度,扩大古城文化旅游的影响。

首先,促进商丘古城文化旅游的发展,提升服务质量、树立旅游形象是非常必要的。当前旅游业的竞争,可以说是旅游服务质量的竞争,是旅游行业从业人员综合服务素质的竞争。倘若没有一大批具有旅游专业知识和专门技能的优秀人才,就很难在当今竞争激烈的旅游市场中取得优势。因此,发展商丘古城文化旅游业,就要重视旅游研究、管理、导游等方面人才的引进、培养,以提高行业整体服务素质。旅游业的服务质量是通过每一个从业人员来体现的,每一个人的服务素质都直接影响着旅游形象。

其次,促进商丘古城文化旅游的发展,还要加大对商丘文化旅游资源的宣传力度,采取多种宣传手段扩大商丘文化旅游的影响,提高其文化旅游的知名度。可以利用旅游交易会、旅游博览会、旅游节庆等形式推介商丘古城的文化旅游;可以通过新闻媒体,像报纸、杂志、电视、广播等对商丘的文化旅游进行宣传;也可以通过设立旅游网站,利用互联网介绍商丘文化旅游的情况,从而把外地的游客吸引进来。

4.拓展古城城市功能,优化文化旅游环境

要充分开发商丘古城的文化旅游资源,还需要不断拓展商丘名城的各种服务功能,优化文化旅游环境。因为商丘名城文化旅游业的发展,仅靠打造文化旅游景点、旅游产品还是不够的,高层次的、高品质的文化旅游,还需要该城市营造优越的交通环境、发达的信息环境、便利的饮食起居环境、良好的商贸购物环境、丰富多彩的娱乐环境以及一个社会安定、市民文明、经营规范、环境卫生的社会环境等。因此,商丘的城市建设首先要不断完善交通线路改造,向游客提供快速、便捷、整洁、安全的交通条件;要继续加强旅游住宿设施建设,保证为旅游者提供一个舒适安全的旅游休息场所以及优越的生活起居条件;要逐步提高旅游餐饮服务水平,既要突出地方传统的特色名吃、名菜,又要加快新菜谱、菜系的开发,增加花色品种,满足各层次游客的消费需求。同时巧妙开设出有商丘地方特色的高跷、旱船、舞龙、舞狮、竹马、顶灯、独杆轿、拾花轿等表演场所,提高古城文化旅游的特色娱乐功能。还要积极创建城市信息环境,开发功能齐全能为游客提供预售、预订、支付、结算、交易等商务活动的电子平台。还要整顿旅游市场秩序,推进旅游业标准化建设的一系列政策措施,以促进商丘文化旅游业的健康发展。

二、科学准确定位

城市形象如何定位? 城市形象片如何创意? 如何策划? 选用哪些文化象征和城市细节? 一直是城市品牌研究领域中亟待解决的大问题。

城市形象,这是一个见仁见智的概念。但是,城市形象片绝不是一个可以在见仁见智的概念下进行创作的对象。城市形象片不是一个可以随意拼凑、随机组合的形象系统,它更多地集中了人们对于城市的价值想象、生活习俗、历史基因和文化追求。所以,城市形象片实际上就是城市品牌的感性形式,承载着城市的梦和城市的想象。城市形象片的重要性应该在城市品牌的塑造中得到解释。

城市形象片不仅需要高水平的创意、制作和传播,更需要城市理念、城市定位的差异化传达。城市品牌通过城市形象片的传播,影响城市受众的心理排序,形成立体的、富于个性的、便于传记的城市品牌形象,这才是要义所在。

城市的差异是城市存在的本质内涵,城市的差异也是城市识别的本质属性。一个城市有识别,才有记忆;有记忆,才有情感;有情感,才有愿景和希望。

由此,我们期待城市更具形象力和品牌力。

(一)城市形象片的界定

对城市形象广告作出明确的界定是一件很困难的事情。当前,我们所看到的城市形象广告中,大体可分为以下几类:第一类是城市宣传资料片,一般由城市政府主持,对城市的政治、经济、城市建设、文化、历史、人文等做全方位陈述,其广告的时长甚至可达30分钟以上;第二类是城市旅游形象片,由城市政府或城市旅游主管部门牵头,对城市的主要景观做游历性扫描;第三类是城市招商形象广告,侧重于城市经贸发展介绍,展现城市优势资源和良好的投资环境;第四类是与大型活动相配合的城市形象宣传,如2008年北京奥运会前后北京的城市形象宣传片、2010年上海世博会之前的上海城市形象广告等。

然而,尽管以上各类城市形象广告都在不同层面、不同角度展示了城市优势,但城市的整体性特征不明显,缺乏独特的城市主张,因而难以形成特定城市的品牌识别。

因此,我们将从品牌形象建构角度界定城市形象广告:凝练城市的独特人文、准确表达城市的差异化定位、形成对城市理念的单一诉求,是城市形象广告区别于城市宣传资料片、城市旅游广告、招商广告的基本要素。

在中国,为城市做形象广告起始于1999年。当时,山东省威海市为发展当地旅游业,作出了以广告传播吸引八方游客的决策。为形成差异化竞争,广告采用了一个新的创作思路,那就是从单纯的宣传个别旅游景点转到推介一座城市,从宣传景点形象转到宣传城市形象,从发掘景点特色转到发现城市之魂。城市广告不再把焦点对准城市中的某一个别事物,而是综合考察整个城市,通过城市中各部分资源的组合,产生一种整体的冲击力,表现和展示城市形象。威海的独特地理位置、著名历史事件、和谐的城市景观、宜居的城市条件被组合到一起。威海市的整体形象得到这样的展现:"这里弥漫过甲午战争的硝烟,这里被秦始皇称为天之尽头,如今,这里是世界上最适合人类居住的范例城市之一——威海,CHINA!"周怡和黄伟的《城市发展中的城市形象广告一个中国首家城市形象电视广告的诞生及其影响分析》有如上表述。不难看出,广告所选取的城市符号代表了威海的特殊之处,是不可复制的。

从1999年到2009年的十年期间,中国城市形象广告的数量急剧增多。我们依据国家统计局2007年底的统计数字,对36个人口超过200万以上的中国城市和两个人口不足200万的副省级城市,共计38个城市的形象广告进行搜集,共收集了157支城市广告片。其中结合大型活动进行城市形象传播,如奥运北京形象广告、世博会上海形象广告等,其数量约为40个,占城市形象广告总量的25%;旅游类城市广告占33%;此外,还有一部分城市形象广告体现出明显的招商广告色彩,所占比例约为18%。因此,真正具有城市品牌建构意义的城市形象广告仅占样本总量的5%!

毋庸置疑的是,城市形象广告具有招商引资、吸引旅游等功能,但这些功能实现的基础则是城市形象的可识别性。因此,我们认为,城市的可识别性体现在特定城市的人、生活和文化的融合,这种三位一体的表述形成了城市的差异化传达。

(二)城市形象片与城市品牌

1.城市形象广告要融会城市的历史文化,追求理念的单纯

任何城市都有其既定形象和创新性形象。比如上海,在历经三十年代的繁华,上海在我们大家的心中已留有"冒险家乐园"的既定印象,尽管上海是都市的、商业化的、洋派的、优胜劣汰的,但也是充满机会的;面对新世纪的发展机遇,上海如何摒弃"冒险家乐园"的消极成分,创新上海城市形象?上海提出了"海纳百川"的理念。"海纳百川"既展示了上海的机会,也展现了上海的包容;既摒弃了"冒险家乐园"的痞气,也保留了个人价值的实现空间。海纳百川,是对城市历史与文化的升华。

2.城市形象广告要定位城市形象,追求表现符号的单纯

城市形象是城市定位的凝练性表达。它不是大而全的描述,而是对城市未来发展模式的抽象概括和具象演绎。上海城市形象在寻找定位表达时,选择了高度与速度概念,它凝练了上海作为国际化大都市,在未来建设国际经济、金融、贸易、航运等四个中心的城市发展定位,并选择了姚明和刘翔作为形象代言人,将高度和速度具象化,为受众创造易于识记、简单理解的符号空间。

3.城市形象广告要整合城市景物,阐释属于特定城市的情感

城市是感性的。城市因人而有生气,因人的生活而有历史,有文化;城市既是人类情感的物化,又是人类情感的延续。因而,城市需要以情感语言沟通。

作为沟通城市与受众情感的城市形象广告,如何挖掘凝聚于城市景物中的情感,我们看到了人的生活。对比国外的一些城市形象广告,我们发现:无论是行者所看到的纽约,还是运动所贯穿的伦敦,都离不开城市中人的生活——那种属于该城市人的独特场景、独特个性、独特娱乐方式……城市形象广告恰是在对特定城市生活的情感表达中,唤起了受众对该城市生活的理解、文化的感悟和强烈的体验欲望。

4.城市形象广告要实现功能减负,追求对城市的单纯信仰

在我们所研究的样本广告中,城市形象广告承载的功能繁重,既要展示城市形象,又要兼具招商引资功能,还要展示著名景观,实现促进旅游的职责。对城市形象广告的多重职能要求,迫使城市形象广告流于记录而缺乏创意,其庞杂的功能诉求也很难为受众勾勒出鲜明的城市特征。

(三)城市形象片

城市形象广告的功能,应该是张扬城市品牌;城市品牌的张扬,将有效实现城市的多重功能。对城市理念与定位的认知和理解,将吸引更多的市场机会,不仅能够招商引资,更能够吸引更多的优秀人才;对城市生活、文化特征的识记,将创造更多的渴望与梦想,体验与融入;对城市唯一利益点的信赖,对城市的信仰,将为城市积淀长久发展所需的多重资源,创造城市发展的奇迹。因此,我们需要张扬城市品牌的城市形象广告。

形象传播力,是城市通过媒体、人际沟通、宣传公关等各种传播渠道来影响和改变人们对一个城市印象的能力。体现为一个城市对其整体形象

体系的构造能力,体现为城市对其形象的传播和推介的水平和力度。形象传播力最终体现为一个城市的知名度和美誉度能否得到双重体现。这个概念恰如其分地阐述了城市品牌形象在传播过程中,所需要关注的方式,同时也提出了城市品牌传播的两个层面和双重目的:从主观上说是水平和力度,从客观上反映了城市品牌的传播是一个复杂的过程,其中城市形象广告则是最为直接的一种方式。通过广告片的投放,城市的知名度不断提高;同样,随着片中内容的叙述,城市的每一个标志性符号渐渐被人所熟悉并喜爱或者厌恶。它就像人们的衣着服饰一般,起到了重要的门面作用

城市形象广告整合了城市的优势资源进行城市宣传,是一种高效的传播方式。应该说,每一支城市形象广告的诞生都是一场新的传播活动。这场活动的运作首先必须解决五个最基本的问题:说什么? 怎么说? 对谁说? 何时说? 通过什么渠道?"说什么"和"怎么说":针对具体的每支形象片来说,就是指选择什么内容进行叙述,整体叙述所保留的风格和表达方式,即城市形象片的诉求策略。

"对谁说":就是指形象片做给谁看,片中出现怎样的理想受众形象,即城市形象片的受众策略。

"何时说"和"通过什么渠道":就是指具体每支形象片选择哪些媒体投放、何时投放,即城市形象片的媒介策略。

1.我国城市形象片的诉求策略

在城市形象片的诉求策略中将会面临两个问题,即"说什么"和"怎么说"。纵观中国城市形象片的总体状况,可以说大多数的作品都集中于旅游形象的表述上,对于形象片的定义狭隘在"旅游"或者"招商引资"的概念中。在大量城市形象片中,历史元素、民族文化元素比比皆是,城市个性符号的识别性较弱,风筝、烟火、和平鸽等元素几乎每篇都有,一些具有中国民族典型象征意义的元素:舞龙舞狮、太极、茶道更是不胜枚举。

对38个城市形象片的诉求点做一个梳理,我们可以发现:中国现阶段城市形象片的诉求重点基本集中在人文历史、城市精神、自然风貌、城市发展以及招商引资五个方面,当然每个形象片的诉求点并非单一表现,很多广告中同时存在几个诉求点,且表现不分伯仲,从使用频率来说以人文历史诉求居多,其次是自然风貌,而后则是城市发展和招商引资。显而易见的是,现今的城市形象片大多以诉求旅游为主,招商引资也是诉求的另

一大热点。当然,综合类的形象片也不在少数。另一类表现"城市精神"的诉求点则大多为了配合政府的某些公益宣传主题或大型活动,这类作品往往更易趋同。

从广告片的诉求方式来说,一般可以分为感性诉求、理性诉求以及感性理性混合诉求三类。严格来说,城市形象片的诉求方式主要是运用感性理性混合的居多,从作品画面和风格上来说,唯美的风景,流动的建筑、活跃的人群……感性诉求是第一印象,但如果仔细分析其表现手法,却发现理性诉求占据主导。城市形象片大多采用感性和理性混合诉求的方式,主要原因在于:目前我国城市品牌正处于传播初期,大多受众对于城市品牌还没有认知。

我们还发现:大多数城市都已意识到"形象传播"的重要性,但在总体上缺乏战略规划、理论上缺少指导工具。于是,在一窝蜂地拍摄热潮中,无一例外地采用了感性诉求路线,但对于感性诉求的表现支持仍停留在理性层面。这种千篇一律的混淆表现,或多或少地模糊了广告的个性,造成受众的视觉疲劳,除了城市名字不同以外毫无记忆点,让人腻烦。

一个成功的城市形象片应该具备感性和理性的元素,但其留给受众的最终记忆却应是纯粹的一种诉求方式。感性如英国伦敦的申奥形象片"SPORT AT HEART",把奥运融入伦敦人生活的每个细节,智慧而不失精彩,既表现出了英国人的幽默,又突出了奥运在普通生活中的存在和人们心中的追求。用著名广告导演高小龙的话说:"好的宣传片应该是自然、亲切、美感。"走感性路线的城市形象片,最高境界莫过于此。理性如广告大师奥格威曾为波多黎各撰写过一支著名的招商广告,这是一个"以一场广告宣传活动改变了一个国家形象的唯一例子"。在广告中,奥格威将投资者最关心的问题一优惠政策放在画面最醒目的标题位置来陈述:"现在波多黎各对新工业提供百分之百的免税。"正文中再运用纯粹的算账方式论述免税可以带来的巨大利润。赤裸裸的利益诱惑让广告的说服力剧增,加之其后文案中不断地突出重点和层层深入的分析,把投资波多黎各给投资者以丰厚回报的主题表达得十分鲜明,有着很强的说服力。

详细分析38个城市的形象片样本,我们可以进而发现在感性和理性诉求的大类下,一些常用的诉求表现方式。

从使用频率上来说,感性诉求中更多使用文化诉求,而名人代言的方式相对比较少,尤其是一些大型城市,一般不会轻易选择某一具体名人代言城市形象。反而倒是大型活动期间会倾向于利用几个名人来代言形象片,以增加影片的关注度,例如北京奥运期间和上海世博会期间的形象片。理性诉求中更多使用展示和介绍的方式,画面展示结合文案介绍把城市的主要风貌完整展现。

2.我国城市形象片的受众策略

受众作为内容的接受者,直接影响了形象片的传播效果。城市形象片的受众可以根据分类标准的不同分为各种类型,美国杜克大学富奎商学院Kevin Lane Keller教授在他所著的《战略品牌管理》一书中这样定义城市品牌的受众:市民、游客、企业经营者、高级人才、政府官员、行业协会、投资机构等。这些受众可以划分为两类:一类是居住在本地的市民,也就是内部受众;另一类是旅客、投资人、商旅投资者,为外部受众。

从城市形象片来分析,这些受众分别以参与者和旁观者的身份被记录,从样本看,38个城市63条形象片中,受众大多被作为旁观者对待,形象片的拍摄视角大多为客观镜头,表现出了强烈的被迫灌输性,显然缺少互动。事实上,针对不同的受众应采取不同的宣传策略来加强品牌与其之间的互动,使城市品牌增添活力与认可度。

主观视角叙述其实不失为一种好的方式,成都的形象片"成都,一座来了就不想离开的城市"就是一个很成功的案例。这部由张艺谋执导、著名演员濮存昕配音的成都形象片,以"成都是一个传统与现代和谐统一的城市"为主题,以"奶奶对成都的思念"为主线,以一个外地人对成都的感受为线索,通过快慢结合、动静结合的一组组镜头,生动地展示了成都现代与传统、喧嚣与宁静、开放与固守、和谐与包容的生活画卷。

具体来看,样本的38个城市形象片中主要受众包含类型有中外人士、国外人士、本地人、游客、投资者、外来务工。现阶段主要的城市形象片对于受众的定位策略是大包大揽式的,很少有作品是专门为某一类受众而创作的。

从实际传播效果来讲,真正用心拍摄的作品,应该是具有一个比较稳定而小范围的受众群,"找对人说对话",这样才能拍出有现实意义的形象片。在这方面,贵阳做了很好的尝试,它的形象片就是分为"综合篇""招商篇"和"旅游篇"来拍摄的,暂且不论拍摄质量,仅就这一创作策略来说,便是一个成功的尝试。随着城市品牌传播的不断深入,我们需要越来越多的"定制化"形象片。

3.我国城市形象片的媒介策略

首先,需要指出的是,我国现阶段的城市形象片很少在国外媒体上投放。目前,一些国内最发达的城市,诸如北京、上海等,借助一系列的国际性大型赛事和活动,进一步提升城市品牌的突破口在于城市形象的国际化。例如北京借申办奥运会之机,曾于2003年在美国CNN国际频道投播由知名导演张艺谋等人策划制作的形象广告片116次。从2005年6月底至2008年,在美国CNN和英国BBC等媒体上"现代北京、辉煌北京、科技北京、艺术北京、人文北京"系列城市形象片也连续投放。我们拍摄的形象片即便是具有明显的吸引海外游客的定位,也仅限于在中国地区的外国人,或者是某些专业的渠道投放宣传。这点与国外城市形象广告投放相比,的确落后了不少。

其次,就中国地区投放的情况来看,媒介策略明显缺乏阶段性目标和持续性的规划。许多城市形象广告是企图用一个广告片达到多个广告目标:既想带动旅游或

其他产业,又想吸引投资,还想塑造出城市品牌形象。于是在广告投放上,多数城市是采用集中式的密集投放方法,一般是用2~3个月的时间密集投放,然后就销声匿迹,缺乏可持续的传播策略。

当然,中国城市形象片其他集中投放的媒体还包括《人民日报》海外版、凤凰卫视等。

中央电视台是目前国内覆盖率最高、影响力最大的电视媒体,其强势权威媒体的地位成为城市投放形象广告、塑造城市品牌的主要平台。而在央视的众多频道之中,CCTV-4作为国际频道,以海外华人华侨和港、澳、台为主要服务对象的专业频道,全天24小时播出,频道落地点遍布于亚、非、拉美、北美、欧洲和大洋洲的许多国家和地区。同时在国内的有线电视网和央视的其他频道一样占据着重要的位置,并且拥有广泛的国内观众,自然成为投放最为集中的地方。因为它能够符合目前中国城市形象传播最主要的两个目的:对内树立形象吸引旅游,对外招商引资。

省级卫视的投放增多也与其跨区域投放的媒介特征有关。一些地方台则一般播放所在城市的形象广告。

在塑造城市品牌与传播城市形象的过程中,城市形象片是一种非常重要的展示方式,通过城市形象片,我们可以看出这个城市的风格、特色以及文化特点,增加对这个城市的认识和理解,并能够产生文化和情感上的认同和共鸣。因此,城市形象片在塑造城市品牌、传播城市形象的过程中,担负着重要的任务。

城市品牌不单单是一个视觉标志,城市品牌更重要的是一种关系,是城市与受众之间的关系,是城市在受众心目中的印象,是城市在受众心目中的位置。因此,城市形象片以直观、形象生动的方式向受众传达了城市形象的地位、城市品牌的理念,是达成城市与受众之间有效沟通的纽带和桥梁。

4.我国城市形象片的创意现状

以38个城市的63支城市形象广告片作为样本,对我国城市形象片的总体创作质量进行分析,可以总结出以下两点。

(1)创意雷同,个性不足

从总体来看,当前我国城市形象片的创意质量不高。无论是从创意概念,还是从制作执行上来看,城市形象片的创作质量都很难与其他商业广告创意同日而语。各个城市的形象片大同小异:不同的城市形象片却是相同的表现元素和风格。很多城市形象片基本上就是城市展示片。如武汉、大连、南京、天津等,都是罗列了这些城市的风景名胜、建筑、风味小吃等,毫无创意可言:武汉的形象片全面展示了武汉的自然风光、名胜古迹、人文环境等;大连的形象片则介绍了大连的城市景观、特产、工业、信息业、投资环境、人民生活场景等;南京的形象片通过南京的历史文化景点、城市的现代化建设来体现南京的发展现状;天津的形象片通过展示天津的自然风光、人文环境来表现天津的发展潜……这些广告片大同小异,思路雷同,创意平庸,很难给受众留下深刻鲜明的城市印象。

(2)潜力巨大,有待突破

在我国城市形象片整体质量不高的情况下,也有少数优秀广告出现。比如北京的形象片"到胡同去",就以北京的胡同文化为切入点,清晰地传达了北京的胡同建筑风格,再配以轻快的音乐,给受众留下了鲜明的城市印象;如上海的形象片"海纳百川篇",则通过上海与国外知名城市的类比,展示出上海文化的丰富性和包容性,无论是广告表现符号,还是广告诉求点,都独具特色;成都的形象片"一座来了就不想走的城市",以讲故事的形式,生活化地传达了成都的城市特点;哈尔滨的形象片"1 Love Harbin"则体现哈尔滨独特的俄罗斯地域风情以及人们对艺术的热爱,独特的俄罗斯曲风极富跳跃性和活力,从而风格独……这些优秀广告虽然还是少数,但是足以表明我国在城市形象片创作方面是很有潜力的。更何况,从我国商业影视广告的创意质量来看,也充分证明了我们有足够的经验和能力来创作城市形象片,只要我们对城市形象片的创作给予足够的重视,把从商业广告片创作上积累的品牌观念、创意理论和影视制作技术用在城市形象片的创作中,我国城市形象片的创作质量是完全可以大幅度提高的。

5.我国城市形象片的创作主体

为了深入探讨我国城市形象片的创意质量总体欠佳问题,我们必须去探究一下这些形象片到底是出自谁人之手,这些形象片的创作主体是谁。

(1)创作主体分散,缺乏战略协同运作

通过对我国城市形象片创作主体的分析,我们发现这些创作主体集中在国家政府机关、事业单位和媒介部门。创作主体比较分散,并非统一的部门负责,不同的城市有不同的情况。这种分散,甚至有些混乱的情况,造成了如前所述的不同城市之间创作质量的差距情况;也是城市形象片形式比较混乱的原因。不同的部门带着各自的部门任务。从各自的角度出发创作城市形象片,因此冗长的宣传片、城市外观展示片、招商推介片等纷纷出现,这些形象片创意贫乏,根本无法抓住受众的眼球,更无从谈起传播力和影响力。

不可否认,国家政府机关部门和事业单位在把握城市规划和城市战略定位方面具有优势,媒介部门则具有形象片媒体投放的优势。然而从城市形象片创作的专业角度来讲,这些部门很难从品牌塑造和传播的角度把握形象片的诉求点和定位,很难从专业角度上选择适合有效的创意表现方式。也正是因为这个因素,才造成了我国城市形象片普遍创意平庸、形式单调的现状。

(2)创作主观随意,专业力量介入不够

分析这些创作主体,我们还发现专业的传播公司和广告公司的介入不够。上述统计资料显示:除了盛行传播机构(北京)、南京水晶石数字科技和达彼斯广告公司等专业的传播和广告公司之外,其他专业力量的介入还比较少。

专业的事情应该由专业的力量来完成,城市的形象广告制作也如此。这种现象也充分提醒各大城市分管广告形象片创作的政府相关部门:要创作出优秀的城市广告形象片,必须与专业的传播公司和广告公司合作,必须动员这些专业力量的介入。

在收集城市形象片的过程中,我们也发现有些企业自发地创作一些城市形象片,比如联想集团为北京创作的"一起奥运一起联想"篇、可口可乐为"上海世博会"创作的宣传广告等,在广告诉求和创意表现上都相当专业。

6.我国城市形象片的创意表现符号

纵览我国38个城市的157支形象片广告,尤其是对63支广告做了深度剖析和透视,我们发现我国城市形象片的表现元素不外乎以下几类:

一是饮食文化元素:茶、小吃、美食等;

二是风俗文化元素:乞巧节、名字起源、民族舞蹈等;

三是历史人文元素:鲁迅、孔子、孙子、兵马俑、江南、太极、古城等;

四是时尚娱乐元素:明星、滑雪场、游乐场等;

五是建筑文化元素:雕像、建筑、桥等;

六是自然风光元素:太阳、绿化、山水、温泉、海滩、地势、河流、三峡等;

七是商业购物元素:购物、橄榄油、商业街等;

八是工业科技元素:科技、开发区、工业区等;

九是休闲生活元素:足球、老人、晨练、运动、导游、欢乐、希望、烟花、家庭、友情、情侣等。

对于这些形象片中的创意表现符号的运用情况总结如下:

(1)创意表现符号雷同,缺乏创意

在分析这些样本形象广告片的过程中,一个非常突出的问题就是这些形象片的创意表现符号雷同,学者易中天对此给予了非常贴切的概括:一为"扬州炒饭",扬州炒饭无论到哪里,其原料都是白米、青豆,玉米粒、火腿粒、鸡蛋……无论是哪个城市的形象片,表现符号大多是建筑、立交桥、饮食、街心花园、购物场所、儿童、放飞的风筝、盛放的烟花等;二为"婚纱影楼",婚纱影楼的新郎新娘照片,连姿势、动作、表情,都是提前设计好的,毫无创意与个性。大多城市形象片也是这样的,如同影楼的摄影师,摆好了道具,设计好了动作表情,这样的理念之下,城市形象片都是一种思路和模式。

(2)创意表现符号表面化,缺乏深度

对这些创意表现符号的运用还浮于表面,缺乏深度。城市形象片中最多见的符号就是摄像机扫描式,把城市符号逐一罗列填充在形象片中。这种缺乏创新的运用方式,很难塑造出独特的城市品牌形象。比如,上海的城市符号:东方明珠、外滩、白渡桥、南京东路等,只要是宣传上海的片子,无一例外地把这些符号收入囊中;比如北京的形象片,也经常会扫描故宫、天坛、颐和园、北海等知名景点,其他城市无一例外地都拷贝了这种扫描模式。不可否认,这些符号的确代表了这些城市的形象,但是作为形象广告片,我们完全可以挖掘这些符号背后的文化和内涵,以一种讲故事的方式阐释出这些符号背后的文化内涵,比如广州的一则广告"动画五羊篇"就是一个与众不同的例子,五羊是广州的别称,五羊雕塑是广州的代表性符号,然而这则广告并没有简单地扫描五羊雕塑,而是以动画的形式,演绎了广州建城的神话故事,五只可爱的动画小羊齐心协力互助互爱建立了五羊城,广告形式新颖,不拘泥于表面的五羊雕塑,而是挖掘表层符号下的文化内涵,在给观众留下深刻印象的同时,也形象地传达了广州的城市精神。

(3)创意表现符号混乱,缺乏条理性

我国城市形象片的创意表现符号在运用上还表现为思路混乱,缺乏条理性和逻辑性。纵观这些城市形象片,我们总是跟着摄像师和剪辑师的引导,进行跳跃式的城市浏览,我们吃力地辨别这些城市建筑,但是大脑中并未留下这些城市的印象,对于这些城市的风格和城市形象片的定位,总是很难概括和总结。探究原因,最主要的便是创作者混乱的思路。创意表现符号是最能直观体现城市理念和城市精神的,因此在广告创意上,应该有一定的思路和逻辑,要寻找简洁的、单纯、独特的切入点,并对其进行简洁有力的表达。面面俱到而思维混乱的表现符号,是很难准确体现城市内涵和城市精神的。

7.我国城市形象片的代言人

广告形象代言人,是一种非常重要的表现符号。选择合适的形象代言人不仅能够准确地体现城市精神,充分展示城市形象,还能够拉近和受众的距离,让城市形象更加具体化、形象化、生动化;同时,形象代言人也能够形成广告的记忆点,与那些城市建筑、城市景点和饮食风俗相比,具有生命活力的城市形象代言人更加亲切、更加具体,更容易被受众记住。

(1)拥有代言人的广告片数量较少

在157部城市形象广告样本中,有广告代言人的形象片共有10部,分别是:北京形象片"到胡同去"中的杜春鹏,长沙"商务形象篇"中的刘璇,成都形象片中的张靓颖,上海形象片中的姚明、刘翔、成龙、郎朗等;除了名人视觉形象之外,在成都的"一座来了就不想离开的城市"形象片中,配音演员是濮存昕;而在太原形象片"太原,你好"篇中,广告歌曲则由阎维文和谭晶演唱等,与157部广告样本总量相比,名人代言广告占的比重不高。

(2)要选择合适的形象片代言人

选择形象片的代言人要合适,要让代言人真正为传播城市形象服务。在城市形象片广告中,选择代言人要符合以下条件:一是代言人的形象和文化气质应该与城市形象保持一致,比如上海形象片中的姚明和刘翔,二人均为上海人,无论在中国还是在国际上都有一定的知名度,让他们二人作为上海形象片的代言人是非常合适的人选,对内凝聚了上海人的自豪感和自信心,对外也代表了上海"海纳百川"的城市精神;二是形象代言人要有好的口碑,好感度要高。作为城市形象片的代言人,不仅要与城市精神和城市内涵一致,还要保持良好的代言人口碑。城市形象要保持稳定性和可持续性,因此广告代言人也要保持形象口碑的相对稳定性,真正实现为城市形象代言。

(3)采取亲民策略,适当发展民间代言人

形象片代言人并非只有名人才能胜任,普通的老百姓同样也可以成为城市形象片的代言人。与名人的数量相比,生活在我们周围的更多的是普通老百姓,而城市也不仅是名人的城市,更多意义上是普通老百姓的城市,城市的发展也离不开每个普通市民的支持和努力。在城市形象片中,争取普通市民的认同是非常重要的。因此,城市形象片的创作主体可以让普通市民来代言。

选择普通市民来代言城市形象广告,并非是随便选择路人甲或者路人乙。普通市民代言人应该是在城市的发展中作出贡献的,和城市一起成长的,能够体现城市内涵精神的,即便是工作在普通岗位上的市民,他在敬业精神、奉献精神、进取精神等方面都有可圈可点之处,都能和城市精神相吻合,是城市成长和发展中不可或缺的砖瓦。

8.提高我国城市形象片创意水平的方法

针对当前我国城市形象片总体创意质量不高的现状以及前文对形象片诉求策略、受众策略、创作主体、创意表现元素等问题的分析,下面将对比国外城市形象片的创意表现情况,深入分析提高我国城市形象片创作水平的方法和策略。

(1)借鉴国外城市形象片的创意经验

为了提高我国城市形象片的创意水平,研究国外城市形象片的创意也是非常重要的途径,为此我们收集了纽约、伦敦、巴黎、东京、莫斯科、首尔、新加坡等13个城市(国家)的广告形象片,并对其进行分析。从总体来看,国外城市的形象片在创意概念上比较清楚,通过形象片我们对这些城市能够有清晰的印象,比如纽约的形象片以"时尚"为主题,广告中的红色高跟鞋、时尚服装模特、现代化的建筑等,都是和这一主题配合默契的;而东京的形象片则以"东京"颜色来统领各种元素,比如浅粉红色系的东京用樱花等符号来表现,常青色的东京则代表了自然与高新技术等,广告元素虽多,但却不混乱;而新加坡的形象片则以阿杜为代言人,向我们展示了新加坡的"非常风情";首尔的形象片则以名人为代言人,广告多角度地展现名人的形象,甚至在同一幅画面中出现同一个人物的多个动作,这种表现方法提高了广告的视觉注意力。

(2)真正贯彻品牌理论和创意理论

塑造城市品牌、传播城市形象,虽然是各级城市政府的职责,但是这些政府机关部门不能以行政指令的方式来塑造城市品牌。在我们的分析样本中,有相当一部分的形象片带着浓厚的行政宣传色彩。

在城市形象片的创作中,应该把城市当作一个品牌来经营,真正贯彻品牌理论和创意理论。城市作为一个品牌,同样应该有清晰的品牌定位和品牌内涵;城市形象片作为广告片,同样应该追求卓越的创意,追求创新的表现方式。我国广告业经过了多年的发展,在商业广告的创意方面已经积累了丰富的经验,因此在创作城市形象片的过程中,应该充分借鉴商业广告的创意思路和表现方法。

(3)加大专业传播力量的介入程度

专业的事情由专业的力量来做。城市品牌的推广、城市形象片的创作应该由专业的传播公司和广告公司来完成。当前,大多城市形象片的运作模式,是政府机关部门和电视台合作,电视台直接负责形象片的制作和投放,这种运作模式下,很难出现创意优秀的形象片。因此,要提高城市形象片的创意水平,必须改变这种运作模式,加大专业传播力量的介入程度,让专业的传播公司和广告公司成为真正的创作主体。

第四节　树立城市主题文化

城市地区经济学家帕斯·卡尔说:"将来对世界大多数地区来说,区别它们的标志是城市而不是国家。城市主题文化已作为全球一体化经济参加竞争的重要手段。"

当人类进入信息时代后,随着全球经济一体化的到来,世界上许多大城市成了某些区域经济中心,它们正在发挥着跨越国界的前所未有的作用。同时,全方位的市场竞争,自始至终都表现在城市与城市之间的竞争,这是一场更为高级,更为激烈,也更为全面,所谓立体交叉式的竞争,这种竞争既是国际的,同时也将是区域性的。为了迎接这种竞争和挑战,很多城市都在树立城市形象,寻找城市定位,打造城市品牌。但很多城市在城市形象和城市定位上互相矛盾,在城市定位和城市品牌之间互相脱节,甚至严重错位,致使很多城市形象不正、品牌不亮、定位不准,严重影响了城市的可持续发展。因此,只有把城市战略发展定位,城市文化品牌构建,城市经济模式设计,城市战略发展规划有机整合在一起;只有把城市设计、城市形象、城市品牌、城市营销有机整合在一起;才能彻底解决城市发展中的形象不正、品牌不亮、定位不准这一城市发展中的棘手问题。

一、城市主题文化概念

世界上任何一个城市都有其主体性。城市的主体性是指能够反映城市精神、城市特质的价值观念、思维方式、市民品行、人格追求、伦理情趣、建筑形态、经济环境、特质资源的文化特征,是城市发展的主题风格、主题气质的基本特征,具有不同于别的城市文化心理和文化结构,能够反映特定城市的城市精神,具有超越时代的内容和精神,于城市存亡其始终。文化的主题性是经过一定的积淀而形成的,具有相对的稳定性,但它同时又在城市的发展过程中不断地发展和创新。在城市发展中具有连续性、继承性和创新性。

城市主题文化是一个宏富的整体,承载着城市的基本价值追求,孕育着城市的精神,有着特色的城市使命。从城市发展的阶段来看,城市主题文化是一个不断发展、丰富并自我更新的过程。主题文化是城市的灵魂,人们对城市主题文化共同观念的确定和认同,成为凝聚和激励城市发展的重要力量,为城市发展提供强大的精神动力。①

在社会政治、经济、文化三大系统中,文化处于最高层,起着统帅和导向作用。它可以依附文化载体,超越具体的历史时代,形成一种社会文化环境,对在城市中生活的人们产生同化作用。特别是城市的主题文化,能培养城市人民对城市产生一种归属感和认同感;使城市人们形成共同的价值观,成为一种城市精神。城市主题文化可以形成一种强烈、深刻的价值观,使城市进一步增强归属感和认同感,增强凝聚力和向心力。

从城市主题文化价值理性意义上讲,城市主题文化就是一种具有城市核心价值和灵魂价值的文化形态。它由城市文化中最具代表性、最具核心性、最具特色性的文化要素所组成,构成城市的母体语言、文化语境、生命体系和原创精神,它凝结着城市的品质、气质、精神、智慧、思想、信念、信仰,它以价值理性和工具理性方式为城市提供具有导向性、方向性的主题文化资源、策略、功能、价值,促进城市始终如一地沿着城市主题文化的发展轨迹和历史坐标前进,从而确保城市生命的独立性、主动性、自觉性;从而确保城市文化在世界文化谱系中鲜明的纹络和脉系;确保城市文化在世界文化图表中准确的标位,使城市以卓然自立的姿态呈现在世界面前,形成一个独一无二的城市品格和灵魂。

从城市主题文化的工具理性意义上讲,城市主题文化就是知识经济第

---

①张冲.新媒体视域下红色文化在高中历史文化传播研究[J].文存阅刊,2020(33):157.

八大概念:信息技术、生物技术、新材料技术、新能源技术、空间技术、海洋技术、环境技术,最后一个概念——政府软科学技术设计系统。城市主题文化就是根据这个设计系统把城市战略发展定位、城市文化品牌构建、城市经济模式设计、城市发展战略规划整合在一起;就是根据这个设计系统,把城市设计、城市经营、城市形象、城市品牌、城市营销整合在一起,构建出了城市主题文化——政府软科学技术设计系统。

城市主题文化——政府软科学技术设计系统,是系统研究城市发展模式、功能、形态、属性、结构、秩序、容量、空间和规律的一门科学,是把相关学科和相关系统整合在一起,建立城市系统工程的科学体系。城市主题文化是由城市若干个相互联系的特色资源要素所构成,它着重解决城市特色文化、特色资源的整体性、关联性、等级结构型、动态平衡性、交叉互动性、时序性、系统性的有机整合问题。

城市主题文化的核心思想,就是强调城市发展的整体观念,使城市发展通过系统的战略架构和可操作模式,把城市特色文化资源进行最大的整合,并形成一种以城市主题文化为形态和载体的系统工程发展模式。

城市主题文化是一个有机的整体,它不只在城市特色文化各个部分进行组合和相加,城市主题文化的功能是将处于孤立状况下的特色文化要素进行串联、并联,形成一种新的城市主题文化经济形态、文化形态、建筑形态、管理形态,使城市特色文化要素之间相互联系,构成一个不可分割的有机整体。城市主题文化不仅把握城市的特质和规律、运动和功能,更重要的还在于利用这特质和规律、运动和功能去控制、管理、改造、创造一个具有鲜明个性的城市,使城市在全球化的竞争中形成一种最具核心竞争力的文化力量和抗衡体系。

城市主题文化是一个系统工程,它以城市特质为主体,以主题文化空间布局为特征,构成聚集主题文化经济效益,主题文化效益,主题文化形象效益,主题文化品牌效益的地域空间系统。

在城市主题文化系统工程建设中,首先要对城市主题文化资源进行整理和筛选,将城市的各种要素按照城市主题文化的标准(如政治、经济、文化、建筑、管理)划分为一个个局部的主题,之后通过对每一个局部主题文化的精细设计,精细打造,使每一个局部主题形成一个城市主题文化经济链,形成一个城市主题文化带,形成一个城市主题文化功能圈,形成一个城市主题文化能量磁场,从而构成城市主题文化共同利益体,城市主题文化核心竞争力增长极,城市主题文化能量辐射源。

二、城市主题文化战略

城市主题文化发展战略的目的,就是在城市最大的空间范围内,聚集、整合以城市主题文化为特征的优质要素和资源,进行最科学、最合理、最系统的配置和利用,加速调整城市发展中不科学、不合理的发展结构,从而形成以城市优质资源为特征的城市功能,以此来拓展城市最大的发展空间。

城市主题文化,就是根据城市历史发展的自然景观的特质、人文景观的特质、区域经济环境的特质,通过系统分析,逻辑推理,科学论证,战略决策,对城市自然资源和人文资源进行城市主题文化的优势资源合理配置。形成城市主题文化经济、文化有机链条,形成具有城市个性的主导产业和特色产业,形成具有行业专长和企业规模及其配套的产业功能,形成具有城市主题文化形态的产业集团、产业集群和产业族群,形成城市主题文化价值链体系和组织力量。对城市的人文资源和自然资源进行城市主题文化系统开发和利用,使城市的经济、文化形成城市主题文化发展态势和格局,形成城市主题文化核心竞争力手段,进而参与城市之间的激烈竞争,通过城市主题文化这种稀有的战略资源,去战胜竞争对手。在最短的时间内,让城市的知名度进入国际知名城市行列;在最短的时间内,让城市的国民生产总值(GDP)进入世界发达国家水平;在最短的时间内,让世界的注意力都集中在这个城市身上,这就是二十一世纪最前瞻的一门学科——城市主题文化。

从城市主题文化经济学的角度讲:经营城市和营销城市,就是通过城市主题文化把城市的资产变成最大的城市主题文化活化资本来经营和营销;把城市建设作为一个最大的城市主题文化产业来开发;把城市经济作为最大的城市主题文化经济增长点来培育;把城市资本运营作为城市主题文化发展战略来实施。通过城市主题文化市场运营手段,最大限度地盘活城市主题文化优势资源存量,吸引城市主题文化优势资源增量,扩大城市主题文化优势资源总量。把城市主题文化的经营意识,经营机制,经营方式运用到城市经营、城市营销和管理上,对城市主题文化优势资源进行合理配置;对城市自然生成资本,城市再生资本,城市延伸资本进行集聚、重组和运营,在容量、结构、秩序、空间、形态上实现城市主题文化优势资源最大化和最优化。最终实现以城市主题文化的理念来规划城市,以城市主题文化的方法来建设城市,以城市主题文化机制来管理城市,以城市主题文化的谋略来推销城市的战略目的。

城市主题文化着重解决城市发展的全方位、多层次、纵横交错、融会贯通、系统联系、开放创新问题;着重解决城市发展的宏观性、综合性、系统性、战略性.超前性、智能性、创新性的具体问题。

城市主题文化在世界很多城市中已经形成。如巴黎的"世界时装"城市主题文化。姹紫嫣红、五彩缤纷的时装,把巴黎装扮得分外妖娆,整个城市的活动都在"世界时装"主题文化的流光溢彩中散发出世界级魅力。世界各国人们都以穿巴黎时装为荣耀,人们从世界各地坐着飞机去巴黎购买时装。每年巴黎举办的世界时装节、时装季、时装周,让世界数以亿计的人们涌向巴黎,一睹世界名模的风采,一睹皮尔卡丹时装设计大师的艺术魅力。时装使巴黎成了世界时装之都,金钱就如塞纳河的水一样流进了巴黎。这就是巴黎"世界时装"城市主题文化的魅力。

洛杉矶的"艺术梦幻"城市主题文化。艺术家们的艺术梦幻,成了这个城市的无限资源,世界人们的梦想,成了好莱坞无烟工厂的巨大市场,城市每个人都围绕这个"艺术梦幻"主题而积极工作着。一部泰坦尼克号给好莱坞带来了20多亿美元,一个迪士尼动画公司一年就给洛杉矶带来103亿美元,整个迪士尼主题一年可创造229亿美元,品牌价值170亿美元,市值736亿美元,好莱坞的电影业一年给洛杉矶带来600多亿美元,好莱坞在华尔街股市的市值已达到5000亿美元。这就是洛杉矶"艺术梦幻"城市主题文化的魅力。

维也纳的"世界音乐"城市主题文化。世界音乐使这座城市散发着无穷的艺术魅力,人们到这个城市而来就是寻找世界音乐大师们的历史足迹和艺术回音。海顿、莫扎特、贝多芬、舒伯特、勃拉姆斯、约翰.施特劳斯的音乐,让全世界的游人永远痴迷。每年维也纳的新年音乐会成了城市最响亮的品牌;规模盛大的维也纳国际文化节,更是把全世界的艺术家都吸引到维也纳来。全世界的游客到这个世界音乐城市,就是想听到原汁原味的大师们的音乐,世界音乐在这个城市变成了巨大的文化产业和人文资源。

"世界音乐"主题文化带动了城市旅游,使维也纳永远处于"世界音乐"城市主题文化的魅力之中。

佛罗伦萨的"世界绘画雕塑"城市主题文化。文艺复兴时期,大师们留下的绘画和雕塑永远让这座城市充满神奇,人们对这座举世闻名的绘画和雕塑之城发出由衷的赞叹,对达·芬奇、米开朗·琪罗、拉斐尔更是深深的敬仰。整个佛罗伦萨仿佛每个人都为保护这座世界名城而生活着,城市的每一个活动,都围绕绘画和雕塑而进行。佛罗伦萨城市就如世界最美的一幅油画,几百年来人们永远也欣赏不够它,到过佛罗伦萨的人们,都想再来一次这就是佛罗伦萨的"世界绘画雕塑"城市主题文化的魅力。

拉斯维加斯的"博彩"城市主题文化。是博彩主题文化使这个背日不毛之地,沙漠小镇变成了世界超级娱乐城市。博彩在这里受到法律保护,且玩得高雅,形成了博彩娱乐文化和博彩娱乐文明,所以这里成了世界超级酒店的汇聚地。在拉斯维加斯超过百亿人民币及数十亿人民币的主题大酒店在这里鳞次栉比。美丽湖大酒店、恺撒宫大酒店、纽约大酒店、金字塔大酒店、金银岛大酒店、金殿大酒店、巴黎大酒店、威尼斯大酒店、米高梅大酒店、阿拉丁大酒店就耸立在这片沙漠上。这些超级豪华主题大酒店住的自然都是百万富翁、千万富翁、亿万富翁。博彩在这里变成了时尚的娱乐艺术,吸引着全世界的百万富翁、千万富翁、亿万富翁。所以全世界有钱的人都涌向这里,尽情享受博彩娱乐艺术。这就是拉斯维加斯"博彩"城市主题文化的艺术魅力。

从一个国家来说,瑞士是一个仅有500万人口的国家,"小国寡民"却"富甲天下",各城市之间的主题极其鲜明。日内瓦是国际会议中心,每年数以百计的国际会议在这里召开;洛桑是国际奥委会的所在地,是名副其实的体育之城;苏黎世是传统的金融中心,数以百计的银行汇聚这里,80%的居民生活都同银行业有关;伯尔尼是世界钟表制造业中心,世界每一百个戴手表的人,其中一块手表就出自伯尔尼;卢赛恩以旅游教育发达出名,世界各国都去那里学习酒店管理;达沃斯则以一年一度的世界经济论坛而著名。这些城市主题鲜明,分工明确,形成了鲜明的城市主题、个性、品牌及核心竞争力。

纵观世界名牌城市的建立,无不依据城市营造的规律,及时把握住历史的、文化的、地理的、政治的、经济的、技术的、市场结构的等方面诸多有利的条件,建构起时装城、电影城、音乐城、绘画与雕塑城、商业城、科学城、体育城……甚至还有赌城这样十分专业化的城市。

城市主题文化是一个系统工程,它把一个城市的政治、经济、文化、旅游、教育、新闻、城市公共艺术、品牌企业、开发区系统、城市战略中心系统、政府职能系统、城市战略发展规划都融入了主题文化之中,通过城市主题文化,把城市品牌凸显出来,形成鲜明的城市特色和个性。城市主题文化一旦形成,它为城市发展提供新的理念,为城市发展提供科学的依据,为城市发展提供系统分析,为城市发展提供战略决策,为城市发展提供强有力的价值体系和组织力量的支持和保证。城市主题文化是一种稀有的战略资源,同时也是一种核心竞争力手段。它有不可模仿性,难以替代性和不可复制性。哪个城市优先得到它,哪个城市就优先处于一种战略竞争的最佳位置。

第五节　注意广告设计策略

全媒体是传统媒体与新兴媒体的整合,融合了所有媒体的传播形态。在这种新的传播语境下,城市形象的塑造和传播也带来了新的传播策略变化。下面以南京为例来说明。

近年来,南京市不断尝试全媒体的传播技术和传播方式,积极寻求媒体合作,拓宽了城市形象的传播平台和传播路径,在亚青会、青奥会等重大活动的宣传推广中取得了一些良好效果,但就南京整体城市形象而言,传播成效不够理想。在全媒体新的传播语境下,南京需要在系统的战略指导和科学规划下,持续推进城市形象的多渠道、全方位、高效性传播。

一、全媒体语境下南京城市形象塑造的内容传播策略

(一)坚持"一个声音"

20世纪80年代后期,整合营销传播理论的提出与发展,为城市形象传播研究提供了新的视角与思路。时至今日,整合营销理念已经成为城市营销的主导理念之一。这一理念要求在传播过程中,将各类传播信息和各种传播手段协调运用,形成合力,从而达到最优传播效果。而"一个声音"是

其中最关键的一环。在全媒体环境中,媒体技术越来越发达,传播主体越来越多,各主体的独立性也越来越高,不同的主体、不同的媒介在制作和发布信息时都会带有自己的主观色彩,会有不同的侧重点和不同的评价标准,从而出现"多个声音"的局面。如果这些声音是相互矛盾的,则势必会导致信息的混乱,让受众陷入误区甚至是失去信任。

过去的十年中,南京时而定位为"现代化滨江城市",时而定位为"国际化人文绿都",时而又转为"幸福南京""智慧南京";前有宣传部门倡导重读南京、推翻六朝古都的伤感形象;后又有其他部门以古都伤感气质为宣传重点开展活动。

在笔者关于南京城市的定位调查结果显示,在"六朝古都""博爱之都""智慧南京""幸福南京""国际性人文绿都""长三角中心城市"这些历史及近期定位中,"六朝古都"的定位无人不知,"长三角中心城市"和"博爱之都"并列第二,其他定位的知晓度都较低。

传播内容的摇摆不定、变化无常令受众迷乱困惑。因此,在今后的城市形象传播中,必须首先确立南京清晰的城市定位,继而再拟定城市品牌形象传播的主题、口号、诉求点和支持点等相应信息内容,充分保证信息的一致性。

(二)施行变奏传播

城市形象传播的目标受众是多种多样的,相应地,城市形象的相关传播信息也是五花八门、多种多样的,涵盖了城市建设、城市发展、城市历史、城市旅游、城市市容、城市生活等各个层面。在全媒体环境下,城市形象的相关信息更是日渐丰富、纷繁庞杂。有些信息是城市核心竞争力的展示,有些信息关联到城市发展规划,有些则是城市精神品质塑造所必需的。不同的信息有着不同的传播导向和传播价值。而有效的城市形象传播并不仅仅是单纯的信息轰炸与信息堆砌,那样只会令受众在海量信息的包围中迷失方向,难以聚焦注意力、吸纳关键信息。在南京城市的形象传播过程中,需要施行变奏传播,全面掌控信息的释放节奏,主次分明、重点突出,分阶段开展信息宣传,追随不同时令的不同活动,及时调整传播信息的侧重面。

（三）推进可持续传播

"可持续发展"的理念不仅仅适用于城市建设领域,也适用于城市形象塑造和媒介传播领域。具有持续发展力的城市才能具有竞争力,作为一座历史悠久、文化底蕴深厚的区域中心和省会城市,南京是具有生命力的,一直在不断地成长和发展。相应地,南京的城市形象内涵也会随着文明的进步、时代的要求而不断更新和完善。在不同的历史时期下,会有不同的传播目标和传播侧重。全媒体环境之下,南京的城市形象传播内容必须适用于各种媒介和各类主体,可持续能力更为重要。现阶段"博爱之都"的形象定位植根于南京城市的历史文化脉络,在保持相对稳定性和传承性的同时,也需要有与时俱进的姿态和追求。城市形象的塑造与传播是一个长期的、系统的庞大工程。只有树立可持续传播的理念,才能形成"可持续"的城市形象传播力,不断推进南京城市形象传播的进程。

二、全媒体语境下南京城市形象塑造的媒介传播策略

（一）深入挖掘新载体

媒介技术的变革带来了传播手段的变革,南京城市形象传播经历了从城市形象宣传片到影视植入再到微电影、从政府官方网站到官方微博再到官方微信、从新闻发布会到网络发言人的重大变革。但是传播效果依然不够理想,一个重要原因就在于对新媒体的利用不够深入,城市形象传播尚未跨入全媒体时代。要在同质化传播中突出重围、彰显特色,南京需要对新的媒介技术保持高度敏感,与时俱进地深入挖掘新媒介、新载体。

在2013年南京亚青会宣传推广中,"亚青会日程"等APP程序软件发挥了积极效用,这种效用不应该随着亚青会的闭幕而终结,南京需要根据用户反馈对已有的APP进行完善、升级,成为推进政务信息公开和官民互动的新型平台。在2013年南京软博会上,南京艺术学院的学生展示了自己设计的"灯彩"和"追影游"两款手机APP,前者主打秦淮灯彩的DIY设计,后者展示最新最热影视作品中的南京缩影集锦,两款APP均包含浓厚的"南京味道",南京市旅委可从学生丰富的创意中汲取灵感,合作开创新型的城市旅游宣传方式,开创城市形象传播的新潮流。①

---

①高晓虹,刘宏,赵淑萍,等. 中国新闻传播研究 智慧新媒体[M]. 北京:中国传媒大学出版社,2019.

（二）重视接触点传播

在信息传播环境越来越嘈杂、受众要求却越来越高的全媒体环境下，传播主体不仅仅需要进行泛化的媒体信息传达，而且需要更加细腻化的接触点传播。"城市形象虽然是作为一个价值综合体浮出水面的，但是却是由若干个物化、活动化的细微环节所组成，每一个细枝末端都可能牵涉部分消费者的直接心理效应。"例如，城市火车站出入通道以及附近的公共厕所的卫生环境会直接影响游客对于该城市的第一印象；城市街边垃圾箱的配置、城市公交的舒适程度也很大程度影响着初访者对城市的整体感觉。近几年来，南京城市大搞全城基建，"秋叶与灰土齐飞，苍天共黄土一色"，引得南京市民纷纷吐槽，在大肆施工的过程中，多数地区地铁等工程的施工围挡东倒西歪、破破烂烂，给初访游客留下恶劣印象。而一度被冠以"亚洲最大火车站"的南京南站，也因为候车大厅内候车座椅锈蚀不堪而被不少游客诟病。市政部门必须引以为戒，加强对南京城市基建管理巡查的力度，在下一阶段的城市形象推广中注重对受众直接接触点的细致化传播，使南京城市的良好形象渗透到细枝末节中。

（三）加强媒体联动的广度和深度

在全媒体时代，城市形象传播要强化媒介融合和整合力量，加强各媒介间的相互沟通和配合。全媒体环境下，不同类型、不同地域、不同风格的媒体联动成为南京城市形象传播的必经之路，尤其是在青奥会等大型国际赛事及会展、节庆活动的宣传方面。大众传媒作为传统的城市形象传播手段和方式，应发挥其资源雄厚、经验丰富的优势，而新兴媒体作为新的城市形象传播手段和方式，也有其新颖、便捷、快速等传统媒体不可替代的特点，在南京城市形象的推广传播过程中，应当充分利用各种新、旧媒介的传播优点取长补短、相得益彰。另一方面，要加强南京城市形象传播的跨区域和国际化视野，加强市内外以及境内外媒体的合作、交流和互动，实现最佳传播效果。尤其需要注意的是，在加强媒体合作广度的同时，亦需加强合作的深度和高度，联合开展主题深刻、意义性强的媒体活动、进行感染力强的深度报道，切实提升媒体合作的意义，避免形式化、浅层次的泛泛合作。

三、全媒体语境下南京城市形象塑造的受众传播策略

（一）实现分众传播

广播、电视、报刊等传统媒体都立足于"大众传播"，因此也被称为"大众传媒"。与之相比，新媒体的一个重要特征就是在于对受众进行细分。而随着全媒体时代的到来，受众细分被寄予更高层次的要求。当下高度流行的微电影、微博、微信等"碎片化"传播也正是为了实现对受众的精准传播和高效传播。在城市形象传播中，受众广泛，包括城市市民、消费者、投资者、游客、移民等，他们有着不同的媒介选择和使用习惯，对信息的关注和偏好也各不相同。因此，在城市形象传播的媒介选择时，受众的多元性与异质性决定了媒介形式和传播方式的多元和差异，应根据不同受众群体的"共性"和"个性"区别，采取有针对性、有区别的信息选择和传递。

（二）推广体验传播

随着经济、社会的发展和人的主体性地位的提升，体验营销成为一种新的营销发展趋势。体验营销通过精心设计美好体验，满足消费者的体验需求并给消费者留下难忘的感受和回忆，从而形成独特而不可替代的竞争优势。体验式传播不仅适用于企业营销，亦适用于城市宣传推广，世博会中的城市体验馆就是典型化的城市体验传播型。城市体验传播不仅仅局限于城市展馆的体验，更包括城市生活、城市文化的体验。上海世博会期间，香港就曾推出"这一站世博，下一站香港"美好城市全接触活动，挑选若干位内地大学生作为"香港传播使者"赴港走访，充分体验香港的人文风情与自然生态，继而从经济、文化等方面对香港进行解读和推介，取得了良好的活动效果。四川广受赞扬的城市形象微电影《爱在四川——熊猫篇》也借助独特的主角——一只超萌熊猫使观众产生强烈的代入感，跟随镜头的推进而仿佛亲历四川开启一场奇妙旅程。而南京的既有城市形象传播实践在体验性方面表现不足，在下一阶段的活动策划与开展中应充分聚焦受众的体验诉求，尤其是在城市文化传播中，要帮助城市与受众进行沟通，激活受众的文化体验，提升受众对于南京城市文化的认可和向往。

（三）强化口碑传播

全媒体带来了更为先进和更为便捷的传播方式，却也使得媒介公信力遭受前所未有的巨大考验。公信力欠缺的媒体自然难以取得良好的传播

效果。相较之下,历来被现代营销人士视为当今世界最廉价的信息传播工具和高可信度的宣传媒介、被誉为"零号媒介"的"口碑传播"的优势越发凸显。在人们日常接触到的多种信息渠道中,口碑传播的柔和性与可信性,在影响受众态度和行为方面更加直接有效。现阶段,南京城市形象传播需要将新媒体与口碑传播相结合,推行"网络口碑营销",而盛行"分享"模式的社交网站就可以成为极好的口碑传播平台。需要注意的是,网络口碑传播绝不可以沦为"网络恶俗炒作"。南京本土饶舌歌手组合"D-Evil"用南京方言演唱的饶舌歌曲《喝馄饨》《挤公交》等歌曲虽然蹿红网络,炒红了演唱者,炒热了南京,但歌词中却充斥着南京方言中具有代表性的不文明词汇,在娱乐了一众网民的同时,也给大众留下南京话、南京人、甚至是南京这座城市粗俗、野蛮的形象。这种病毒式的网络营销总体来说是弊大于利。相比之下,丽江、凤凰、腾冲等旅游城市则通过众多背包客和驴友在人人、豆瓣等社交网站上发布的旅行日志和旅行攻略大大提高了知名度和美誉度,成为高校学生和白领最为向往的旅游胜地。

第五章 历史文化名城保护规划实施及优化对策研究——以保定为例

第一节 保定历史文化名城概况

一、历史沿革

保定古城历史悠久,具有独特的历史价值和历史意义。保定曾经燕国的首都,早在商周时期就曾在历史上出现。保定这个地名最早出现在元代,张柔元帅因为保定地理位置优越,并具有十分重要的战略位置就带领河北省兵驻扎在此,更名为保定路。在明朝时期,又将保定路改为保定府,并设立巡抚。后清代时期,直隶总督驻扎在保定,因此成为直隶省会,直隶文化保存至今。而在清末以后,保定在民国后期成为华北地区重要的革命活动基地,断续成为直隶省会、河北省会。在此之后保定仍然受直隶省的影响,保持直隶省的制度。然而保定成为河北省省会并不持久,后续省会改至天津,随后又改至保定,直到1968年,省会改到石家庄之后才得以延续至今。1994年保定才被立为省辖市,行政区域覆盖保定周边地区。2017年国家紧邻保定设立雄安新区,这一全国性政策的建立,使保定再次成为发展热点,相信保定未来经历更快速度的发展,而与此同时历史文化名城的保护与文化传承必定会更加受到重视。[①]

二、历史文化资源

保定全市保存着丰富的历史文化遗产,尤其物质文化遗产十分丰富,比如古建筑和革命纪念地,具有杰出的历史价值和军事价值。对于保定全市来说,保存着数量非常多的物质文化遗产,最具代表性的是清西陵——保定市域唯一一处世界文化遗产,南宋的大慈阁等69处国家级文物保护单位,根

①中国城市规划协会.中国优秀城市规划作品 上 2015-2016[M].武汉:华中科技大学出版社,2017.

据文物保护单位的区域分布,发现文物保护单位主要集中在涿州市、定州市和保定古城"一轴三片"区域内,如涿州的辽代双胎、定州古城汉中山王墓、保定钟楼等。

保定古城作为保定市的中心,集中体现了保定的历史特色和文化价值,古城范围内文物保护单位及历史建筑等物质遗产十分丰富,其中仅国家级文物就有8处,并且随着时间的推移,相信还会增多。古城内的文物保护单位主要以明清时期的建筑为主,并受到直隶文化的影响,以直隶总督署、古莲花池等明清建筑为代表,古城内文物类型丰富,分布较为集中,文物价值较高,是保定历史文化名城的代表性文物载体。保定古城内还保留有较多不同时期的历史建筑,主要包括工业建筑,20世纪70年代的公共建筑和一些特色构筑物等,以及一定数量的明清时代遗留下来的以四合院为主的住宅建筑,共同反映了保定城市发展的历史脉络。

第二节 保定市保护规划基本现状

一、保定历史文化名城保护规划解读

2009年,面临新的保护、发展机遇,保定市政府委托上海同济大学深化编制了《保定市历史文化名城保护规划(2010-2020年)》,进一步增强了对保定历史文化名城的保护。此版保护规划明确提出了历史真实性、整体性和可持续性三项保护原则从市域层面、中心城区层面和古城层面分别对城市文化遗产开展保护规划的编制。本文主要以古城层面为研究范围,围绕古城格局、整体风貌、自然景观与环境、文物保护单位、历史地段、古树名木等物质性保护内容展开实施评估研究。

(一)规划前现状

保定市2010版历史文化名城保护规划制定前,古城格局尚存,但历史环境破坏较严重,保留历史风貌的街道寥寥可数,文物保护单位等历史要素亟待维修。具体体现在:①古城整体格局,新中国成立后的建设拆除了大部分古城墙,改造了古城道路系统,拆除鼓楼、穿行楼等重要地标建筑,古城整体格局受到一定程度的破坏。②传统街道,保定东、西大街对我国传统商业街的影响力十分突出,建筑特色鲜明充分展现了明清时期我国建筑与历史环境的特点,在我国城市遗产研究中具有突出的历史文化价值。但在规划制定前,街道环境恶劣,街区业态混乱,未进行有效的保护与整治。③文物保护单位保护问题。保护规划实施前,光园、淮军公所、清河道署等文物亟待维修。文物建筑保护与现代社会结构的矛盾突出,文物建筑的产权复杂,各方利益冲突严重:维护资金严重缺乏。除文物本身的保护外,文物周边的历史环境也遭到破坏,即使在文物建设控制范围内,也未对历史建筑、风貌街巷开展相应的整治和保护工作。①

（二）规划保护重点

《保定历史文化名城保护规划》(2010-2020年),在保定古城范围内,以文物保护和历史文化街区为保护重点,建立"两片、四街、一环"的保护体系,具体指总督署——西大街、淮军公所——清河道署两条历史文化街区:东大街、北大街、城隍庙街、莲池南大街四条风貌保护街巷;护城河——城墙遗址景观环。主要内容如下:

对保定古城的传统格局与风貌开展整体性的保护,切实保护城墙遗址、水系格局以及传统肌理。完善古城内公共及市政设施,整治道路环境,提升古城居民的生活污水明确历史文化街区的核心保护区和建设控制地带,根据其性质和特点分别采取相应的保护措施,制定相应的规划要点。

编制文物保护规划,细化文物周边建设控制的范围,提出对文物以及周边环境的保护要求与措施,建立健全文物档案,统一对文物点设立识别标志,根据文物价值以及保存情况分类成立相关部门与管理机构或者配备管理人员。

确定历史建筑的保护原则,提高对历史建筑、传统民居调查工作的全面性,根据实际情况划分保护等级,针对各个等级提出具体的保护措施,并统一挂牌,提出推荐历史建筑名录等。

依据国家对古树名木实施保护的有关规定,加强对古树名木的保护与管理工作;采取统一挂牌,加设护栏、采用透气铺装等保护设施;严格控制有影响的建设活动。

---

①沈俊超. 南京历史文化名城保护规划演进、反思与展望[M]. 南京:东南大学出版社,2018.

（三）规划内容

该版规划关于古城层面的保护规划内容主要包括六大层面：古城整体保护规划、历史文化街区保护规划、用地调整及交通组织、基础设施规划、文物保护单位保护规划、保护对策与实施。

二、规划编制评估

（一）保护规划编制覆盖率

保护规划编制覆盖率是通过下级规划的保护范围占名城保护规划保护范围的百分比来确定的。因此我们首先以《保定历史文化名城保护规划（2010-2020）》为根据，对详细规划情况进行分析，然后利用GIS工具，对详细规划的范围与名城历史文化街区与风貌保护街巷的范围进行叠加分析，得到保护规划编制覆盖率的指标评估值。

以上节介绍的保定名城保护规划重点范围为参考，即：两条历史文化街区总面积为45.65公顷；风貌传统街巷总面积为9.68公顷，总长度2856米。根据已公布的资料，两个历史文化街区也已全部编制了详细规划，部分传统街巷也编制保护规划，具体内容如下：

总督署—西大街历史文化街区保护规划：2011年，受保定市城乡规划管理局委托，编制完成了《保定市总督署—西大街历史文化街区保护规划》，总面积约为40.19公顷，其中核心区12.47公顷，建设控制区27.72公顷。

淮军公所——清河道署历史文化街区保护规划：2011年，受保定市城乡规划管理局委托，保定设计院编制完成了《保定市淮军公所——清河道署历史文化街区保护规划》，在保定名城保护规划确定的5.46公顷的基础上增加体育场街至裕华路南侧中医院间的一层住宅区。

城隍庙街特色步行街区：为传承、保护城隍庙街的历史文化遗产，2011年，保定市规划局委托天津大学设计单位编制完成了《河北省保定市城隍庙街特色步行街区规划》，以保定名城保护规划为基础，就城隍庙街的视线控制、地面铺装设计、灯光设计等制定了明确的方案。

东大街特色街区：东大街位于保定古城，为原保定古城一处最早、最繁华的街区，现仍为商业街，基本保持传统格局，街巷风貌界面连续性保持较好，两侧多为明清和民国时期的风貌建筑，但街区业态混乱，环境小品缺乏统一整治。2011年，《保定东大街特色街区规划设计》，规划范围以保护规划中确定的建设控制地带为界,街区全长711米。

其他:除历史是文化街区和部分历史风貌街巷外,保定市有关部门还组织编制有《保定市西大街整治规划(2007年)》《保定市裕华路街区整治规划》等古城重点街巷的整治规划,从立面整治、景观绿化和照明设计等方面制定了规划方案。

通过上文对下级详细规划的情况分析,利用GIS工具叠加分析如图1,历史文化街区规划编制覆盖率为:100%,风貌保护街巷编制覆盖率为39.74%。由于历史文化保护街区是名城保护规划中的强制性内容,详细规划编制覆盖率业已达到100%,为全面落实名城保护规划的保护理念和各项措施奠定了良好的基础,风貌保护街巷属于非强性内容,并且在实施过程中根据实际情况对实施范围进行调整,增添了裕华路等街巷风貌保护详细规划。因此根据评分标准保定历史文化名城编制覆盖率为95分。

(二)保护规划的内容完整性

参照2018年最新公布的国家标准《历史文化名城保护规划标准》中对保护规划内容的要求,选取规划原则与目标、历史特色与现状分析、建立"要素—街区—城区"的保护体系,包含保护界限、格局与风貌、建筑高度控制、道路交通、用地性质与功能、人口容量、市政设施、防灾和环境保护、制定保护政策和措施以及时序建议等13项内容为主要参考点,对2010版保定市历史文化名城保护规划的内容进行完整性评估具体分析如下:

规划原则与目标:明确提出了历史真实性、整体性和可持续性三项保护原则。确定规划目标为:保护古城格局、保持保定古城历史环境风貌的协调与完整、修缮与保护历史文物与历史建筑,改善古城环境,继承和弘扬保定独特的历史文化和特色。

历史特色与现状分析:该版保护规划首先介绍了保定市概况、历史沿革以及对历史文物资源进行统计分析,接着从整体格局与历史环境、传统街道、文物保护三个方面分析了保定历史文化名城保护状况,总结了保定历史文化名城保护中存在的问题,并对历次保护规划进行了回顾。

建立"城区—街区—文物"的保护体系:该版保护规划针对文物、街区、城区三个层次分别制定了相关的保护规划,其中古城保护规划包含:古城整体格局(包含古城墙遗址和历史水系)、建筑高度分区控制、视线通廊;街区层次主要以历史文化街区以及风貌街巷的保护内容为主;文物保护单位保护规划包含:文物保护单位保护原则、规范文物保护范围以及提出具体的保护要求。

其他内容:根据上文对保护规划内容的分析,可知该版保护规划对用地调整规划、交通组织规划、基础设施规划、保护对策与实施时序等内容进行规定。2010版保定历史文化名城保护规划缺乏对防灾和环境保护规划内容、人口容量控制的内容。通过以上分析,规划内容完整性为90。

(三)保护规划编制协调性

保定名城保护规划内容与保定总规内容协调性较好,但与《保定市城市综合交通规划》等各专项规划的衔接关系普遍较弱,问题主要体现在《保定市城市综合交通规划》中,古城内交通由于缺乏市域层面相应的路线引导,致使古城内的裕华路成为保定火车站–客运中心站之间最便捷的道路,被迫承担极大的交通量。故保护规划编制协调性得分为80。

综上所述,规划编制整体情况较好,得分为89分。

三、规划实施评估

在实施过程中,保定市建立了重点地段规划项目的专家审查制度,通过名城保护和文物管理的相关专家对古城内重点地段的规划设计方案的建设项目加以评估和审查,提升了城市文化遗产保护的科学性。建立了居民参与制度,调动居民的积极性,鼓励从事有关文化旅游方面的产业;主动征求居民对名城保护的建议,并采取一定的奖励机制。为保障规划实施,保定市根据不同情况分别设置专门机构,或专业人员负责管理。综上所述,保定在实施过程层面表现良好,规划实施保障表现良好,给出指标得分80分。

第三节 实施效果评估

一、历史要素层级评估

(一)文物保护单位

保定古城集中了保定丰富的历史文化资源,历史悠久,文物保护单位众多。近年来保定市政府相关部门进行了一系列的文物保护工程如:古莲花池、直隶总督署、光园、直隶审判庭等文物保护单位的修缮工程。截至2018年,保定古城内共有全国重点文物保护单位8处,2010年后新增保定钟楼、淮军公所、清河道署、光园和直隶审判庭国家级文物保护单位5处;省级文物保护单位共3处,2018年新增宋氏祠堂为河北省级文物保护单位;市级文物保护单位包括:第一客栈、天水桥、古城墙、杨公祠、慈禧行宫、清真西寺、观音堂、贤良祠、协生印书局、关岳庙、东清真寺、清真女寺、城隍庙等,共计13处。①

在2010版保护规划的作用下,文物保护单位经过大量修缮,部分文物保护等级提升,其中新增五处国家级,一处省级,故文物保护单位数量这一指标得分100分。文物保存状况整体良好,经过实地调查,有13处文物保存较好,7处保存一般,4处保存效果较差,结合文物等级,发现4处保存较差的均为市级文物保护单位,可见市级文物保护单位未引起足够的重视,缺乏相应的保护措施,而国家级、省级文物保存较好。统计文物各类保存状况的数量,得出保存效果在一般以上的比例约占83%,故文物保护单位保存状况得分65分。

（二）历史建筑

保定古城内有较多不同时期的历史建筑和一定数量明清时代遗留下的传统民居,根据2010版保定市历史文化名城保护规划统计,总计19处历史建筑,12处重点民居。重点保护民居的保存状况较差,民居多零散分布于现代多层住宅区中,古城内已无完整的传统民居片区,只有8处重点保护民居原址保留,建筑破损严重,3处民居被整体搬迁,1处破坏。

保存状况处于一般以上水平的有23处,占总数比例74%,根据指标评估标准得分74分。原真性根据功能使用状况与建筑功能的符合程度对比,处于较好水平以上的有21处,占总数比例67%,根据指标评估标准得分67分。

（三）历史环境保护要素

古树名木是城市历史环境的重要组成部分。根据保定名城保护规划对古树名木保护的介绍,可知保定中心城区共有古树386株,包括22株一级古树,51株二级古树,313株三级古树(树龄50-99年);49株名木。通过查阅相关资料以及实地考察,仅对保定古城区一二级的古树名木进行统

---

①孙东焕.历史文化古城的保护与开发[J].装饰装修天地,2016(16).

计,保定古城内共有古树名木48棵,古城内多数古树分布在文物保护单位内,生长环境较好,长势茂盛。少部分处于居住区内的古树,由于居住建筑的密集,限制了古树的生长空间,保护范围偏小,需进一步提升古树的生长环境,因此给出指标分值80分。

综上所述,文物单位保护得分为82分,历史建筑保护72分、历史环境要素保护得分80分,历史要素层级的保存状况为78分。

二、历史地段层级评估

(一)保定历史文化街区

保定古城范围内历史文化街区的总用地面积为45.65公顷,核心保护区总占地14.53公顷。根据调查统计历史文化街区内共有11处文物单位,6处历史建筑,总占地面积9.41公顷,占历史街区的65%,保定市历史文化街区规模超于国家标准,根据指标评估标准,历史文化街区规模得分70分。

根据名城保护规划对历史文化街区保护内容,即对街区内建筑、街道及铺装等传统环境特色的保护与整治要求,通过实地走访和三维地图发现不符合街巷风貌的建筑,通过GIS工具计算不符合风貌建筑面积4.74公顷,约占历史文化街区总面积的10%。故历史街区真实性得分80分。

(二)历史风貌街巷

保定古城内的风貌保护街道有东大街、莲池南大街(西大街—大水桥段)、北大街、城隍庙街,风貌街巷总长度为2856米。根据名城保护规划的内容对风貌街巷的保护现状实施评估,根据风貌街巷两侧建筑立面延续传统风貌的程度,划分为文物保护单位、历史建筑、风貌建筑、一般建筑及与风貌不协调建筑五类。利用GIS工具计算出不协调路段约40.75米,约占街巷总长度的1.4%;一般风貌路段约607米,约占21%;符合风貌要求的街巷长度占街巷总长度的77.6%。历史风貌街巷的保护得分60分。

城隍庙街、东大街风貌保护街巷风貌保存较好,沿线建筑基本保留保定古城特色风貌,莲池南大街、北大街风貌保护街巷风貌连续性较差,莲池南大街(菊胡同－天威中路)路段、北大街(琅瑚街－东风中路)路段建筑立面为现代居住小区,未结合古城特色风貌,需进行建筑立面整治,打造连续的风貌景观界面。

综上所述,历史地段层级保护状况得分为70。

三、历史城区层级评估

(一)保存效果

1.传统格局

本文对保定古城格局的研究是指由道路、河网水系、古城墙所构成平面形状。保定古城初具都市规模始于北宋,于元代形成如今的古城格局。虽然在明清以后古城内陆续新增了很多建筑,但基本保持元代格局。后加固城墙结构,形成方形城周,西南部向外凸出,形成靴形布局。民国初年,沿护城河开辟土质公路,居民向老城周边扩散学府用地面积显著增多。新中国成立后,老城进行了大规模的建设,保定古城的格局发生变化。1950-1952年逐步对老师进行改造,古城墙被拆除,陆续铺筑了新华路、裕华西路等,并调整护城河走向,向外延伸道路。

保定古城虽然历经变化,但一直保持"靴形"格局。因此保定古城格局保护以20世纪50年代基本格局为参考,通过解译2010年和2018遥感影像,利用GIS工具与50年代古城格局分别进行对比,观察在名城保护规划的实施下,格局的维持以及恢复状况。通过与20世纪50年代道路叠加分析,结果发现20世纪50年代道路总长41222.52米,2018年道路保留部分约22901.59米,占50年代道路总长度的56%。因城市的快速发展,传统道路的宽度、位置等都有变化造成符合率较低,但道路走向改变不大,仍在意向性地保持靴形格局,古城内以裕华路的变化为主,道路从东西延伸至古城外,彻底取代了东西大街为主要道路以及分割线的功能。故古城道路格局的保护得分85分。

2.建筑高度控制

名城保护规划是以历史遗产的保护为重点,尤其是对历史城市传统风貌的保护,除了建筑风格、街巷走向等对传统风貌产生影响意外,建筑高度也在一定程度上影响城市传统环境风貌,因此必须控制建筑高度,防止出现超高建筑对古城视廊视域的影响。保定名城保护规划在充分了解保定古城历史文化遗产的分布情况后,规划划定3个建筑高度控制分区,分为6层(18~20m)、4层(12~15m)和2层(6~8m)。

建筑高度控制规划的实施效果以名城保护规划为参考标准,通过遥感影像和实际调查古城建筑高度,通过GIS计算可知,保定古城区范围内超高建筑基底面积137545.67m，占古城区面积的3.6%，故建筑高度控制指标得分为80。

3.自然景观与环境

历史文化名城的保护需保护历史名城所依赖的自然景观与环境，根据保定古城的地理情况，保定自然景观与环境这一规划指标评估主要包括古城水系及古城绿地两个方面的变化情况。

利用GIS工具，对2010年、2018年以及名城保护规划中的河流和绿地区域进行叠加分析，保定市名城保护规划中规定保定古城河流面积为12.59公顷，2018调查结果河流面积为13.5268公顷，河流保护良好。保定名城保护规划中规划绿地面积共53.39公顷，根据遥感解译得出2018古城绿地面积40.61公顷，占保护规划规定的绿地面积76%。自然景观与环境整体符合率为81%，故自然景观与环境的保护状况得分为81分。

（二）人居环境效果

1.用地性质与功能

保定古城内现状用地以居住用地为主，且近年来多为改造开发的居住小区，破坏了原有的环境肌理与社会网络。名城保护规划实施前，居住用地163.73公顷，占总用地的42.86%；公服用地69.86公顷，占总用地的18.29%，其中商业金融业用地面积为31.72公顷，以古城中心为商业中心，沿裕华路东西向展开，约占公共服务设施用地的一半；古城内现状文物保护单位众多，文物古迹用地面积为11.99公顷，占总用地的3.14%；古城内道路广场用地比例较高，约为57.45公顷，占总用地的15.04%，其中停车场用地比较缺乏，仅占地0.44公顷，占规划范围总用地的0.11%。绿地用地总面积为33.33公顷，占规划范围总用地的8.73%。

通过对2010年和2018年的遥感解译得出土地利用性质图斑，利用GIS工具将2018年用地性质图与2010版土地利用性质规划图进行叠加分析，得出现状不符合规划的用地范围，现状土地利用性质与规划不符合率为2.5%。由图可知2010版保定历史文化名城保护规划实施后，实施效果不明显，集中体现停车场用地缺乏严重，街头绿地、广场用地等公共空间配置不足，未按照规划解决用地控制问题，因此应适度减低土地利用分数，不只以与规划的一致性为标准进行评分，故得分60分。针对规划前的现状，名城保护规划要求提高停车场用地，打造公共空间，将停止使用的工业用地等进行土地置换,提高文化设施用地等。

2.人口密度

古城保护的一个重要方面是合理的人口密度,保定名城保护规划中提出古城常住人口密度控制在1.0079万人平方公里,合理人口密度定为0.9-1.1万人/平方公里。对现状人口密度的调查,主要根据2010年古城范围内控合规资料,大概估计规划实施前人口约6万人,根据对2018年古城内各个居住小区的人数进行调查,统计出现状古城内人口约8万人,人口密度约为每平方公里2.0942万人。综上所述,古城内现状人口呈上升趋势,由于人口外迁的成本压力,人口密度远超于合理的人口密度,因此给出指标得分0分。

3.道路交通

保定古城区道路用地与规划要求基本保持一致,近年基本处于无变化状态。古城区内主要道路的连接度与集成度站本体的平均度越来越高,但是由于位于保定的中心位置,集居住、商业、旅游等功能于一体,并且古城受到文物及历史建筑占地面积大、城市空间有限、人口压力大等各方面的约束,道路拓宽空间受限,停车场地严重不足,同时又缺乏市域层面的路线引导,被迫承担过大的交通量,因此古城存在严重的交通问题。根据指标评估标准,得分95分。

4.公共及市政服务设施覆盖率

保定古城内通水、通电、通路、通讯、通气的完备程度在3通到5通之间,市政完备程度较高。基本设施与规划前相比有了明显提高,公共设施在2000年到2010年呈明显上升趋势,公共基础设施的完备程度达到了规划要求。

第四节 规划技术评价的建议

一、明确价值导向,深化规划内容

(一)明确历史文化名城保护的价值导向

在城市发展迅速、以旅游带动保护这一保护思路的背景下,为了在利用历史资源推动经济发展时保障古城的遗产价值,应明确历史保护的正确原则,以优先保护历史遗产为底线,从整体保护的角度出发制订下一步保护规划以及实施措施,协调古城历史遗产保护与经济发展之间的关系,以历史文化名城的可持续发展为目标。因此在保定市历史文化名城在下一阶段的保护规划制订以及实施中,必须以保护保定原生特色价值为保护发展的根本目的,保护历史资源环境,宣传非物质文化遗产,进行旅游、居住区、商业区等专项规划时,一旦与名城保护规划出现矛盾,要把名城保护放在首位,调整住宅或商业建筑选址、建筑风格以及调整旅游定位。

(二)深化保护规划修编内容

通过上一章对保定历史文化名城保护规划实施评估,剖析保定古城区存在的问题,关于下一阶段保定名城保护规划提出以下建议:[①]

第一、建立动态评估机制,完善对上一阶段名城保护规划的实施评估,深度剖析名城保护现状,及时反馈和调整下一阶段名城保护规划。

第二、对历史文化街区保护范围内的建筑进行分类,按照建筑类型,分类提出修复要求以及提出建筑立面整治措施建议。

第三、加强规划深度。明确规定刚性与弹性要求的内容,增强保定历史名城保护规划的规范性,在法制层面对刚性要求进行严格管控,如建筑高度控制和开发强度等。增加关于提升生活氛围的弹性内容,改变街区商业化的现状,打造"直隶式"的慢生活,加大宣传,引导公众共同保护古城。

第四、完善保护规划编制内容。上一版名城保护规划缺乏防灾设施、人口问题和停车问题,在下一阶段的名城保护规划中应重视古城人口问题,提出古城人口疏散策略,完善防灾设施规划,优化慢行交通系统,扩充停车场地。

二、完善监管机制,拓展参与主体

(一)完善法律法规,加快名城立法

按照"有法可依、有法必依"的原则,为了让历史文化名城的保护开发更加有序、严谨、有法可依,需要制订和实施名城保护相关的法律规范,建立健全名城保护法规体系。在国内外许多成功的历史保护案例中,健全的保护法规体系是其共同的一点,这些成功的案例经验为今后

---

①董文丽,李王鸣.历史文化名城保护规划实施评价研究综述[J].华中建筑,2018,36(1):1-5.

历史文化街区的保护、管理提供了有效的参考。如在黄山屯溪老街的保护实施过程中,保护机构出台了一系列详尽的管理条例,有效引导了老街的保护发展。

(二)完善动态监测机制

历史文化名城的保护具有动态性、长期性的特点,致使保护难度加大,且历史名城一旦遭到破坏,往往很难修复,因此需要建立完善的历史文化名城管理与监督机制,实时监测历史文化名城尤其是历史街区的保护效果,并及时反馈,做出相应调整。建议形成历史文化名城保护监督制度,定期监测历史要素、街区风貌、人口等保护控制情况,结合专家、企业、居民等意见完成实施评估,提升历史文化名城保护的实施水平与管理机制,建立稳定的动态监管模式。

(三)拓展多元主体参与

建立公共参与机制,形成由政府带头,居民、商户等多元主体共同参与的保护模式,协调历史遗产保护与企业发展、居民生活的关系,在规划制度和政策的导向下规范实施主体的行为,三者结合推动规划的落实和调整。

1.政府统筹

在历史文化名城保护过程中,主要依靠政府牵头。由政府出资并组织对历史要素的修缮、历史街区及地段的整治工作,建立专门的保护机构,制订保定名城保护相关的法律规范,对古城区内的建筑、街区进行系统的展示和宣传,引领商户、居民多元主体共同参与。

2.企业配合

企业应加强遗产保护的意识,城市建设活动应符合国家的管理规范,与名城保护规划相协调。在非强制的政策面前,尽量站在遗产保护的角度,协调发展与保护的关系。

3.居民自主参与度

居民应丰富历史文化相关知识,了解保定古城特色,加强对遗产保护的监督,及时向政府提供有关信息。有条件的居民也可通过规划报批的形式,自愿改造、翻修自有房屋,加强建筑与古城传统风貌的协调性。但现实很少有居民能够自主修缮,并且由于对传统风貌、古建筑缺乏一定的知识,往往达不到古城保护标准,因此应制定相应的奖惩与专家咨询制度,提升居民参与度。

第五节 历史地段景观提升策略

一、修复建筑立面,提升空间品质

通过上一章对历史地段的评估可知,保定古城内历史文化街区和风貌保护街巷范围内,整体文物单位质量保存较好,均经过整治修缮,但文物及历史建筑现状功能多被空置或作为居住,现状质量较差,利用不足;部分历史建筑与风貌建筑破损严重,质量较差,亟须采取修缮措施;一般建筑,立面破损严重、商铺招牌混乱,致使街区传统风貌遭到破坏尤其在四条风貌保护街巷范围内,风貌建筑及一般建筑占比在百分之九十左右,沿街以商铺居多,风貌失控问题严重,部分街道已开展整治工作,但缺乏统筹,整体性欠佳。其次,除古莲花池、直隶总督府、光园等文物单位外,大部分历史建筑、历史街区均缺少文化展示和宣传,公众对大部分的历史文化遗产了解不足。

(一)建筑分类,制订相应立面维护措施

根据保定名城保护规划和历史地段内的特点,将沿街建筑分为文物保护单位、历史建筑、风貌建筑以及一般建筑(包括与风貌不协调建筑)四种类型。按照保护规划,对整治措施提出管控,制定相应的立面维护措施。[①]

1.文物保护单位及历史建筑

现状保存较好或已修缮过的文物、历史建筑,整治措施主要保护和维护为主。立面维护做法为定期维护及立面清洗为主,局部可选择性修缮以及市政管线隐蔽布置。

研究范围中的古莲花池、直隶总督府、光园、大慈阁、钟楼、天主教堂等文物单位已进行过修缮并以部分作为旅游景点,保存较好,主要保护和维护为主。

---

①袁艺.历史文化名城保护规划:文化遗产保护作用[J].建筑工程技术与设计,2021(16):20.

现状保存状况一般或较差的文物、历史建筑,修缮时应尽量采用建筑传统材料,应用传统建筑修复工艺,保持建筑原真性。去除建筑本体上的不当添加;原材料原工艺立面整饰,保护立面特征元素;修缮与维护地面、屋面、门窗、外檐等建筑装饰。其中淮军公所、清河道署等保存状况一般且正在修缮,应遵循上述要求进行保护及提升,主要做法为拆除违建,整治周边风貌不符建筑,采用原材料原工艺对立面进行修复,包括地面、屋面、门窗、外檐等。

2.风貌建筑

对于质量一般或较差的传统风貌建筑,进行建筑安全评估后,改善改造;去除建筑本体上的不当添加原材料原工艺立面整饰,保护立面特征元素;屋顶、屋面、门窗、外檐等构件的改造可适当采用现代材料工艺。建筑墙面砖石缝宜采用传统工艺做法;禁止墙身、墙基比例不当,以及墙身违背原有形制刷白、贴瓷砖、格栅等。屋顶屋檐处不得增加广告牌、建筑外挂等。

3.一般建筑

质量较好年代较新的一般建筑,整体保留,外立面清洗、整饰并规范附属设施和外挂设施;同时结合片区风貌特点,考虑立面整治为与传统风貌协调的建筑,更新建筑外表皮。外立面老旧杂乱的现代建筑,饰面、构件、店招等全面整治,远期按照名城保护规划及控规要求更新地块。主体风貌尚可的现代建筑,对底商店招部分整治。立面处理时需结合建筑形态及环境统一考虑;禁止文化符号堆砌,表征混乱,设计细节粗糙;不宜整墙使用与周围环境突兀的颜色粉刷;不宜涂料粉刷,鼓励使用石材、水泥砂浆、瓷片、幕墙、金属板等提升建筑细节品质。

(二)分段重点实施建议

1.历史风貌特色段

历史风貌特色段:文物单位、历史建筑及风貌建筑集中,且历史地段传统风貌维持较好的路段,如总督署-西大街历史文化街区。

具体做法:挖掘直隶古城区历史记忆,恢复保护建筑的历史风貌,其周边的建筑在立面元素上采用直隶特色的民国风形式,打造具有保定古城特色的街道。立面形式不符合部分,应予以整改,采用该街区传统样式及做法,还原历史风貌。对建筑设计品质低的部分,采取针对性具体问题具体

191

分析,结合建筑自身形体条件与周围环境要素,对其再设计,提升空间品质。

2.过渡段

过渡段以风貌建筑为主,沿街建筑保留古城建筑特色,但由于住宅底层广告位大小不一,形式各异,过于杂乱,商铺橱窗高度参差不齐,且大多数店铺门窗十分破旧,上下室外空调机位随意安放,布置混乱。空调管、燃气管、电线等设施外露,纵横交错。室外阳台飘窗私搭乱建严重,对建筑立面影响较大。

具体做法:对商业店铺进行重新设计重点改造,拆除原有广告位,对店铺门窗进行更换;统一门窗高度,增设雨棚,并按照保定市广告牌匾设计导则统一牌匾设计。拆除违规搭建的建筑飘窗,按照设计要求统一更换节能中空玻璃窗,在改善居民生活品质的同时,恢复原有建筑外观本来面目。提高整体城市形象。移动并规整空调机位,并添加铝制空调百叶。

3.现代段

现代段以一般建筑居多,历史地段风貌界面连续性被打断,部分建筑颜色过于突兀,建筑颜色不符合保定古城特色。且商铺居多,店招杂乱,没有特色商业氛围。

具体做法。统一整体建筑色彩:原有大面积突兀的玻璃幕墙通过添加暖白色穿孔铝单板进行覆盖降低其色彩的饱和度。引进与上位规划中的引导色彩相契合的颜色使街道各建筑立面颜色得以统一,局部细节可以通过色彩的变化让整个一般建筑路段色彩在同一个系统中而又存有多样性。增加具有直隶特色及商业氛围的设计元素与符号:现状商业的设计元素较为单调,店招的设置没有秩序,通过对店招的规整可以提升商业的整体品质,在此基础上添加凸显直隶现代商业特色的设计元素及建筑符号又可以增加商业的活跃性,烘托出商业的氛围。

二、更新地面铺装,彰显街区特色

铺装是指通过路面的结构、形状、色彩等方法强化道路的可识别性,将不同道路功能进行区分,引导行人、车辆的通行路线,保证交通有序化的一种街道景观要素。街道铺装是街道外部空间景观环境中的重要组成部分。在现代化城市中,铺装对于街道的基本使用以及景观环境的提升至关重要,一方面它通过对交通进行引导和警示,保证城市交通的有序化、提高安全性。另一方面,铺装可以直接提升街道环境景观,有效改善空间环境,它所形成的良好的视觉效果可以营造高质量的环境氛围和生活空间。

现状地面铺装品质较差,部分店前地面铺装老化破损严重,影响行人通行舒适性;局部存在地面高差处理不当,隔离装置立于人行铺装之上,影响行人通行安全;部分沿街商铺台阶铺装形式杂乱,影响视觉观感。

更新人行空间地面铺装,首先,提升人行舒适度,如可采用灰色基调的透水砖与石材结合的形式,划分与调整店前空间与人行空间的铺装,营造直隶地区沉稳大气的整体景观风貌;其次,提亮街区特色,地面的标识和铺装颜色的变化,如行道树树池采用深灰色透水砖,人行道采用灰色毛面花岗岩,调整盲道色彩;设置地面的引导标识,如采用包含街道名与方向指示信息的地面铜浮雕。

三、优化城市家具,加强特色体验

城市家具泛指在户外空间布置的各种公共设施,类似于室内家具,满足人们户外生活要求。城市家具是街道环境中不可缺少的环境景观要素,它是满足人类行为与活动要求,并符合地域环境风格的城市小品。

城市家具具有实用功能,如指示标识、路灯、车挡等改善交通环境;垃圾桶、花箱、座椅等满足街道环境要求,提升人居体验;公共空间的健身器械、游乐设施等满足休闲娱乐要求等。此外,城市家具具有观赏功能,如假山石、花台、雕塑等艺术性城市小品。

规划范围内的街口、重要开放空间等区域缺乏具有引导性的标识系统;街区内城市家具的形式混乱,数量不足;护栏、隔离等交通设施形式杂乱,影响视觉观感;沿街缺乏休憩设施。

垃圾桶:垃圾桶已经是现代道路不可缺少的城市家具,垃圾桶布置直接影响古城区的街巷景观。安置垃圾桶时应优先安置缺少垃圾桶的道路,并结合古城特色选取垃圾桶材质、外形与色彩,如采用造型简洁、便于维护、坚固耐用的金属材质。

休闲坐凳:在道路旁设置长条形休闲坐凳,既满足人性体验又节省空间,选用石材加防腐木或不锈钢加防腐木主要材料,外形上将古城区的传统景观与现代造型相结合,在细部设计上体现直隶总督的文化特色。

车挡:在道路两侧有序地设置车挡、非机动车隔离带等,可以减少路边停车现象,规范非机动车的行驶,保障人行空间不被占用,美化道路景观。

路灯:在古城区内设置与古城风貌相匹配的路灯,满足夜间照明需求的同时,也可以突出文物及历史建筑的特点,烘托风貌街巷的历史氛围。古城现有路灯部分已经老化,严重影响街道景观,因此应对就路灯更新换代,采用高低不同的路灯,营造历史街道艺术感和层次感。

指示标识:为更好地引导行人和游客,应在古城内历史地段、风貌街巷、文物建筑设置引导标识、介绍栏、路线图等,在传统风貌步行街中也需要对逃生路线、卫生间等信息进行标记,提供更好的旅游服务,推动古城旅游的发展。

第六节 城区功能优化策略

一、激发古城潜力,优化交通组织

通过上一章章对保定名城保护规划的实施评估,发现保定古城内道路网连接度和集成度较高,但由于缺乏市域层面的引导,古城内商贸旅游功能、通勤功能过度集中在裕华路一条道路上,因此对于古城内车行道路,急需疏解裕华路过度交通,如引导双彩街—市府前街—石柱街次干道的使用,使其承担裕华路的部分功能,形成四横四纵的古城车行道路格局;打造特色商业步行街,整治人行空间,美化街道环境,清理人行占道车辆;规划骑行交通流线,优化骑行专用道;规划慢行交通系统,保障古城内步行、骑行、公交等慢行交通系统的通畅,倡导骑行、公交、步行的绿色交通方式,减少古城内部街巷的车流量。

(一)步行交通系统

根据保定古城文物单位、传统风貌带及商业分布,将古城步行交通划分为传统风貌步行街、特色商业街,日常人行道。

1.特色风貌步行街

根据保定古城区两条历史文化街区以及四条风貌保护街巷的分布,结合古城传统风貌,规划特色风貌步行街。打造西大街城隍庙街-琅瑚街-北大街—东大街、兴华路—穿行楼街两条传统风貌步行带,整理风貌街巷环境,设置步行游览通道以及街巷引导标识,严格限制机动车通行,疏解以裕华路为中心的商贸、游览功能,弘扬古城特色,推动古城发展。

2.特色商业街

裕华路、莲池南大街为特色商业街,重新定位裕华路街道空间,增添符合历史特色的城市家具,规范路侧停车,发展莲池南大街商业网点,分担裕华路商贸功能。对于裕华路道路两侧出现的大型商业建筑或者人流量大的大型公建,可选取适当位置设置天桥或地下通道,保持步行交通的连续性。

3.日常人行道

为满足古城内居民的日常通行,应规范道路等级,按照道路等级分别调整相应的人行道宽度。清理占道车辆,疏导居民上班、上学交通路线。

(二)优化骑行交通系统

古城内居民日常出行量较大,为减少古城区内的车流量,应完善骑行交通系统,优化骑行专用道,提升骑行交通方式的通畅度,保障骑行空间的安全性。骑行交通系统应结合保定古城特色与道路现状,建立通畅、有序化的骑行交通体系,骑行道需保障适宜宽度,也可采用彩色铺装或石材等其他具有识别性的铺装材质进行渠化骑行道。

根据对现有路网分析,规划自行车道为日常骑行道、游憩骑行道两种。其中沿护城河、古城墙打环河骑行廊道,并注重古城内骑行道连接古城历史文化资源,与部分步行街混合设置,设置引导标识,满足城市居民和旅游人员的健身、游览需求,营造特色的历史氛围。日常骑行道,主要为了满足居民在古城区内居住、上班、上学、休闲、购物的日常生活需求,依托城市现有道路和古城内街巷构成。在道路规范的前提下,增设一条连续并且有明显标识的红色沥青非机动车道,更好的保护骑行者的安全。

(三)公交线路优化

保定古城内的公共交通主要以公交汽车为主,为了增强公共交通的交通便捷性、游览性、提高使用效率,公共交通应依据保定古城内部"四横四纵"的道路格局,增强与古城内部住宅组团的连通性,以古城外围四条主

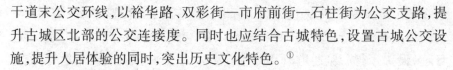

干道末公交环线,以裕华路、双彩街—市府前街—石柱街为公交支路,提升古城区北部的公交连接度。同时也应结合古城特色,设置古城公交设施,提升人居体验的同时,突出历史文化特色。[①]

(四)完善静态交通

1.地块内挖潜疏解,立体停车楼建设

保定古城内公共停车场地少,人口密度大,现有停车位数量难以满足停车需求,车位配比缺口大,路侧停车随意占用机动车道或非机动车道问题严重,同时裕华路沿线的公共开放空间也被路面停车侵占,严重影响城市传统风貌。为解决机动车停车问题,需通过挖潜古城内部空间,增添地下停车场或立体停车场。例如恢复商业大厦、总督署广场等地下停车设施;古城内老旧小区应进行老旧小区改造,规范小区内部停车,或利用存量用地改建立体停车楼,以防小区内部车辆占用道路用地;位于裕华路的颐高数码城、北国商城、裕华小商品等商场进行适当的优化升级,改建地下停车场,或者通过升级现状建筑建设屋顶停车楼,进而全面疏解裕华路停车压力。

2.非机动车立体停车

随着共享单车的广泛应用,古城内传统地面非机动车停车存在无专人管理,停放混乱的城市"负"形象,严重影响街道景观,侵占公共开放空间。为促进土地集约利用与方便车辆管理,规划在裕华路华联超市东侧、保定体育场北侧等地均匀建设立体式非机动车停车场,通过立体双层停放的方式,实现自行车有序停放且不影响街道景观,同时扩大公共活动空间。为了将非机动车立体停车楼能更好地融入城市环境,可在停车楼内部设立临时休憩空间、贩售设施以及电动车充电区等多功能区域,彰显城市活力。

二、改造存量用地,增补绿色空间

通过实施评估可知,古城人口规模过大、停车场不足、街道环境杂乱等问题,造成绿色活动空间及公共设施严重不足。现状开放空间可分为广场空间、街头绿地以及小区绿地三类。下一阶段规划应对已有开放空间进行品质提档,设施升级,对现存街头绿地与小区绿地进行景观增强,设施补

---

①刘倩倩.中国历史文化名城保护规划的体系演进与反思[J].装饰装修天地,2020,(10):112.

充。同时挖掘潜力用地,开辟新的广场空间与街头绿地,直入主题,组织活动,以期提升街区公共活动空间的总体品质,融合社区生活。

1.广场空间

对总督署商业广场、北国商城西侧前广场及大慈阁前广场等地进行改造升级,提升绿化水平如增添花箱等,更新铺装,改善广场环境,增添广场空间的趣味性,并结合周边建筑和街道情况适当扩充广场和街头游园,注意强调保定古城传统特征特色,衬托历史地段的传统氛围,打造门户标识空间。

2.街头绿地

对现状街头绿地进行景观增强,构建动态景观,同时增补景观或休闲设施,营造多样化的活动,使绿化形象与使用功能有效结合,改善老旧街区的环境形象。如改善淮军公所南侧绿地,添加休闲设施,与传统风貌景观带相结合;增补天威中路(永华南大街莲池南大街)路段南侧、长城南大街(天威中路东关大街)路段东侧街头绿地,按照2010版名城保护绿地规划范围实施,增添适当的城市家具,以增加老旧街区的绿化面积,扩大公共空间。

3.小区绿地

古城区内居住小区密集,老旧小区居多,小区绿地严重不足,居民的娱乐、休闲空间亟须改善。对已有绿地的小区,整改小区内部绿地,增添室外健身、儿童娱乐措施;对内部空间有限的老旧小区,应适度整改小区内老旧闲置房屋,充分挖掘小区内存量用地,扩充小区活动空间。

第六章 河北历史文化名城景观设施设计的原则与策略

第一节 河北历史文化名城景观设施设计的原则

通过对平遥古城景观设施进行现状分析以及设计实践,笔者归纳总结出几点历史文化古城景观设施设计的原则,希望为不同地域文化的历史文化古城景观设施设计提供一些理论基础。

笔者总结归纳的历史文化古城景观设施设计的原则主要包括四大部分:①景观设施设计的基本性原则;②遵循因地制宜的设计原则;③延续历史文化的设计原则;④坚持可持续性的设计原则。

一、景观设施设计的基本性原则

从狭义的角度来讲,景观设施本身也可以被看作是一件独立的社会产品,它具有产品属性和社会属性两种属性,产品属性要求它首先要有使用价值,从而能够满足人们基本的使用需求;而社会属性则使它还具有了其他的附加价值,如文化价值、经济价值等。所以,分析景观设施设计的基本性原则要从这几个方面出发:使用性原则、整体性原则、人性化原则、形式美原则。

(一)使用性原则

历史文化古城景观设施设计最基本的原则就是使用性原则,它也可以被称作是"功能性原则"或者"实用性原则"。历史文化古城景观设施的使用性原则包含两层含义。一层含义是:设计者在设计过程中要考虑到人群的使用过程和景观设施未来的发展。例如景观设施的易识别性、安全性、易操作性、协调性等问题,从中可以体现出对民众的关心程度;另一层含义是景观设施应该让它们所在的街道或城市变得更"实用"。我们以景观设施的放置为例。景观设施的放置地点、数量以及方式等规划与古城景观设施的造型设计同样重要。例如,在一些宽敞的街道多设置一些大型的座椅会更满足人们的物质和精神需求,但是在平遥古城的步行街上却行不通,设置大型的座椅会造成古城街道的拥挤,影响古城正常的交通秩序。因此,在对历史文化古城的景观设施进行设计时,设计者要考虑到当地空间环境的具体实际情况。

(二)整体性原则

历史文化古城中的街道、建筑、景观设施等共同构成了古城空间的环境景观。如果我们把,历史文化古城的整体空间看作是一个大型的舞台,把在古城中生活、游览的人群看作是舞台,上的表演者,那么景观设施就成了表演者所需要的各种相应的道具。同样的道理,在古城中的景观设施设计也应该满足人们相应的生活需要,并且还要与古城的空间环境保持整体上的和谐统一,但这种和谐不应该仅限于表面层次上,还应该追求一种精神及文化上的深层次的统一。即使是一件非常实用的景观设施,当它与所在空间的整体环境格格不入时,那么它仍然不是一个好的景观设施设计,因为它失去了作为历史文化古城空间环境中一个组成部分或者是一分子的意义。除此之外,古城中的各种景观设施不只是一个个独立的个体,它还是一个设施系统,它除了与古城整体环境相协调一致,其自身也应该具有整体性和连续性。虽然每件景观设施在其造型、色彩、材质等各方面会有所不同,但是它们在文化和气质呈现方面应达成共性。因此,在历史文化古城景观设施设计过程中,要将古城特殊的空间环境考虑在内,从而使彼此之间建立一种有序的关联性,形成景观设施的整体性和特色性。

(三)人性化原则

设置于古城空间中的景观设施,与人产生着直接的联系。科学合理的景观设施设计既要充分体现艺术的语言与特征,更要关注人与环境、人与设施等关系的妥善处理。景观设施"以人为本"的原则主要包含两层含义:[1]

第一,人是历史文化古城空间环境中的主体,景观设施是因为人的需求而设置的,它的每一种功能均体现着人的使用欲望,同时景观设施又以其独特的形态和功能给人们以行为上的暗示,让人感知它们的存在,并

---

[1]熊英伟,杨剑,郭英. 城乡规划快速设计[M]. 南京:东南大学出版社,2017.

引导人们便捷地使用这些设施。因此,在景观设施设计过程中要研究和分析人的生理需求和心理感受,从而体现出对人的关怀。

第二,在景观设施使用过程中,人的行为意识会对景观设施作出行为的判断,并赋予一定的评价,这些冲击着人们对于历史文化古城景观设施使用要求的不断变化。人是动态的,景观设施是静态的,通过人的参与,景观设施才具有其动态的价值。这种互动过程就是审美性与功能性实现的过程。古城的形象是物质与精神的统一,人创造了空间环境中的景观设施,景观设施又反过来影响着人,只有这样,环境与人才能达到真正的和谐统一。

现代化社会的人本思想已经成为当今社会性思潮发展的重大趋势,因此,在当今历史文化古城保护与建设过程中坚持人性化原则要做到:在充分明确"人"在城市环境中的主体地位以及人与环境间的相互作用关系的基础上,将人本主义思想融入古城景观设施设计中。

(四)形式美原则

形式美原则是人们在长期的生活实践中总结出来的,是创造古城空间环境美感的基本法则。在景观设施设计过程中遵循形式美原则,可以使景观设施具有良好的比例和尺度、节奏和韵律,从而使景观设施的形态更加符合人们的审美标准。形式美原则具体内容如下:

1.对比与统一

所谓"对比",就是构成元素之间的差异,例如设施的形态、大小、色彩、明暗、肌理、质感等之间的差异。"统一"是各种构成要素之间的相似性,也就是在具有差异性的构成元素中寻求一些相似的,或者是可以调和的元素,从而获得整体和谐的视觉效果。对比与统一是相辅相成的,对比可以使造型生动活泼;统一可以使造型柔和亲切,二者达到平衡时,设施就会呈现出和谐统一的状态,色彩对比强烈的石头组合在一起,形成不同的地面图案,为空间环境增添了趣味性。

2.对称与均衡

对称形式具有一定的静态美,给人一种稳重和舒适的感觉,但使用不当就会给人一种呆板、单调的感觉;均衡是对称的一种变体,它给人们一种视觉上的均衡,它比对称更活泼,更自由一些。在景观设施设计中,处理好对称与均衡之间的关系也是非常重要的。

3.节奏与韵律

在设施设计中,节奏是指一种条理性、重复性、连续性的艺术形式的表现;韵律是在节奏的基础上加入反复、起伏、渐变等表现手法后仍然能够产生一定的规律,并始终给人一定的秩序感和律动感。例如,同样的瓦片,通过不同的排列顺序,使地面呈现出一定的节奏感和韵律感。

二、遵循因地制宜的设计原则

不同的历史文化古城面貌是由不同的自然景观和人文景观形成的。一方面,不同地区的气候、温度以及地形等造就了不同的自然景观环境;另一方面,由于各民族文化价值和审美观念的不同而形成了不同的人文景观。自然景观和人文景观的这种差异性使得景观设施设计也具有了地域性的特点,因此,在历史文化古城景观设施设计过程中我们要遵循因地制宜的设计原则。我们需要重点解析空间环境内部的结构,这其中包括不同影响要素之间的关系及其在整体环境中的作用、古城内部各区域之间的联系及其在发展变化中的相互关系,从而获得特定地域自然环境和社会、人文特色形成的某些因素。

例如,我国云南丽江,当地盛产岩石,如红色角砾岩(五花石),所以,在丽江古镇上我们会发现许多以岩石为生产原料的景观设施。除此之外,丽江古城最大的特点之一就是以红色角砾岩铺就的街道,它们雨季不会产生泥泞、旱季不会飞灰,而且它们的花纹图案自然雅致,质感细腻,与丽江古城的整个空间环境相得益彰,从而为我们大家呈现出一个古香古色的丽江古城形象。

在平遥古城的景观设施设计中,笔者也遵循了因地制宜的设计原则,笔者不仅在材料选择方面选择了平遥古城建造中广泛使用的石材、青砖、木材等,而且在造型选择方面也提取了古城当地的一些传统元素符号,使人们从这些小细节中也可以感受到平遥古城的地域特色。

三、延续历史文化的设计原则

历史文化古城的保护不仅是要保护其历史的物质实体存在,还要使古城灿烂、深厚的历史文化得到传承和弘扬。景观设施作为延续古城历史和文化的载体,在其设计过程中,我们应该对古城中的传统文化进行提炼加工,并通过其一定的形式、色彩、材料和工艺反映出古城的历史性以及文化性,这样不仅能使景观设施与历史文化古城的整体空间环境和谐统一,而且还能引起人们对历史文化的共鸣和认同。

因此,在历史文化古城景观设施设计时应秉承着延续古城的历史文化的原则,具体主要体现在两个方面:景观设施文化的历史性和设计的时代性。

(一)景观设施文化的历史性

城市是历史发展的产物,每一个城市都有其独特的发展历史,历史文化古城更是如此,历史文化古城经过长时间的发展和演变,逐渐变成了一座有着深厚文化底蕴以及独特历史风貌的城市。而处在这种古城空间环境中的景观设施,在设计时不仅要具备其基本的使用功能,还要将古城这种特殊的历史文化展现出来,并通过景观设施在古城空间内的分布和串联,从而使古城的这种历史文化得到延续与发展。

古城景观设施文化的历史性,是指景观设施身上所呈现出来的文化气质是具有厚重的历史性的。因为一个地区或者是一座城市,尤其是历史文化古城,它的地域文化的形成不是一蹴而就的,而是在漫长的历史岁月中一点一点积累而成的,进而这些文化成了这一地区某个历史时期的规范与准则,并对该地区未来的发展产生很大的影响。就像那些在历史发展中上保留下来的建筑及其景观设施的设计形式和设计理念,对现代人们研究建筑构造景观设施设计依然有着深远的意义。例如安徽歙县的牌坊群,总共有七座,明朝建造三座,清朝建造四座,这七座牌坊逶迤成群,古朴典雅,无论从前还是从后看,都以"忠、孝、节、义"为顺序,它们每一座牌坊都有一个动人的历史故事。因此,我们在安徽的某些古城里可以频繁地看到一些标识牌的设计,在造型方面就是融入了安徽古代牌坊的形式,这样的标识牌设计不仅能够为人们提供信息,还可以使人们从中联想到历史文化的记忆。

所以,对于今天的历史文化古城景观设施的设计,我们依然要尊重古城原有的、独特的历史文化内涵,并将其融入现代景观设施设计的形式中,在一定程度上,使历史文化古城的文化内涵得到延续。

(二)景观设施设计的时代性

一个地区的地域文化除了具有历史性以外,它还具有一定的时代性的,如唐朝的富贵、宋代的繁荣、工业时代的冷漠等等。由于每个历史时期的政治、经济的发展水平不同,所以它们呈现出的文化内容和审美情趣也就会不尽相同。今天的我们处在一个信息化的时代,其文化取向应该更加贴近当今人类的生活,更加富有人性化,多元化以及个性化。

随着时代的发展,古城的文化呈现出多元化的状态,再加上现代技术与工艺的提高,为实现景观设施的功能、造型、材料等方面创造了有利的条件。因此,一件好的景观设施,不仅要立足于其所在城市的传统文化,还要体现出时代发展的特征,将传统文化与现代科技有效结合起来,从而展现历史文化古城景观设施现代功能的特点。日本东京就是一个典型的例子。可以说东京是日本著名的历史文化古城,但它也是日本发展最快的城市之一,它不仅有深厚的文化底蕴,还有顶尖的现代技术。因此,在东京我们会发现许多景观设施造型的设计理念都来源于当地的传统建筑元素。例如我们在东京浅草寺中看到的时钟设计,在其造型设计方面就是结合寺中著名的五重塔建筑形式而形成的,设计师将其传统元素进行提炼概括,并运用现代技术加工出来,从而形成具有地方特色的现代景观设施。

四、坚持可持续性的设计原则

历史文化古城景观设施的可持续性设计原则主要体现为两个方面,一方面指的是生态绿色设计的理念,另一方面指的是古城景观设施空间上和时间上的可持续性设计原则。

(一)景观设施的生态绿色设计理念

随着人们环保意识的增强,生态问题也受到了世界人们的关注与重视,在设计行业了里也出现了以保护生态环境为前提的"绿色设计"。"绿色设计"简称为"3R",主要内容包括Reduce(减少)、Recycle(再生)和Reuse(回收)。"绿色设计"要求我们在景观设施设计过程中,要把环境效益考虑在内,不能破坏人与自然生态之间的平衡关系,并从设计过程中的每个小细节出发,尽最大力做到保护环境。

在历史文化古城景观设施设计中,我们更应该注重生态环境的协调均衡与保护。在前期的材料选择及中期的生产加工过程中,我们要尽量做到节约自然资源;在后期的废物处理等过程中,我们还必须要考虑到保护生态环境。例如,丽江古城的各种标识牌和地面铺装,在材料选择上均采用的是当地的自然材质,如木材、大理石等,既生态环保还能与其整体空间环境相协调。

(二)景观设施在空间上的可持续性

街道,就所处古城空间环境范围来看是城市环境构成中的一条"线",景观设施则是其中的一个个的"点"。街道作为"线"是组织人们行为活动的路径,人们通过它可以认识和感知一座古城的面貌和文化等。而古城中一系列的景观设施原本看上去是一个个独立存在的"点",但是通过古城中人们的各种行为活动,这些独立的景观设施在人们的记忆中就被串联成一个持续性的整体。古城中的"线"和"点"是不可分割的,它们彼此之间相辅相成。所以,在历史文化古城景观设施的设计时,我们应该考虑到人们在街道中的各种行为活动,并对此进行研究分析,这样不仅有助于景观设施设计和规划更加合理、科学,还可以使古城中分散的景观设施连续成一个整体,进而使古城整体的城市风貌和地域文化更全面完整地呈现在世人面前。

景观设施有不同的种类,它们中有一些原本是一个孤立的点,但在一条街上多次重复的出现,并通过一定空间距离上的排列而具有了一定的秩序感,从而形成空间上可持续的整体,如街道护栏、宣传板、路灯、垃圾箱等,还有一些景观设施在一条街上只有零星的几个,如电话亭、报刊亭、公共厕所等。因此,在历史文化古城中要满足景观设施空间上的可持续性设计原则,可以结合需要将这两种不同形式的景观设施组合起来放置在"线"上,使历史文化古城一系列的"线"中贯穿一系列的"点",让它们在形式上和空间上产生呼应,进而使其成为延续历史文化古城景观空间的重要手段。

(三)景观设施在时间上的可持续性

遵循景观设施在时间上的可持续性设计,其主要目的在于创造符合环境变化特点的,可以在历史潮流中起到良好的承前启后作用的景观设施。贝聿铭曾经说过:"我们只是地球上的旅游者,来去匆匆,但城市是要永远存在下去的"。今天的景观设施作为城市环境中重要的一个环节,承前启后是非常重要的。

首先,我们要了解原有的景观设施的要素。虽然其中的一些要素可能已不能满足时代的发展要求,但古城景观设施在时间维度层面上见证了古城空间环境范围内的植物的枯荣、水景的流动、季节的交替以及气候的变迁等,它承载着厚重的古城历史记忆。因此,就古城景观设施在时间上的可持续性设计来说,今天的古城景观设施设计要多借鉴原有设施中有价值的元素,使古城景观设施的造型、色彩、比例尺度、材料选择等方面均与古城的历史文化相协调,以保证历史感和文化性在历史文化古城内的可持续性,以及时间性。

其次,景观设施在时间上可持续性还要求古城的景观设施在历史发展过程中,不仅要尊重传统、延续历史、传承文脉,还要突出时代特征,敢于创新,勇于探索。在具有浓厚历史文化气息的古城中,其景观设施设计不能盲目地照搬传统的设计元素,也不能盲目地照抄现代的时尚流行元素。我们应该对历史文化古城的发展进行更加理性地分析研究,并对古城的过去以及未来走向有清晰的认识和理解,然后对其传统设计符号进行提炼、演变、重组,总结出真正符合历史文化古城空间环境氛围的元素符号,最后把这些新的元素符号与景观设施现代化的表现手法、形式构成、应用功能等融会贯通,从而使历史文化古城景观设施具有了时间上的可持续性。

第二节　河北历史文化名城景观设施设计的策略

历史文化古城经过长时间的积淀而形成了丰富多样的地域文化,因此,在历史文化古城景观设施设计过程中,我们要注重挖掘这些独特的传统地域文化,并通过提取、改造、重组等设计手法,将这些传统设计元素融入现代景观设施设计中,实现延续历史文化古城文脉的目的。

一、传统造型元素的挖掘

历史文化古城由于地理环境,风土人情,风俗习惯的不同,而形成了自己独特的性格和特色,因此人们对不同古城的景观设施也有着不同的审美需求。与古城风貌相呼应的景观设施更能让人感受到它所赋有的个性、魅力以及独特的亲切感,所以我们要在注重古城人文关怀的前提下深入挖掘古城当地的传统符号元素,使景观设施在满足实际功能的同时也能起到传承民族文化的作用。

（一）建筑文化元素的挖掘

建筑是历史文化古城地域文化的载体,在一定意义上,它们是某个城市历史记忆的符号,通过这些古建筑,可以传达出历史文化古城深厚的文化内涵。因此在历史文化古城景观设施设计中,可以将古城中的传统建筑元素进行提炼、变形、加工之后并将其运用其中,这样不仅能使景观设施的视觉感染力增强,还能勾起人们的回忆,使人们的归属感增强。历史文化古城中建筑元素包含很多内容,例如建筑装饰、色彩、空间元素等等,如果在景观设施设计中相应的融入这些建筑元素,能够使历史文化古城的传统文化和地域特色得以延续。[①]

1.建筑色彩元素

建筑色彩作为一种建筑语言,在建筑视觉形态要素中占有非常重要的地位。人对外界的感知首先是色彩,其次才是造型和材质。当然,色彩与形体是不可分割的,它们彼此依附于对方。在景观设施设计中,色彩是人们眼睛最先捕捉到的重要因素,它能带给人们一种直观的视觉感受,同时也能带给人们一定的心理感受,因为它不仅具有装饰、识别的作用,同时它也有象征性的意义和表达情感的功能,例如红色让人感觉温暖、激情,蓝色让人冷静、忧郁等。所以,根据不同区域的自然环境以及人们内心的偏好,色彩渐渐地也具有了地域性。

例如中国北方著名的历史文化古城——西安古城,其建筑的主色调为沉闷压抑的灰色和土黄色,辅助色为轻松明快的红色和白色,所以西安古城中的景观设施也选择了色度、明度和纯度较高的色彩,从而增加了西安古城的活力。而从我国南方地区的大部分历史文化古城来看,其建筑色彩主要是以黑、白、灰为主,像一幅水墨画一样古朴雅致。所以,在这些古城的景观设施设计中,也会采用相似的、突出明度对比的黑白灰色调,从而使景观设施在突出地域特色的同时也能与城市整体格调相统一。

2.建筑装饰元素

从一个建筑的装饰构件和装饰图案中,我们能够看出这个建筑的技术

---

①陈行,程露,车震宇.建水历史文化名城交通景观基础设施研究[J].园林,2018(3):68-72.

水平与文化底蕴。建筑装饰构件多为砖雕、木雕、石雕等等,花样繁多,内容丰富,它们分布在古宅院的大门、影壁、窗户、屋脊等部位,与整座宅院有机相融、浑然一体。这些精巧的图案多数寓意吉祥,有祈福、祝寿、求财、升官等,正如俗话所说:"凡建筑必有图,有图必有意,有意必吉祥"。建筑装饰依赖于建筑,并使古建筑的艺术表现力更强更有张力,它是最精美的建筑语言。在古城景观设施设计中加入这些建筑构件、装饰图案,也会使其更有艺术魅力,更能烘托古城的文化氛围。

3.建筑空间元素

建筑空间所产生的场所感能使人们产生一种地方意向,而且它包含着某种深刻的寓意。例如,我国北方传统建筑中最常见的四合院式空间,它象征着我们保守、内敛的性格;又如,我国福建土楼的建筑空间形式等等,它们都是在一定的历史文化背景和意识形态下而产生的不同,是人们长期生产实践活动的产物。在历史文化古城中的亭、阁、廊等设施设计中融入相似文化内涵的建筑空间元素,可以使其与古城空间环境的整体意蕴相契合。

(二)传统图案纹样的挖掘

传统图案纹样包含了人们的生活、习俗、文化、宗教信仰等审美韵味,它既是中华民族悠久历史的象征和表现,也是现代艺术设计取之不尽的丰富素材。传统图案纹样也被广泛地运用在历史文化古城景观设施设计中,它是营造艺术效果、体现地域文化特征最常采用的设计手法之一。传统图案纹样是在历史发展过程中逐渐形成、完善的,它不仅自身就具有很强的艺术美感,而且它背后还蕴含着许多吉祥的寓意,这些都是人们喜欢它的原因。在现代景观设施设计中融入中国传统图案纹样,这种设计构想不但可以使景观设施的视觉冲击力增强,而且有助于景观设施文化厚重感的增强和设计理念的延伸。

中国传统的"卍"字形纹样与"回"字形纹样在景观设施设计中经常出现,例如苏州市的一些道路护栏就采用了传统的"回"字形纹样。它造型优雅,寓意吉祥,被称之为"富贵不断头",这样的设计无论在造型方面还是在文化寓意方面都能使人们感受到这座城市的美好。

(三)民俗文化元素的挖掘

民俗文化是人类在不同的生态、文化环境和心理背景下创造出来,并在独特的历史发展过程中积累、传递、演变成的不同类型和形式的文化,它是一个国家民族精神的重要载体,是民族文化的主要组成部分。在我国,不同地区、民族的民俗文化是不一样的,它们大多特色鲜明、异彩纷呈,并呈现出强烈的地域性和民族性。其主要包括日常生活、生产劳动、社会组织、岁时节日等内容,它的具体形式表现在语言、文学、音乐、舞蹈、礼仪、饮食、服饰、手工艺等各个方面,这些都是一个地区文化和意识的重要表现形式。民俗文化贴近大众的生活,因此在景观设施的设计中把当地丰富的民俗文化作为设计素材,可以唤起人们的回忆,引起大家对当地文化的热爱。

在今天古城的景观设施设计中,通过对建筑造型的提炼、图案纹样的沿用、民俗文化的融合等来运用传统元素符号,并使其传达出古城所具有的历史风貌和文化特色,这样不仅可以增强景观设施的地域文化内涵,使景观设施与古城的整体环境氛围相一致,还可以使人们从这些小设施、小细节方面感受到其所在地域的文化魅力,从而使其得到延续与传承。

二、传统造型元素符号的运用手法

传统文化元素是历史的产物,其蕴含着深刻的文化内涵,我们不仅应该认真对待我国的传统文化,还要用现代人的审美眼光重新来看待它们,并将其传承下去。正如我国现代著名设计师靳埭强先生所说"我们不一定要画上京剧脸谱,穿上龙袍,才能让人认出是中国人。"我们要在对中国传统文化深刻理解的基础上,充分掌握其文化精髓,并使其与现代优秀的设计理念相融合,再加上景观设施本身所具有的可持续性,从而使中国传统文化在古城景观设施设计中得到延续与拓展更新。具体运用手法有以下几种:

(一)借用与融入

"借用与融入"的运用手法是指在历史文化古城景观设施设计过程中,将与现代景观设施功能、造型相似的传统元素符号进行借鉴和移植。每座古城都有自己独特的建筑形式和传统文化,它们是历史发展的积淀,是人类创造的结晶。景观设施是历史文化古城地域文化的一种载体,在景观设施设计中融入特色的传统元素符号,可以使人们在使用或欣赏这些景观设施的同时,还能了解他们所处城市的历史文化。

例如,作为中国古建筑第五立面的坡屋顶,它象征着我国别具一格的传统建筑艺术形式,从中能够体现出我们民族的审美观念和文化价值。这种坡屋顶不仅能够满足基本的遮风避雨的需求,而且它还具有强烈的装饰效果和艺术价值。因此,在一些历史文化古城的公交候车亭设计中经常借用坡屋顶这个特殊的传统元素符号,以此来展现这个地区独特的地域文化。除此之外,中国古代传统照明工具"灯笼"也被广泛应用在现代路灯设计中。虽然路灯是在第二次工业革命之后,随着经济和科学技术的飞快发展而逐渐形成的,但是灯具的形式却是在很早以前就有了,那个时候的照明还主要是靠"火"。我国古代的灯具有各种各样的,而灯笼是其中最常用的,在当今的社会,我们依然随处可以看到它的身影。所以,在历史文化古城的照明设施设计中采用这些具有内在联系的"灯笼"造型来作为设计元素,可以使其在丰富古城视觉环境的同时也可以使地域文化得到传承。

(二)衍化与转换

"衍化与转换"的运用手法是指将历史文化古城中特有的传统造型元素进行概括、提炼并对这些元素符号加以转换、简化处理等,使其更符合现代社会的需求。厚重的历史文化以及丰富的民间工艺等等都是历史文化古城区别于其他现代化城市的重要因素,而且它们也是古城留给我们的宝贵财富。但是随着社会的发展,古城中的有些设施或者元素也许已经失去了它原本的功能作用,但是作为一个时代的文化产物,在现代化的今天,它们仍然具有独一无二的艺术价值及审美价值。所以,我们可以在对这些传统造型元素进行提炼的基础上,并对其进行演变和转换,使其更符合现代人们的审美需求,并结合景观设施的功能特性,将传统文化元素符号运用到古城景观设施设计中去,这样不仅可以增加景观设施的文化内涵,使其具有更长久的生命力,还能使人们感受到一种亲切感。如古建筑中的飞檐、斗拱、传统的镂空门窗元素,还有历史上遗留下来的牌坊等等,经过变化、改造,运用到现代景观设施设计中,可以使古城的记忆得以延续。例如,苏州某街头的标识牌设计就是将中国传统的牌坊进行一些衍变、简化而形成的。

（三）分解与重组

"分解与重组"的运用手法是指将经过提炼后的传统造型元素进行打散、分解以后再重新进行排列组合,进而形成具有现代艺术感染力的设计。这种形式的设计手法在景观设施设计中是有很大难度的,如果灵活运用可以创造出多种多样的景观设施造型,如果使用不当会造成景观设施造型与其想要表达的文化内涵相背道而驰。这就要求我们在历史文化古城的景观设施设计中,要恰当合理地运用分解重组的设计手法,从而使景观设施很好地体现出它的形态化特点,以及它所具有的独特的文化气质。例如,苏州博物馆中凉亭的设计,其设计灵感就是来源于苏州传统亭台的造型,设计师将其分解重构,演变成一种新的几何体造型,在材质方面也选用了新型的玻璃和金属材质,但它在整体的色调和风格方面延续了原有的拙政园的建筑风格,它们之间即相互独立,有相互借景、相互映衬,呈现出和谐统一的苏州地域文化特色。苏州博物馆的照明设施亦是如此。

第七章 河北历史文化名城的保护原则

第一节 河北历史名城的"四性"与保护模式

2013年8月24日,习近平总书记作出重要批示:"充分肯定近年来正定古城保护工作。要继续做好这项工作,秉持正确的古城保护理念,即切实保护好其历史文化价值。"

一、保护历史古城"四性"

对于中国历史古城的保护,需要遵循四项基本原则:原真性、整体性、可读性、永续性。

原真性:作为一个历史古城,经过保护修缮,可以让原本破败的历史遗存"延年益寿",保持古城的历史风貌。比较著名的江苏省周庄古镇,就是按历史风貌的原样进行修缮,从而保存了明清古镇的特有风味,重现了"明清风光"。原真性就是要保护历史文化遗产原本的真实历史原貌,要保护它所遗存的全部历史信息。整治修缮要坚持"整旧如故,以存其真"的原则,修补要用原材料、原工艺、原式原样,以求达到原汁原味,还其历史本来面目。

正定古城内一幢重要的历史建筑——王士珍故居的修缮,就很好地体现了原真性原则。王士珍与段祺瑞、冯国璋并称为"北洋三杰",其在正定的故居于1982年被批准为县级重点文物保护单位。但后来王士珍故居却被改造成了中式饭店,以"王家大院"的身份出现在公众视野中。王家大院前面的沿街商铺显得不伦不类,违背了文物保护单位的保护要求。值得庆幸的是,在正定历史文化名城保护规划的指引以及各方利益博弈之下,王士珍故居终于卸下了"王家大院"的身份,拆除了前方的沿街商铺,增加了绿地,修建了照壁,整治了周边环境,作为重要的历史文物保护起来。

整体性:历史文化遗存是连同环境一并存在的,保护不仅是保护其本身,还要保护其周围的环境。特别对于正定古城而言,要保护其整体城区的环境,这样才能体现出历史的风貌。整体性还包括其文化内涵形成的要素,如正定隆兴寺历史文化街区就应该包括周边居民的生活活动和与其相关的所有环境对象。①

可读性:就是在历史遗存上读出它的历史,就是要承认不同时期留下的痕迹,不要按照现代人的想法去抹杀它。大片拆迁和大片重建都不符合可读性的原则。比如——个六七十岁的老人,通过整形、美容后,虽然人变漂亮了,可是再也看不出脸上的岁月沧桑了。在20世纪80年代的淮安,有一座很大的水闸,当时保存很完整,是大运河上挡黄河水的闸口,如今虽然水闸还在,但是周围环境改变了,水闸旁边的老房子拆掉改成了草坪和花坛,看起来很漂亮,可是历史景观却没有了。历史风貌是有价值的,如果改变了,无论新的景观多漂亮,历史价值也就不复存在了。在正定开元寺历史格局恢复项目施工中,我们从现场发现的厚重的土层中就可生动地读出隋唐、五代、宋、金、元、明、清、民国的历史印记。

永续性:保护历史遗产,是一项长期的事业,确定了就应该一直保护下去,没有时间限制。有的历史遗产如果历史资料不明确,一时做不好就慢慢做,不能急于求成,我们这一代不行下一代再做,加强教育使保护事业持之以恒。

在正定南关村的改造过程中,施工队无意间挖出一座古石桥,霎时间引来无数游客和摄影爱好者竞相观看。据当地老正定人回忆,最早的时候这座石桥就把附近的村庄一分为二了。石桥以北叫"上关",石桥以南叫"下关"人们若是想从"下关"到"上关"的话,必须从石桥经过。后来设立"南关"之后,石桥也是大家进城的必经之路。这座石桥,经专家初步判断建于明代初期,文物部门还将继续对石桥进行研究。按照以往的经验,南关改造完成后,可能将会对其给予遗址展示性保护的措施,目前重新填埋,主要是就地保护,古桥未来的命运,还需要专家和相关部门拿出最终的保护方案。如果没有想好,就不要急于动工,可先将其周边保护起来。在历史文化名城保护中耐得住寂寞,不急功近利,才是永续发展的保护精神。

①江海旭,李宛陈,常改欣. 抚顺市城市文化景观保护与旅游活化路径研究:基于创建历史文化名城的视角[J]. 边疆经济与文化,2022(3):64-66.

二、中国历史古城保护模式

保护历史古城有两种模式,一种模式是保护旧城的主要格局和主要文物古迹,并对旧城进行改造和建设;同时向旧城四周辐射,进行新的城市建设。千年历史古城西安的保护规划就是这一模式的典例,规划中把文物古迹和古都风貌作为重要因素考虑,以现存的古城为中心,向四郊均衡发展,将全市分为五大块。规划中突出了保护古城的完整格局,对标志性古建筑如钟楼、鼓楼、城墙、城楼,特别注意保护维修,它们仿佛是城市的眉眼,眉眼分明则古城面目清晰。对汉唐都城的宏大规模,规划则用城南宽阔的林带和道路来体现。同时,规划中明确划定历代遗迹的保护范围,也增强了西安国际旅游的吸引力。

这种规划模式,适用于旧城面积较大、文物古迹多而分散、情况比较复杂的名城,采取分工、分片和点、线、面相结合的保护办法。像北京、南京、开封、杭州等,也大体采用这种模式。

另一种模式是尽量保护旧城的传统风貌,不在旧城内大拆大建;同时在旧城外开辟新城,进行大规模的现代化建设。这样既满足了现代建设的需要,又缓解了旧城中人口过密、居住条件差、交通拥挤等矛盾。20世纪50年代初,古城洛阳的总体规划就采用了这种"保护旧城,另辟新区"的做法。洛阳将新兴的工业区设在远离旧城的涧河以西,这样就保护了已有700多年历史始建于金代的洛阳旧城,旧城内密集的文物古迹,精良的古建筑均未受到破坏,同时也保护了旧城近旁的地下遗存。现在洛阳新区已具规模,功能合理,道路通畅,设施完善,在经济上有了一定基础后,可以从容地来研究在改造的同时保护古城风貌的问题。在中国历史古城中采取这种模式的还有苏州、安阳、潮州、平遥、丽江等城市。

这种脱开旧城、另建新区的规划布局模式,适用于旧城面积不大,历史文化遗存较多的城市。这样既可对旧城的历史风貌予以保护,又可使新的建设较为方便和顺利。正定古城的保护适合第二种模式,保护正定古城的传统风貌,在古城东侧发展正定新区。

第二节 整体保护框架的提出

　　著名城市规划师沙里宁说:"让我看看你的城市,我就知道你的人民在追求什么。"每一幢年代久远的建筑,都是记忆历史的遗存,它们见证了尘世沧桑,历史和民族的沉淀使之产生引力,发散魅力。然而,越来越多的旧街老巷,还有散发着传统气息的老房子,随着大规模的城市建设、城市改造而迅速灰飞匿迹。在高楼林立、日趋格式化的都市里,它们消失的身影让人们心生怀念。城市的发展是无可非议的,地球在转动,社会要进步,我们绝不是要回到旧时代,然而错误的是"不分青红皂白全部拆除",于是在"大发展"的浪潮下,过去的那些遗存、那些历史的印记陡然消失了,而这种消失却永不再生。书店里出现了不少的老照片画册,用老照片来定格那一张张城市的老面孔,立此存照以慰后人,然而消逝的城市记忆无法复原,城市特色荡然无存,老照片只能让人们更加伤感。

　　正定古城拥有非常丰富、宝贵的文化资源,因此,认清古城的城市特色与价值是保护古城的前提和关键。①

　　纵观当今世界,但凡有这样的辉煌文化的城市都具有一般规律:第一,这座城市一定在历史上有过辉煌灿烂的历程,历史上曾经繁荣过,否则不会在今天留下大量较高品质的文化遗产;第二,一座千年古城,一定是经过一段时间的沉寂,如果一直繁荣至今一定是不断地改造,不会留下这么多特色;第三,这座城市一定是在当代发展中,其决策者高瞻远瞩,准确把握特色,把握发展机遇,凸显自己城市的文化特色,使城市得以复兴。这三点规律使一座历史古城可以保留非常丰富灿烂的历史文化资源。正定这座千年古城,有过历史上的繁荣和衰败,正定历史文化名城的保护与更新,理应从多方位进行定性,多层次实施历史文化名城保护,以古城保护为主线,以古城有机更新为核心,全面恢复正定古城特有的"一城四门双十字,九楼四塔八大寺"的整体格局与风貌,凸显正定作为"千年古郡、北方雄镇"的文化地位与定位,把正定古城建设成为国内外知名的文化明珠、旅游名城和经济强县。

---

①林林. 中国历史文化名城保护规划的体系演进与反思[J]. 中国名城,2016(8):13-17.

一、正定古城的城市特色

正定古城的城市特点可以概括为"河朔之根"四个字。从城市地位上看,因为"河朔之根"的重要地位,所以正定在历史上长期是河朔地区的政治经济中心,也是兵家必争之地、交通要冲;从山水格局上看,正定作为河朔之根,在地势上具有"山回水绕、气足神完"的特点;从城市文化上看,只有"河朔之根"能够汇聚四方人文,使之名人辈出,创造出严整的古城形制和瑰玮灿烂的古建筑。

(一)历史之根

正定古城是历代交通要冲、兵家必争之地。河朔北面与西面群山环绕,东以渤海拱卫河朔腹心,南面敞开大口作侵吞中原之姿,又以三河控制河朔局势之命脉,整体地势俯视中原,居高负险,有建瓴之势。正定位于河朔之腹心,南靠滹沱河,北临老滋河,是军事上的一大重要屏障,成为难攻易守的战略要地、军事要塞。

正定古城是历代河朔地区的政治经济中心。自北魏至清末,正定一直是郡、州、路、府、县的治所,是河朔地区的政治、经济中心。而正定历朝历代都设有国家政事部门与国家军队,镇守河朔地区,以此来维护统治阶级的地位。正定的经济也十分发达,主要体现在农业、林业、工业和商业上。农业方面,地下水丰富,灌溉工具先进,是历史上重要的产粮区;工业方面,宋代的锻造与酿酒、唐代的纺织历史上享有盛名;商业方面,正定凭借发达的交通网络形成重要的区域商业中心,集市贸易十分发达。

(二)形胜之根

正定古城不仅体现了"山回水绕"、"气足神完"的形胜,而且拥有独具特色的古城形制。一方面,河朔地区北依恒山,南临滹水,右抵太行,左接瀛海,正定居河朔中央,可俯瞰中原,通达天下。同时,正定古城与太行山、滹沱河关系也极为密切。据光绪元年(1875年)的《正定县志》载:"县之来龙发祖恒山,同峦重叠。自阜平、行唐、灵寿至孔村入境,蜿蜒起伏,南行至曲阳集,发为小鸣泉、大鸣泉;又西南行至雕邱、沙同复起,绵亘于城北,抱城之西、绕城之东,为城外之外沙,此正脉。其旁脉上接灵寿、白马同志白店村入境,东南行至邵同村,同尽而伏,至雕邱复起,与正脉合。"另一方面,正定古城的整体格局为"滋河亘其北,滹沱绕其南,柏棠河带其

西,旺泉河抱其东",反映了典型的平原地区古城营建的基本理念与选址
艺术;古城外西南高坡为外堤,回水堤为内堤,没有分水闸。城内外国多
为空地,四角设泉,东城墙设两处水门,充分体现了古人守城护城与防洪
治涝的规划思想;古城内保存较为完整的府城形制、街巷体系、空间尺度、
历史遗存与景观资源等,对研究古代的城市营造格局与手法、重要建筑的
选址与布局具有重要的历史价值与科学研究价值。

(三)文化之根

历史给正定留下了瑰丽灿烂、风格独特的众多名胜古迹,素有"九楼四
塔八大寺,二十四座金牌坊"之美誉。其中古城内拥有国家级8处、省级2
处、县级10处,共20处文物保护单位,具有极高的历史价值、艺术价值与
科学价值,堪称"国之瑰宝",形成了数量众多、建筑形态多样、空间布局考
究的古建筑群落。

正定古城8处国家级文物保护单位中的5处是佛教建筑,自古以来正
定就是佛教圣地。佛教自汉代传入中国即传入正定,鼎盛时期正定境内寺
庙上百座,香火兴盛,历久不衰,是各朝各代重要的佛事中心,历史上堪称
一座佛城。临济宗是禅宗五家教派唯一传承且发展下来的宗派,临济寺是
临济禅宗的祖庭,佛教僧侣信徒皆以临济圣庭为尊,以朝谒为荣。佛门堪
称"临济儿孙遍天下"。临济寺在中国佛教文化发展中有着无法替代的地
位与影响力。

敦煌莫高窟61洞的显要位置有一幅2.5米高、13米长的壁画,记录的
就是唐代从正定到五台山的一条"进香道",这条进香道自河朔中南地区
的政治经济中心正定始,到唐代佛教圣地、中国佛教四大名山之首五台山
止。"五台山进香道"是河北朝五台之主要路线与商旅行人之重要交通线,
其不仅在宗教巡礼方面具有重要的文化意义,还具有一定的商旅通行、货
物往来的经济功能。

正定人杰地灵,历代名人层出不穷。其中最具代表性的包括:西汉南
越王赵佗,是开发岭南第一功臣;三国名将赵子龙,位列"五虎上将",智勇
双全,屡建奇功,英名传世,"赵云文化"被人所称赞至今;金代蔡松年、蔡
理父子文开一代新风,鼎盛于金元朝野;"元曲四大家"之一的白朴,所作
杂剧,火爆瓦市,形成元曲巅峰,对后代戏曲的发展具有深远的影响;还有
明代剧作家梁梦龙、清代收藏家梁清标、清末民初"北洋三杰"之首王士珍

等。正定历史上名人众多,除赵佗、赵云、梁梦龙、白朴等正定借大家名士以外,历史上帝王将相多在正定留下踪迹,光武帝刘秀的麦饭亭传说等脍炙人口。

悠久的历史留下了众多的故事和传说,同时也形成了正定特有的风俗习惯和生活传统。正定民俗风情古朴独特,服饰、饮食、民居、运输工具等方面地域特征显著;民间腊会、庙会、花会等颇为辉煌壮观,常山战鼓已申报为省级非物质文化遗产;正定也是元杂剧的摇篮与中心,以白朴为首的杂剧创作作家群推动了杂剧的发展成熟并走向鼎盛。这些非物质文化遗产极大地丰富了正定的历史,增添了正定古城的文化底蕴和价值特色。

二、物质文化遗产价值评估

中国古城历史悠久,历史古城镇遍及全国,大部分都有两三千年的历史。这些古城古镇拥有优美的自然环境,保存了名胜古迹和各具特色的乡土建筑,它们体现了中华民族灿烂的历史文化。中国历史古城不像欧洲的古城出现过几次衰落,中国古代社会长期处于统一的国家统治下,城市历史延续绵长,古城中留下很多不同时代的历史建筑和文化古迹。保护中国古城的价值特色,就是要让我们的后代子孙知道我们的祖先创造的文明有多么伟大!

正定古城的城门、城垣、街道、塔楼、寺庙等这些实体的物质形态记载着正定从鲜虞国时期至今发展的过程,一点一滴都见证着这座古城的沉浮变迁。无论是古城的山水格局、城垣形制还是街巷院落、古迹遗存,都具有极高的历史价值。做好这些物质文化遗产的评估工作,是进行保护的前提和基础。本书中我们将所作的规划以文字的形式呈现给读者,供业界人士参考。本次规划将物质文化遗产分历史城区、历史文化街区、文物保护单位三个层面进行分析评估。

(一)历史城区层面的价值评估

历史城区保护的主要内容包括古城山水格局、城垣形制、古城格局、传统街巷、传统建筑以及古迹遗存。

从山水格局来看,正定古城的选址完全体现了古人的山水观。正定古城处于河朔地区的中心,北依恒山,南临滹水,右抵太行,左接瀛海。清代的《读史方舆纪要》中记录了太行八陉对中原地势的重要作用,而正定处于飞狐口、紫荆关、倒马关和井陉的隘口,加之河朔地区的整体地势高于中原地区,由此可看出正定具有独扼四关、俯瞰中原的地理态势。

从城垣形制来看,正定古城形制的价值在于它规模宏大而又相对完整。现存有大部分城墙,西城门与南城门还存有瓮城,护城河虽不能畅流,但河道走向基本保留,东、西、南、北四关作为古城的城关清晰可辨。

从古城格局来看,以"双十字"为核心的城市空间构架基本完善,道路功能与城市主要公共建筑之间的对应关系基本形成。现存的中山路、镇州街和燕赵大街"双十字"是正定历史城区重要的结构特征,对今天的城市建设特征依然具有重要影响。正定古城的公共设施、商业服务设施布局依然按照"双十字"结构中的中山路和燕赵南大街布局。正定古城内部格局也体现了古人朴素的城市设计思想:对正定的建筑风貌进行了精心的设计,主要建筑之间存在严格的几何构图关系,整体上有严格的景观构图和巧妙的组织。城墙、城门的选位与走向与城内建筑有着严格的对位关系。

从传统街巷来看,正定古城街巷格局的总体特征呈现出"双十字"结构:主要街巷——内部街巷的递进式、生长式复合网络构架。主要街巷的生成肌理一般是由"双十字"结构中的开元路、燕赵南大街和镇州街向其垂直方向伸展,串联"双十字"构架和主要公共建筑;在主要街巷的网络构架下,民居组团的街巷格局也呈现出网格状的基本特征。

从传统建筑来看,正定古城的基本建筑特色为:平屋顶为基本面,坡屋顶成团成簇,院落中乔木树冠密布点缀。其中正定民居的"平屋顶"是正定整体风貌特征的重要组成部分。正定民居多为一进或多进合院形式,以传统"平屋顶"为主。一般采用平顶门、砖砌拱券门或方形切角门,传统窗框形式多为长方形,窗框内一般镶嵌木雕花格窗扇。

(二)历史文化街区层面的价值评估

正定古城内有两片历史文化街区,一片是以开元寺、梁氏宗祠和蕉林书屋3处文物保护单位为核心的开元寺历史文化街区,另一片是以国家级文物保护单位隆兴寺为核心的隆兴寺历史文化街区。

开元寺历史文化街区基本形状为方形,跨历史街巷燕赵南大街布局。街区内传统街巷格局尚在,主要历史街道有燕赵南大街、中山路、府前街。街区集中了3处文物保护单位:全国重点文物保护单位开元寺、省级文物保护单位梁氏宗祠和县级文物保护单位蕉林书屋。开元寺周边民居建筑多为传统风貌建筑和与传统风貌相协调的建筑,其中部分建议列为历史建筑。经评估,开元寺历史文化街区以国家级文物保护单位开元寺为核心,民居街巷为肌理,是同时承载庙宇文化与市民生活的典型街区。

隆兴寺历史文化街区内传统街巷格局尚在,主要历史街道包括中山路、大寺前街、行宫西街、卫前路。街区内包括全国重点文物保护单位隆兴寺、省级文物保护单位正定城墙东城门,周边民居建筑以传统风貌建筑和与传统风貌无冲突的建筑为主。经评估,隆兴寺历史文化街区以国家重点文物保护单位隆兴寺为核心,民居街巷为肌理,是同时承载庙宇文化与市民生活的典型街区,具有较高的文化价值与历史价值。

(三)文物保护单位层面的价值评估

正定古城文物保护单位众多,现对其中代表性的文物保护单位择要进行价值评估。

隆兴寺作为河朔名寺,历经千年,见证了唐宋至民国时期我国北方佛教文化的发展变化,寺院基本保存了宋代的建筑格局,是国内现存宋代建筑及塑像、石刻较多的寺院建筑之一,是研究宋代建筑、造像、雕刻艺术特别是营造法式珍贵的实物遗存。

临济寺作为我国佛教禅宗五家中流传最盛的临济宗发祥地之一,见证了中国佛教传承和发展变化,在国内外禅宗佛学领域仍具有较大影响。临济寺和澄灵塔是研究中国佛教史及佛教建筑艺术的珍贵遗存,具有很高的历史、艺术与科学价值。此外,临济寺作为临济宗的发源地,与国内外佛教领域保持交流至今,且在一定程度上传承了临济宗的教义和宗教文化活动,具有一定的社会价值。

开元寺作为正定城内现存寺院中始建年代最早的寺院,见证了东魏至今我国北方佛教文化的发展变化,寺院仍然保存了塔和楼相对称的平面格局,被誉为我国现存寺院中之孤例,是研究我国佛教寺院布局演变的珍贵遗存。钟楼为我国现存唯一的唐代钟楼,是研究唐代钟楼结构及钟和楼之间力学关系的重要实物建筑。须弥塔塔身简洁端庄,规整方正,体现了典型的唐塔建筑艺术风格,具有很高的艺术价值。

正定府文庙的建造,是北宋兴学运动的产物,其现存载门,既是府文庙现存的最重要的历史建筑,也是正定城中唯一保存的元代木结构建筑,具有极强的稀缺性和代表性,为研究正定城市发展史,尤其是其元代发展史提供了生动的实例资料。

正定县文庙的建造,是儒家思想在封建社会中受到广泛重视并发挥重要作用的实物例证,其主体建筑大成殿为五代建筑遗存,历经几个世纪保存下来,其年代类型及建造手法珍稀独特,在全国文庙中有重要地位,是研究五代时期建筑类型以及文庙建筑发展史的重要实物例证,具有极高的价值。

天宁寺内的凌霄塔砖结构和木结构以第三层为界分层结合,其结构科学合理,是研究我国古塔结构及发展的珍贵实物资料,具有极高的历史和科学价值。

广惠寺内的华塔为一座造型独特、结构富于变化的塔,由主塔和四隅小塔组成独特的平面布局、繁华富丽的上层壁塑等,整体造型别致,艺术表现手法独特,极具创意性,为我国花塔类型之孤例,是研究我国古塔的历史、艺术、类型等珍贵的实物遗存。

三、非物质文化遗产价值评估

非物质文化遗产是指具有社会人文价值的文化、艺术、传统、风俗、工艺等方面的历史遗产。正定非物质文化遗产涵盖了非物质文化遗产分类中的若干类别,包括传统表演艺术、民俗活动、传统手工艺技能等以及与上述传统文化表现形式相关的文化空间。正定非物质文化遗产地方特色鲜明,体现出高超的传统技能水平与文化创造力,见证了正定古城的文化传统。现已列入非物质文化遗产的共9项,其中常山战鼓和正定高照被列入国家级非物质文化遗产,跑竹马、宋记八大碗、马家卤鸡被列入省级非物质文化遗产,元杂剧《墙头马上》、赵氏剪纸艺术、刘家卤鸡手工制作技艺、正定腊会被列入市级非物质文化遗产。

除此之外,还有许多未列入级别的非物质文化遗产,它们同样底蕴深厚、民俗古朴,共同丰富着正定的文化资源。诸如与赵佗、赵子龙、蔡松年等地方名人相关的口头传说;布龙等传统表演艺术;民间花会、庙会等民俗活动礼仪节庆;纺棉、地方小吃等传统手工艺技能等。当然,还有些与上述传统文化表现形式相关的文化空间,如阳和戏台等。

四、保护框架

拥有深厚历史文化积淀的正定古城整体性保护思想尤其重要。"整体性保护"是一种动态的文化保护,涵盖了物质空间和社会生活的保护。"整体性保护"在国际上被认为是城市历史地区保护和发展的"唯一有效的准则"。不仅仅要关注人工造就的物质形态遗产的保护,更要关注作为背景要素与环境必需的自然生态系统的保护,也要关注作为物质形态遗产源流的地方性历史文化传统的保护,以及历史形成的地方性社会保护体系的保护。

基于整体性保护的思想,正定古城坚持"遗产保护+社会发展"的策略,不仅坚持正确保护理念,保护历史建筑、空间肌理等实体特征,而且坚持保护居住在其中的生活者以及社会网络。

(一)关注遗产保护,坚持正确理念

正定历史文化名城的遗产保护抓住了文化景观这一国际保护文化遗产的趋势,即人与自然共同创造的文化捷径,尊重自然,尊重生态,尊重环境,把文物古迹和生态一起保护的理念。

故宫博物院院长单霁翔曾把文化景观分成八个类型,而正定几乎囊括了这八种类型,可以说是非常难能可贵。比如"一城四门双十字"的城市类文化景观,比如山水类文化景观、宗教类文化景观、军事类文化景观等,这些包括乡村类、遗址类、民俗类甚至产业类的文化景观,在正定都有突出的表现。所以对于正定古城的保护,不应该只突出一类文化遗产的保护,比如佛教宗教类保护,而应该采取多方位的保护,这样的正定才会与众不同。

保护的内容包括古城空间格局的保护,古城天际轮廓线的保护,古城传统文化的继承和传统经济的发展,保留古城原住居民的入住,并且改善他们的生活和工作环境。正定保护工程最为重要的一条经验就是:严格按照保护规划实施。从沿街居民保护整治到重点文物古迹的修缮修复,无一不是按照修建性详细规划实施的;同时在保护工程中遵循了科学、正确的保护理念,采用原材料、原工艺、原样式,认真贯彻了"修旧如旧,以存其真"的保护原则。

(二)关注社会发展,保护让利于民

正定古城保护工程以市政基础设施先行,所有管线都接到户,原有影响历史风貌的市政管线入地,恢复街巷的石板路面。街景整治工程中,并不是只解决沿街一层皮的立面问题,而是将居民对沿街建筑与院落的改善要求结合起来,在符合历史风貌保护要求的前提下,尽可能满足居民的建筑面积、朝向等各个方面的要求。由于政府在实施中坚持群众路线,工作细致周全,使正定居民充分认识到保护将为他们的生活带来更大的益处,因此各项保护工程得到了居民的积极拥护。

第三节 物质文化遗产保护措施

名城保护体系形成了三个保护层级:以历史城区为主体,以历史地段为重点,以文物古迹为依托。它们所对应的法定概念就是"历史文化名城、历史文化街区(村镇)、文物保护单位",分层、分类、分级的保护体系是名城保护的核心内容,不同的保护层次对应不同的保护方法。城市遗产保护对象不断地拓展丰富,随着保护观念的变化,逐渐呈现出"应保尽保"的趋势。

一、历史城区的整体保护

历史城区是体现名城文化价值的核心区域,因为一座古城要远比一组古建筑群复杂且丰富得多,这是感知城市文化特色与氛围最直接、最重要、最全面的部分。30年名城保护的得失证明了历史城区整体保护理念的必要性和可行性,加强从重点保护转向全面保护的保护观,是历史城区保护的关键。历史城区保护的内容主要分三大方面:一是保护文物古迹和历史地段,尤其是它们的周围环境;二是保护和延续历史城区格局和风貌特色;三是继承和发扬优秀传统文化。①

正定古城历史城区的范围包括古城墙、护城河及其以内的地区和古城周边的城关地区(东关、西关、南关、北关)等区域,总面积8.9平方公里。

古城保护规划的结构确定为:一环、一河、四关、双十字。"一环"指的是古城墙;"一河"指的是护城河;"四关"分别指东、西、南、北四关;"双十字"即是燕赵南大街、镇州街、中山路形成的古城轴线。对于历史城区主要从城垣形制、街巷格局、天际线、景观风貌这四个方面进行保护。

①刘璨.历史文化名城的现代改造探析[J].周口师范学院学报,2016,33(6):76-77.

在城垣形制方面,遵循保护的原真性、可读性和整体性原则,在城墙的保护范围内按照文物保护规划的要求进行严格保护,严格控制监控地带内的一切建设活动,整治和改善环境。规划中结合正定城墙的实际情况,采取多样的保护修复措施。针对护城河,规划对现状河道进行清淤整治,保护护城河的河道走向,并整治河道周边环境,建成城墙公园。

在街巷格局方面,保护以中山路、燕赵南大街与镇州街的双十字轴线为骨干的传统街巷整体格局,控制双十字轴线两侧建筑的高度、体量、色彩、形式及绿化配置。中山路西起西城门,东至城东军事用地,位于古城正中,是古城的东西轴线,总长2350米,两侧保存了3处全国重点文物保护单位、3处县级文物保护单位、31处历史建筑和优秀近现代保护建筑。燕赵南大街北起北城墙,南至南城门,全长3200米,历史上街巷名称有府学东街、府学西街、北大街、南大街、古楼前街。镇州街北起北城门,南至生明胡同,全长2700米。正定古城街巷格局总体特征呈现出"双十字"结构一主要街巷一内部街巷的递进式、生长式复合网络构架。正定共有13条历史街巷,除了前述三条主要街巷外,还保存有东垣街、行宫西街、大寺前街、阳和西路、赵云路、开元路、卫前街等。通过街道加法、减法、乘法、除法四种设计手法对这些街景进行立面整治,使其恢复富有历史文化内涵和现代生活气息的传统尺度街道空间,重新呈现古城内街道安全宁静、舒适宜居的历史价值。

在天际线方面,正定拥有最美丽的古城天际线,应该重点保护突出,使其成为我国以塔刹控制城市天际线的典范。规划中严格控制空间视廊范围内的建筑高度,保障空间视廊的通视。择机对影响空间视廊的建筑物予以降层或拆除。古人对正定古城的建筑风貌进行了精心的设计,主要建筑之间存在严格的几何构图关系,整体上有严格的景观构图和巧妙的组织。正定古城内古建筑和古塔的高度与体量对古城有着举足轻重的作用,保护这些古塔间的视觉走廊至关重要。规划中保护好九楼四塔和隆兴寺间的视觉通道,在建筑限高规划中预留出廊宽度,古城内按3米、6米、9米、18米四级控制建筑檐口高度。

在景观风貌方面,规划保护古城南向至滹沱河之间的环境与风貌,严禁在古城与西侧滨河新区之间沿线状京珠高速两侧隔离绿带内的建设,保证古城与新区间的景观互视。控制古城内建筑的性质、高度、体量、色彩与形式,突出大悲阁、凌霄塔、澄灵塔、华塔、须弥塔、南门等重要古建筑在整体风貌中的统领地位。控制东、西、南、北四关的建设规模,以及建筑的高度、体量、色彩,使之与城墙风貌相协调。

二、历史地段的渐进保护

习近平总书记曾对文物工作作出重要指示,他强调文物承载灿烂文明,传承历史文化,维系民族精神,是老祖宗留给我们的宝贵遗产,对提升文物保护水平提出"保护为主、抢救第一、合理利用、加强管理"的16字方针。

历史地段是指保留遗存较为丰富,能够比较完整、真实地反映一定历史时期传统风貌或民族、地方特色,存有较多文物古迹、近现代史迹和历史建筑,并具有一定规模的地区,包括城市历史街区、历史风貌区、建筑群等。历史地段的保护要划定核心保护范围与建设控制地带,并且确定核心保护范围内建筑的分类规划措施。

历史地段保护要坚持正确的理念,一是要保护真实的历史遗存,二是要保护完整的历史风貌,三是要保持永续的发展活力。

历史地段对应的法定概念就是历史文化街区,历史文化街区不仅是名城保护的重点、难点,也是名城保护的亮点,已经成为彰显名城特色和提升城市综合竞争力的重要方面。实践证明,历史文化街区的保护是个长期的复杂过程,需要积极践行,审慎渐进。保护真实风貌是历史街区保护的首要原则,要保存真实的历史信息,保护完整的历史风貌,延续真实的城市记忆;激发社区活力是历史街区的发展动力,街区功能的延续要完善,功能的转变要提升,从生活的街区走向文化的社区;政府理性主导是历史街区保护的根本保障,从"强介入、急进式"转向"微介入、渐进式"的实施模式,引导历史街区迈向永续发展之路。

在对正定古城内城区历史与风貌系统研究和评价的基础上,规划认为隆兴寺周边地区、开元寺周边地区历史建筑遗存集中,传统格局与风貌较完整,历史街巷保存较完好,是重要文物整体环境的有机组成部分,在古城空间结构中具有重要意义,街区内民居建筑历史建筑与传统风貌建筑众多,院落肌理清晰,建筑的建造方式朴素统一,能够反映正定传统民居在历史变迁一定阶段的真实情况,可划定为历史文化街区。

(一)隆兴寺历史文化街区

一个民族的复兴需要强大的物质力量,也需要强大的精神力量。习近平总书记历来高度重视历史文化遗产保护,并身体力行推动保护和抢救文物工作。他强调,历史文化是城市的灵魂,要像爱惜自己的生命一样保护好城市历史文化遗产。

隆兴寺历史文化街区北至兴荣路,南至卫前路南侧沿街建筑,西至东门里,东至城东街。保护范围总占地面积63公顷,其中核心保护区占地面积20公顷,包括国家级文物保护单位隆兴寺,以及周边的历史建筑与传统风貌建筑密集区域;建设控制地带面积43公顷,包括东门里、东关等重要保护地段。历史街区内文物、历史建筑和传统风貌建筑占地面积占整个历史街区面积的72%。

规划严格按照文物保护法及文物保护规划所提出的保护要求,重点保护隆兴寺等文物保护单位。在对隆兴寺进行保护的基础上,结合民居整治更新,对隆兴寺周边建筑及其环境在高度、体量、尺度、建筑类型、材料、色彩等方面进行规划并严格控制,确保隆兴寺周边建筑环境的统一和完整。保护范围内除文物保护单位之外的所有建筑进行分类保护,包括历史建筑、传统风貌建筑、与传统相协调的建筑、与传统不协调的建筑,分别采取不同的保护整治措施。

在历史文化街区的核心保护范围内不得进行新建、扩建活动,但新建、扩建必要的基础设施和公共服务设施除外。在建设控制地带内新建建筑物,应采用传统屋顶形式,建筑色彩以灰色为主,严格控制建筑的体量与高度,新建建筑屋顶对角线不大于27米(隆兴寺山门屋顶对角线长度),与街区传统风貌相协调。

保护历史文化街区内传统街巷的格局尺度,保护历史街巷系统的完整性,并对沿街巷建筑的高度、体量,色彩及形式进行严格控制,恢复街巷传统铺装。规划建议重点对大寺前街进行重点保护与风貌改善,形成以居住为主、间或有特色商业内容的传统街巷,同时对其他传统街巷进行风貌改善,形成传统风貌明显的居住型街巷。街区的核心保护区内建筑物严格控制檐口不超过3米(屋脊不超过5米);建设控制地带内建筑物檐口高度一般不超过3米(屋脊不超过5米),在不影响空间视廊及文物保护单位的整体风貌与环境的前提下,檐口高度可适当放宽至6米(屋脊不超过9米)。

2015年10月,隆兴寺天王殿修缮竣工。据记载,天王殿最后一次修缮是民国年间。历经百年的风雨侵蚀,天王殿出现了瓦顶漏雨、檩柱、椽子糟朽等现象。为了更好地保护这座古建筑,经国家文物局批准,对天王殿进行修缮工程。工程于2014年3月动工,2015年10月竣工,历时一年零七个月。工程内容主要包括瓦顶揭瓦、梁架拨正、斗棋等木构件检修加固、柱子抽换等。重修后的天王殿,殿顶绿色琉璃瓦熠熠生辉,木构件重新油饰彩画后肃穆严整。古老的天王殿历久弥新,朱红色的油漆大门敞开怀抱,迎接八方游客的到来。

(二)开元寺历史文化街区

开元寺历史文化街区北至中山西路,南至石坊东路、西路,西至距开元寺西墙84米的南北向巷道,东至燕赵大街东侧沿街建筑。保护范围总占地面积9.7公顷,其中核心保护区面积6公顷,包括开元寺、蕉林书屋、梁氏宗祠3处文物保护单位、周边历史建筑和传统风貌建筑;建设控制地带3.7公顷,主要位于核心保护区东侧的历史建筑和传统风貌建筑集中区。历史街区内文物、历史建筑和传统风貌建筑占地面积占街区面积的比例为62%。

规划严格按照文物保护法及文物保护规划所提出的保护要求,对街区内的3处文物保护单位进行重点保护,对文物保护建设控制地带内的影响传统风貌的建筑物进行治理。开元寺历史文化街区的其他保护要求与隆兴寺历史文化街区相同。

目前,开元寺片区古城保护项目正在进行中,项目征收范围:东至燕赵大街,南至开元路南侧约25米,西至砖塔西巷,北至中山路(以规划出具的红线图为准)。开元寺是正定文化资源的重要组成部分,是正定现存寺院中始建年代最早的文物古迹,反映了正定的社会文化和悠久历史。此次保护项目先期对开元寺南广场遗址进行全面深入地考古调查、勘探、发掘和多学科综合研究,完善开元寺院落建筑格局,对开元寺在正定历史格局的地位有一个较为深刻、全面地认识,为将来开元寺保护与展示提供基础资料,为考古学研究、文物保护和正定古城发展建设提供科学依据。

为了保障开元寺南广场遗址考古发掘过程中出土文物的安全,施工中切实做好发掘现场的文物技术保护工作,考古队设立专门的技术保护小组;考古发掘期间,必须至少一人在岗,专职负责处理遗址发掘过程中遇到的脆弱文物的现场加固保护、重要遗迹或遗物的整体提取等文物技术保护问题。

根据开元寺南广场遗址的实际情况,此次发掘需要进行技术保护处理的遗存主要分为建筑基址和建筑材料、石器、陶器、金属器等。坚持"以防为主、防治结合"的基本方针和指导思想,建立科学有效的预防措施防止出土遗物或遗迹遭受环境骤变。因此,为使遗物及遗迹平稳过渡,在重要墓葬或遗址的上方构建具有足够工作空间,且能够防风、避雨的防护棚。同时,安装温湿度检测系统,对发掘现场的环境进行动态检测,以便及时采取相应的技术保护措施。

关于遗址本体的保护,对由于大风刮蚀、冰冻和大雨冲刷淋蚀引起的酥粉病害,采取高分子材料化学加固的方式进行加固保护;对由于干燥收缩、潮湿膨胀的反复作用和冻融的破坏而引起的开裂、块状剥落病害,采用高分子化学材料灌浆加固及锚固的方式进行加固保护;对于环境潮湿,相对湿度过大而在遗址表面引起的霉菌生长病害,采用酒精擦洗后,喷洒0.02%的霉敌酒精溶液等防毒材料的方式进行防霉保护处理。所有加固保护处理之后,使用草帘进行遮盖,以免再次受损,重要遗迹使用切割套取的方式整体提取回室内进行保存。目前现场考古工作正在如火如荼地进行中。

另外,根据正定现状历史遗存特征,综合考虑地形地貌、院落权属、道路等条件,划定5片历史风貌保护区:南城门及周边历史风貌保护区包括南城门及部分城墙等文物保护单位,护城河部分区段、南关村、燕赵大街南段等特色区域,总面积62.2公顷;燕赵南大街历史风貌保护区包括临济寺、广惠寺、赵生明烈士纪念碑等文物保护单位,包含燕赵南大街及两侧商铺和民居院落,总面积16.9公顷;镇州南街历史风貌保护区指镇州南街(中山路至清真路段),包含两侧以传统民居为主的院落及多处历史建筑,总面积6.3公顷;府前街历史风貌保护区包括子龙广场及府前街两侧民居院落,包含大唐清河郡王纪功载政之颂碑文物保护单位1处,北起常山路,南至中山路,总面积8.6公顷;西门及王氏双节祠历史风貌保护区包括西城墙城门、王士珍旧居、王氏双节祠等文物保护单位,总面积30.3公顷。

对5片历史风貌保护区保护更新方式宜采取小规模、渐进式,不得大拆大建。要严格控制其周边建筑的高度、体量、色彩、形式,除了对有价值的历史建筑进行修复和对有使用价值的非历史建筑进行整治外,拆除的部分要按照所在片区的历史空间格局形式布局新的建筑,用新的建筑替换原先的建筑,但要保证新建建筑在形式、高度、色彩等方面与周边历史建筑相互协调。同时还要根据地区发展的需要,在保护整体空间格局的前提下,保持原有肌理,安排新的公共空间,使之有序演变。居住功能为主的历史风貌保护区,一般不得改变其主体功能。

三、文物古迹的多样保护

文物古迹主要包括古建筑、古墓葬、古遗址、石刻、近现代有代表性的建筑、革命纪念建筑等具有价值的不可移动的实物遗存,对文物古迹采取多样保护有积极意义。由各级政府公布重点保护的文物古迹就是文物保护单位。《文物保护法》中对文物保护的方针是"保护为主、抢救第一、合理利用、加强管理",所有的保护措施都应该遵守不改变原状的原则。对于正定古城内的8处全国重点文物保护单位(隆兴寺、天宁寺凌霄塔、正定府文庙、临济寺澄灵塔、开元寺钟楼和须弥塔、广惠寺华塔、正定县文庙大成殿、大唐清河郡王纪功载政之颂碑)要严格按照文物保护规划进行修缮保护,在文物保护范围周边要划定建设控制地带,通过城市规划对这个地带的建设加以控制,包括新建建筑的功能、建筑高度、体量、风格等,将文物保护单位连同周边环境进行一体保护,科学展示,永续利用。

历史建筑是根据《名城保护条例》新增的保护对象,在类型和方法上可归为文物古迹一类。历史建筑在法定概念上是由地方政府公布保护的非文物建筑,因此,历史建筑的保护要有别于"文物保护单位"的保护要求,强调"保用结合、永续利用"。正定现存41处历史建筑,坚持"最大程度地保护,最低程度的限制"的原则,采用传统的"偷梁换柱""移花接木"的保护修缮方法,在不改变外观特征的前提下,允许对其内部进行适当维修和改造。对于历史文化价值较高的历史建筑,保护要求可参照文物建筑。

正定古城内的建筑分为五大类,除了文物保护单位和历史建筑外,还有传统建筑、与历史风貌无冲突的一般建筑、与历史风貌有冲突的一般建筑三类。对于传统建筑,原有建筑结构不动,局部修缮改造,在保护其建筑的格局、治理外部环境、修旧如故的同时,重点对建筑内部加以调整改造,配备市政设施,改善居民生活质量;对于正定古城内与历史风貌无冲突的一般建筑,规划采取保留措施;对于古城内与历史风貌相冲突的一般建筑,根据实际情况分别采取整治和更新的措施;若建筑质量较好,近期不具备拆除条件的,则采取降层、立面改造等整治措施,采取"宣判死刑,缓期执行"的策略,待远期机会成熟再予以更新。若建筑质量较差,近期具备拆除条件的,则予以更新。

四、县域历史文化遗产保护

正定县域历史文化遗产的保护结构为:一城、一区、一带、两体系。其中"一城"指正定古城;"一区"指新城铺文化遗产聚集区;"一带"指滹沱河文化遗产聚集带;"两体系"指历史古道体系与历史村镇体系。

对于正定古城,要严格保护正定古城垣、古城内部传统街巷、文物保护单位和历史建筑,整治疏浚河道,积极改善古城周边的自然环境。整治古城西北侧小商品城的建筑高度和风貌,择机拆除置换紧邻城墙、占压城墙的建筑;古城南部、东部应留有广阔的绿化空间,沿主要轴线应控制视线走廊畅通,确保古城的可识别性。

对于新城铺文化遗产集聚区,重点保护省级文物保护单位新城铺遗址和兴隆寺石碑二通,强化新城铺遗址与周边真武庙、兴隆寺遗址等其他古迹遗存的联系,在区域联系上注重对宋代北大道和清代驿道的保护,涉及文化遗产和古驿道的村落应当进行环境整治以及标识展示。相关地名、村名、河流名称一律沿用旧称,建设片区级的旅游服务设施。

对于滹沱河文化遗产聚集带,重点保护区内的大通胜智佛等文物保护单位和古迹遗存。对滹沱河沿岸村落进行环境整治,严控新建、加建建筑,保留村庄肌理。各文化遗产点的地名、水系名称、村庄名称应沿用历史称谓,如将南曲阳、东曲阳命名为大鸣泉、小鸣泉。

对于历史古道体系,规划对历史古道走向两侧的乡野景观进行保护整治;对历史古道串联的里铺村落进行适当保护,研究确定村落中主要道路的历史遗存信息,控制村落的建设规模与风貌,在重要节点树立标志加以展示说明;加强沿历史古道的遗产资源宣传。

对于历史村镇体系,加强对不同类型历史村镇文化内涵的挖掘。对始建于唐代及以前的木厂村、五里铺村、东汉村等,因寺庙成村的西临济村、大孙村、北白伏村等,因军营成村的教场庄村、南牛村、固营村等进行合理

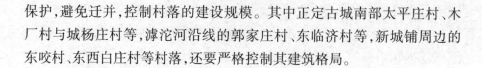

保护,避免迁并,控制村落的建设规模。其中正定古城南部太平庄村、木厂村与城杨庄村等,滹沱河沿线的郭家庄村、东临济村等,新城铺周边的东咬村、东西白庄村等村落,还要严格控制其建筑格局。

第四节 非物质文化遗产保护措施

根据联合国教科文组织《保护非物质文化遗产公约》定义:非物质文化遗产指被各群体、团体、个人所视为其文化遗产的各种实践、表演、表现形式、知识体系和技能及其有关的工具、实物、工艺品和文化场所。各个群体和团体随着其所处环境、与自然界的相互关系和历史条件的变化,不断使这种代代相传的非物质文化遗产得到创新,同时使他们自己具有一种认同感和历史感,从而促进了文化多样性和激发人类的创造力。

一、保护项目

正定古城有着5000年文明史,在漫长的历史时期,勤劳智慧的正定人民创造了丰富的非物质文化遗产。这些文化遗产蕴涵着正定人特有的精神价值、思维方式和想象力,是正定古城基本的文化识别标志。保护这些非物质文化遗产有助于我们深刻认识城市发展演变的内在过程和文化内涵,更加合理地把握城市未来的发展定位和功能选择;同时,将那些在现代生活中仍具有积极意义的非物质文化遗产合理有序地注入那些被保护下来或者修复后的历史场所中去,也能促进优秀的传统文化在原生态的空间环境中得以再生。

非物质文化遗产保护工作坚持政府主导,社会参与,贯彻"保护为主、抢救第一、合理利用、加强管理"的方针,将非物质文化遗产的保护传承同物质文化遗产保护与利用有效结合起来,相互促进。物质文化遗产主要为非物质文化遗产的保护与传承提供文化发展、传承演习的空间。①

正定拥有悠久的历史与丰富的自然文化资源,大量宝贵的非物质文化要素得以在此传承至今。规划尽可能多地将非物质文化遗产与正定古城内相关地段进行重复展示,加大非物质文化遗产的保护传承力度。

①代涛. 城市规划设计与历史文化名城保护研究[J]. 建筑工程技术与设计,2016(12).

二、保护措施

正定应当尽快建立非物质文化遗产保护中心,重视在非物质文化遗产领域确有专长的非政府组织和个人,开展有效保护非物质文化遗产,特别是濒危非物质文化遗产的科学、技术和艺术研究以及方法研究。针对正定古城现存环境的状况,将保护规划中指定的非物质文化传承分以下7个层面进行:

(一)建立非物质文化遗产档案和资料库

在做好非物质文化遗产普查的基础上,运用文字、录音、录像、数字化多媒体、网络等多种方式,对正定县各类非物质文化遗产进行真实、系统全面的记录,建立非物质文化遗产档案和资料库,并在书面档案和实物资料的基础上,建立网络电子数据库,方便市民查阅。

(二)建立健全非物质文化遗产代表作名录体系

参照《国家级非物质文化遗产代表作申报评定暂行办法》(国发办〔2005〕18号附件),结合具体情况,通过专家论证、市民投票,建立健全非物质文化遗产代表作名录体系,报石家庄市政府文化部门备案。

(三)建立切实可行的非物质文化遗产传承机制

对列入非物质文化遗产名录的代表性传人,采取命名、授予称号、表彰奖励、资助扶持等方式,鼓励和支持其开展带徒授艺等传习活动,确保优秀非物质文化遗产的传承。应积极采取以下措施,努力改变目前非物质文化遗产后继乏人的现状:大力办好曲艺团、艺术学校、工艺美术学校等与培养非物质文化遗产传承人密切相关的团体和学校;经常举办各类传习非物质文化遗产的展览、展演、论坛、讲座和培训班等活动,使广大群众更多地了解正定非物质文化遗产的丰富内涵;推介非物质文化遗产为正定中小学教育内容,纳入教育计划,编入乡土特色教材,使之在广大青少年中得到普及推广,做到后继有人,代代相传。

(四)做好文化空间的建档和挂牌工作

在做好文化空间普查的基础上,对正定各类文化空间进行真实、系统全面的记录,建立文化空间档案和资料库。同时,完善文化空间标识系统,做好文化空间的挂牌工作。

（五）保护现存较完好的文化空间本体

大部分保存较好的文化空间已被列为各级文物保护单位等，按照相应的物质文化遗产保护要求对文化空间本体进行保护、整治。如对开元寺南门、隆兴寺前场及大寺前街等进行切实保护与整治等。

（六）恢复部分已消失的文化空间

采用多种方式恢复部分已消失的文化空间，如：恢复阳和楼等，并通过设立展示牌来记录变迁的历史记忆；复建大部分老字号店铺及手工作坊，传承传统商业文化和手工艺技能。

（七）还原文化空间的文化功能属性

深刻理解文化空间的物质属性与非物质属性的有机结合。以文化空间为载体，还原其承载的非物质文化遗产，突出文化空间的文化功能属性，逐步将正定打造为河北中南部地区非物质文化遗产集中展示，传承的中心。

第八章 河北历史文化名城的旅游发展研究

第一节 历史文化名城在旅游发展中的地位和作用

一、历史文化名城的旅游价值

(一)历史文化名城首先在文化、科学、美学方面具有突出的价值

1.历史文化名城的文化价值

历史文化名城经历了漫长的沧桑岁月,积累了丰富的文化内涵。每一座名城,它的各个横断面,集中地披露了某一时期该地区的文化成就与特色,它的纵切面,又成为中国历史长卷的一个缩影。而100多座名城联成为整体,更从多方面、多角度、多层次地体现了中华民族的整体文化。

平遥和丽江是我国两座被列入世界文化遗产的历史文化名城,在历史文化方面具有突出的普遍价值。

平遇古城位于中国北部山西省的中部,始建于西周宣王时期(公元前827~公元前782年),明代洪武三年(1370年)扩建,距今已有约2800年的历史。迄今为止,它还较为完好地保留着明清时期县城的基本风貌,堪称中国汉民族地区现存最为完整的古城。

平遥有"三宝",古城墙便是其一。平遥古城墙周长约6千米,历经了600余年的风雨沧桑,至今仍雄风犹存。平遥古城内的街道、商店和民居都保持着传统的布局与风貌。街道呈十字形,商店铺面沿街而建。铺面结实高大,檐下绘有彩画,房梁上刻有彩雕,古色古香。铺面后的居民住宅全是青砖灰瓦的四合院,轴线明确,左右对称。整座古城呈现出一派古朴的风貌。古城北门外镇国寺是古城的第二宝。该寺的万佛殿建于五代时期,目前是中国排名第三位的古老木结构建筑,距今已有1000余年的历史。殿内的五代时期彩塑更是不可多得的雕塑艺术珍品。古城的第三宝是位于城西南的双林寺。该寺修建于北齐武平二年(571年),寺内10余座

大殿内保存有元代至明代的彩塑造像2000余尊,被誉为"彩塑艺术的宝库"。

平遥是"晋商"的发源地之一。清道光四年(1824年),中国第一家现代银行的雏形"日升昌"票号在平遥诞生。三年之后,日升昌在中国很多省份先后设立分支机构。19世纪40年代,它的业务更进一步扩展到日本、新加坡、俄罗斯等国家。当时在日升昌票号的带动下,平遥的票号业发展迅猛,鼎盛时期票号竟多达22家,一度成为中国金融业的中心。

世界遗产委员会给予平遥古城的评语是:"平遥古城是中国境内保存最为完整的一座古代县城,是中国汉民族城市在明清时期的杰出范例,在中国历史的发展中,为人们展示了一幅非同寻常的文化、社会、经济及宗教发展的完整画卷。"[①]

丽江古城位于中国西南部云南省的丽江纳西族自治县,始建于宋末元初。古城地处云贵高原,海拔2400余米,全城面积380公顷,自古就是远近闻名的集市和重镇。四方街是丽江古街的代表,位于古城的核心位置,不仅是大研古城的中心,也是滇西北地区的集贸和商业中心。四方街是一个大约100平方米的梯形小广场,五花石铺地,街道两旁的店铺鳞次栉比。其西侧的制高点科贡坊,为风格独特的三层门楼。西有西河,东为中河。西河上设有活动闸门,可利用西河与中河的高差冲洗街面。从四方街四角延伸出四大主街:光义街、七一街、五一街、新华街,又从四大主街岔出众多街巷,如蛛网交错,四通八达,从而形成以四方街为中心、沿街逐层外延的缜密而又开放的格局。

在丽江古城区内的玉河水系上,飞架有354座桥梁,其密度为平均每平方千米93座,形式有廊桥(风雨桥)、石拱桥、石板桥、木板桥等。较著名的有锁翠桥、大石桥、万千桥、南门桥、马鞍桥、仁寿桥,均建于明清时期。幕府原系丽江世袭土司木氏衙署,历经战乱动荡,1998年春重建,坐西向东,沿中轴线依地势建有忠义坊、义门、前议事厅、万卷楼、护法殿、光碧楼、玉音楼、三清殿、配殿、阁楼、戏台过街楼、家院、走廊、宫驿等15幢,大大小小计162间,衙内挂有几代皇帝钦赐的11块匾额。五凤楼位于黑龙潭公园北端,始建于明万历二十九年(1601年)。楼高20米,为层甍三重担结构,基呈亚字形,楼台三叠,屋担八角,三层共24个飞檐,就像五只彩凤展

[①]朱晓晴. 中国旅游文化[M]. 西安:西北大学出版社,2019.

翅来仪,故名五凤楼。建筑装饰具有汉、藏、纳西等民族的建筑艺术风格,是中国古代建筑中稀世珍宝和典型范例。

丽江古城外围还有白沙民居建筑群和沭河民居建筑群。白沙民居建筑群位于大研古城北8千米处,曾是宋元时期丽江政治、经济、文化的中心。白沙民居建筑群分布在一条南北走向的主轴上,中心有一个梯形广场,四条巷道从广场通向四方。民居铺面沿街设立,一股清泉由北面引入广场,然后融入民居群落,极具特色。白沙民居建筑群的形成和发展为后来丽江大研古城的布局奠定了基础。束河民居建筑群在丽江古城西北4千米处,是丽江古城周边的一个小集市,这里依山傍水,民居房舍错落有致。街头有一潭泉水,称为"九鼎龙潭",又称"龙泉"。青龙河从束河村中央穿过,桥侧建有长32米,宽27米的四方广场,形制与丽江古城四方街相似,同样可以引水洗街。

丽江古城的繁荣已有800多年的历史,古城中纳西族占总人口绝大多数,今天有30%的居民仍在从事以铜银器制作、皮毛皮革、纺织、酿造业为主的传统手工业和商业活动。古城包容着丰富的民族传统文化,集中体现纳西民族的兴旺与发展,不论是古城的街道、广场牌坊、水系、桥梁还是民居装饰、庭院小品、楹联匾额碑刻条石,无不渗透着纳西人的文化修养和审美情趣,充分体现着地方民族宗教、美学、文学等多方面的文化内涵、意境和神韵。尤其是具有丰富内涵的东巴文化、白沙壁画等传统文化艺术更是为人类文明史留下了灿烂的篇章,是研究人类文化发展的重要史料。

2.历史文化名城的科学价值

历史文化名城的科学价值体现在自然科学和社会科学的诸多方面。恐龙之乡自贡是四川盆地最早发现恐龙化石并有科学记录的地区,自1915年以来,已发现恐龙化石点近百处,其中大山铺恐龙动物群化石蜚声中外,化石富集区达17000平方米,重叠堆积着各类中侏罗纪恐龙及其伴生动物化石,相当部分是新属新种。这些珍贵的化石及其埋藏环境填补了恐龙演化史在中侏罗纪的一段空白,为研究恐龙等古爬行动物的分类学埋藏学、生态学、骨骼学、生理学、演化规律及四川盆地的古气候、古地理、中生代地层学等提供了宝贵的实物资料,具有极高的科学价值。1985年建成的自贡恐龙博物馆是世界上唯一在遗址上建造的恐龙博物馆。自贡还是中国的盐都,自古以生产井盐著称。自贡地区的井盐生产已有近2000

年的历史,至今仍是中国最大的井矿盐生产基地。古代盐工创造的一整套以深井钻凿为代表的井盐开采技术和工艺,走在当时世界前列,钻井技术被不少学者认为是与四大发明并列的第五大发明,为人类文明和科学进步作出了卓越贡献。今天自贡保存了众多的古代、近代盐业遗址和文物,其中如清道光年间开钻的桑海井是世界上第一口超过千米的深井,在世界钻井技术发展史上是极为重要的里程碑;东源井是一口以生产天然气为主,同时生产卤水的卤、气共生井,以自贡地区特有的卤气同采的井口装置——窃盆开采天然气,上小下大的截锥体术制"窟盆"具有降低井内气层压力,气、水分离,配风,防止火灾和中毒,进行卤气同采作业等功能,是中国古代天然气开采的重大科技成就。

都江堰是因堰而兴的名城。兴建于2000多年前的都江堰水利工程是中国和世界水利史上的奇珍,被誉为"活的水利博物馆"。由鱼嘴分水堤、飞沙堰泄洪坝、宝瓶引水口三大工程组成的都江堰选址科学,布局合理,三项工程各有其独特功用,既相互依存、相互制约,又协调自如,联合发挥出分流引水、泄洪排沙的重要作用。都江堰的建成造就了沃野千里的蜀中天府之国,至今仍在持续地造福人类,在世界水利史上是罕见的。川北名城阆中,曾是古代天文学的中心。西汉落下阆创制的《太初历》是我国有文字记载的第一部最完整最严密的历法,又创制浑天仪,确立了世界最早的浑天说的基础;东汉任文孙、任文公父子,三国周舒、周群、周巨祖孙三代,唐代袁天罡、李淳风都是当时的天文巨子,李淳风撰写有世界上最早的气象学专著《己巳占》。这些伟大的科学成就都是科技史上的宝贵财富。

历史文化名城的科学价值还体现在城市的规划布局上,汉魏洛阳、魏齐邺城、隋唐长安、元大都明清北京等都是城市规划史上的杰作。有别于中国任何一座王城,丽江古城未受《周礼》城制的影响,城中无规矩的道路网,无森严的城墙,古城布局中的三山为屏、一川相连,水系利用中的三河穿城、家家流水,街道布局中"经络"设置和"曲、幽、窄、达"的风格,建筑物的依山就水、错落有致的设计艺术在中国现存古城中是极为罕见的,是纳西族先民根据民族传统和环境再创造的结果。流动的城市空间、充满生命力的水系风格统一的建筑群体、尺度适宜的居住建筑、亲切宜人的空间环境表现出古城建设崇尚自然、求实效尚率直、善兼容的可贵特质,反映了特定历史条件下城镇建筑中所特有的人类创造精神和进步意义。丽江古城的存在为人类城市建设史的研究、人类民族发展史的研究提供了宝贵资料。

3.历史文化名城的美学价值

当代著名美学家陈望衡说:"凭借悠久的历史,丰富的文化遗存,历史文化名城具有一种特殊的撼人心坎的美。这种美的基本品格为典雅崇高、凝重、深厚,它与现代文明相衔接,巧妙结合,和谐统一,焕发出特殊的魅力。"

历史文化名城的"典雅"表现为悠久的历史和灿烂的文化。"典"即历史悠久。在古城西安境内,可以看到距今50～100万年以前比北京人更加原始的旧石器时代早期蓝田猿人的生存遗迹;黄河流域规模最大保存完整的原始社会母系氏族村落遗址——半坡人遗址,在约1公顷的范围内,有房屋遗址45座,围栏2座,储藏睿穴200多个,陶窑遗址6座,墓葬250座,生产工具和生活用具约万件,距今6000年前半坡时代人类生产、生活的图景宛在眼前。而丰镐遗址,阿房宫遗址、汉长安城遗址、建章宫遗址、太液池遗址、隋唐长安城遗址、大明宫遗址、华清宫遗址、隋唐圜丘遗址、秦始皇陵及大雁塔、小雁塔等遗址文物则展现了西安作为周、秦、汉、隋、唐强盛王朝帝都的风范。"雅"是文化的精华。唐代长安是全国的文化中心,也是诗歌的中心。唐诗中开宗立派的知名诗人。或从长安走向全国,或从各地汇聚长安,唐代长安诗坛上闪耀着李白、杜甫、白居易、陈子昂、骆宾王、孟浩然、王昌龄、王维、高适、岑参、元结、韦应物、孟郊、贾岛、元稹、韩愈、柳宗元、刘禹锡、李贺、李商隐杜牧等璀璨的明星。唐诗中的许多著名篇章也有如瑰丽的画卷极妍尽态地描绘了长安城的自然与人文景观,至今为人们所传诵。唐长安乐舞吸取了边裔各民族音乐舞蹈的精华,加以融会贯通《新唐书·礼乐志》说:"至唐,东夷乐有高丽、百济,北狄乐有鲜卑、吐谷浑、部落稽,南蛮有扶南、天竺、南诏、骠国,西戎有高昌、龟兹、疏勒、康国、安国,凡十四国之乐。而八国之伎,列于十部乐。"唐代宫廷舞蹈名目极繁多,大致有两类:健舞矫健刚劲,有剑器、胡旋胡腾、柘枝、阿辽、大渭州、大摩支等;柔舞轻柔婉转,有六幺、凉州、乌夜啼、回波乐、兰陵王等,柘枝、胡旋、胡腾舞等显然来自西城。边裔各民族的曲调和乐器传入中国,深受唐人的喜爱,与传统的"雅乐"、"古乐"相融合,渗透到社会各个层面,形成独具特色的唐代音乐文化,中国的音乐文化完成了一次整合。

崇高作为一种美学范畴,其对象一般来说以高大体形形之于外,以雄伟力量灌注于内,气势博大,内涵深刻。崇高是历史文化名城又一重要的美学品格,有着巨大的审美魅力。拉萨城的中心建筑布达拉宫坐落在拉萨河谷中心海拔3700米的红山之上,依山势而建,占地面积36万余平方米,主建筑共13层,高117米,是著名的藏式宫堡式建筑。它规模庞大,气势宏伟,是藏族古代建筑和中国古代建筑艺术的杰出代表,蕴藏了藏、汉、蒙等民族在文化、艺术、宗教等方面的卓越成就,享有"世界屋脊上的明珠"的美誉。从17世纪中叶到1959年以前,布达拉宫一直是历代达赖喇嘛生活起居和从事政教活动的重要场所。今天,布达拉宫以其辉煌的雄姿和藏传佛教圣地的地位,成为世所公认的藏民族象征。日喀则是世界上海拔最高的城市之一,古城围绕扎什伦布寺而建。扎什伦布寺位于日光山南侧,依山而筑,坐北向南,楼房经堂依次递接,长达3000余米的宫墙迤逦蜿蜒,绕寺一周,金顶红墙的主建筑在10多千米之外即可见到。扎寺东北部高高耸立32米的展佛台,凌驾于整个建筑群之上,更显高大宏伟,从扎寺南面远在几十里外眺望日喀则,展佛台即首先映入眼帘。扎什伦布寺是班禅大师的驻锡地,每年的"展佛节",僧徒和信众千里迢迢赶来顶礼膜拜,敬献哈达,磕头祈福,场面甚为壮观。

历史文化名城典雅崇高的人文景观与良好的生态、文态环境相和谐,令人悦耳悦目悦志悦神。丽江古城是自然美与人工美有机而完整的统一。古城瓦屋,鳞次栉比,四周苍翠的青山,把紧连成片的古城紧紧环抱。城中民居朴实生动的造型精美雅致的装饰是纳西族文化与技术的结晶。古城所包含的艺术来源于纳西人民对生活的深刻理解,体现人民群众的聪明智慧,是地方民族文化技术交流融汇的产物。三江交汇处的乐山,江对岸有凌云72峰对峙,在最高的凌云山上建有凌云寺和凌云大佛,世界最大的坐佛临江端庄而坐,脚踏滔滔江水,凝视嘉州城。岷江东岸乌尤山又称离堆,与凌云山并列,因李冰凿开连在一起的凌云山和乌尤山,使乌尤山离凌云山独立而得名,孤峰卓立,山环水抱。山上有乌尤寺等楼台殿宇,绿瓦红墙掩映,景色秀丽;三江自然,离堆鬼斧,大佛神工,在乐山得以完美结合。

（二）从旅游的本质看历史文化名城的旅游价值

旅游的本质是什么？现代旅游学者偏向于从审美的角度加以阐释。谢彦君认为："旅游在根本上是一种主要以获得心理快感为目的的审美过程和自娱过程，是人类社会发展到一定阶段时人类最基本的活动之一。"中王柯平认为："旅游观光是一项综合性的审美实践活动。因历史文化名城有着复杂的物质构成和文化构成，培山水、文物、建筑、园林、绘画、书法雕塑、音乐、舞蹈、戏剧、服饰、烹饪、风俗、传说、文学、学术文化等于一炉，集自然美、社会美、艺术美、科技美于一身，涉及审美的一切领域和一切形态，在满足游客的旅游审美需求方面有着强大的优势。"

二、历史文化名城发展旅游的优势

（一）资源优势

资源优势是历史文化名城发展旅游最大的优势。从总体上说，中国的历史文化名城数量大，种类多，品位高文化特征鲜明，分布广泛，在世界上是独一无二的。其存在客观反映了中国几千年的文明史，本身就是极具吸引力的旅游资源类型之一。名城是自然和人文旅游资源的富集区，占据了半数以上的具有旅游开发价值的资源，数量、品位、类别均为上乘。如在国务院公布的5批1268处全国重点文物保护单位中，48%以上位于历史文化名城范围内；中国列入《世界遗产名录》的35项世界遗产（其中文化遗产25项）中，有23项位于历史文化名城范围内，比例高达65.7%；在中国20世纪100项考古大发现中，位于历史文化名城的占到1/3左右；国务院批准的第一至第六批共177处国家重点风景名胜区中，65处位于历史文化名城城区或辖区内，占到36.7%。名城中的许多景观，如长城、故宫、天坛、秦始皇兵马俑、敦煌壁画、孔庙孔府孔林、泰山、布达拉宫等，更是具有不可替代性，从而成为世界性的高品位、独占性的旅游胜地。

（二）传统优势

旅游作为人类的一种活动古已有之。在原始社会末期和奴隶社会就已产生了以产品交换和经商贸易为主要目的的旅行。古代的旅游有帝王巡游、官吏宦游、买卖商游、士人漫游、僧人云游、节会庆游等多种类型。这些旅游的目的地，主要是各级政治中心、经济中心、商贸枢纽、风景名胜地等，历史文化名城大多是由这些地方发展起来的。如春秋战国时期的商业中心临淄、邯郸、雒邑（今河南洛阳）、郢（今湖北荆州）、宛（今河南南阳）等，日后都发展成为历史文化名城。历史文化名城长期以来就以其特殊的地位和风貌成为旅游者向往的地方，具有久远的旅游传统，经过多年的旅游开发，旅游发展有较好的基础。

（三）较高的知名度和美誉度

中国历史文化名城本身就是一块闪亮的金字招牌。历史文化名城由于在政治、经济等方面的突出地位或优美的风景名胜，赢得了较高的知名度和美誉度，成为今天招徕游客的资本。如西安、北京是闻名世界的古都，中华古老文明的象征，上海自近代以来迅速成为国际化的大都市，它们在海内外都有很强的号召力。扬州是传统的风景园林城市，所谓"腰缠十万贯，骑鹤上扬州""烟花三月下扬州""天下三分明月夜，二分无赖是扬州"、"春风十里扬州路"等耳熟能详的典故、名句，为扬州塑造了繁华、富庶、风光无限的美好形象，让今天的人们仍然对扬州充满向往。

（四）开发优势

历史文化名城经济发达，物产富饶，有发展旅游的物质基础。名城中有许多是全国、省或地区的经济中心，如上海是全国最大的工商业城市，北京是全国的经济中心之一，天津、沈阳、武汉、广州、西安、重庆分别是华北、东北、华中、华南、西北、西南最大的城市和经济中心。名城还有着有利的政治中心地位，108座名城中，北京是首都，全国的政治中心，有22座城市是直辖市、省和自治区政府所在地，另有60座为地级市政府所在地，它们是省市或地区的政治中心。有利的政治地位，便于吸引和组织客源，进行旅游活动。便捷的交通是旅游发展的前提。多数名城的交通相对便利，所有的名城都有公路相通，70余座城市有铁路接轨，1/3的名城有民航机场，还有部分城市有内河和海上客运。许多名城今天已跻身优秀旅游城市之列与旅游相关的住宿、交通、娱乐、购物等旅游设施已有良好的基础，在旅游发展方面也积累了丰富的经验，这些都是名城旅游开发的优势。

三、历史文化名城在旅游业的地位和作用

（一）历史文化名城是旅游的主体

历史文化名城不仅是区域政治、经济和文化中心，而且也是重要的旅游中心。名城除拥有内涵丰富、独具特色的多样化、高质虽旅游资源以

外,还以其方便的交通、活跃的经济、优越的商务与购物环境、发达的科技与信息、先进的服务与娱乐、强烈的城市文化等对旅游者形成巨大吸引力,城市的旅游功能日益成为城市的重要功能中。自1995年3月15日国家旅游局(现文化和旅游部)发出《关于开展创建和评选中国优秀旅游城市活动的通知》(旅管理发[1995]046号),决定开展创建中国优秀旅游城市活动以来,截至2005年度,国家旅游局(现文化和旅游部)共审批了中国优秀旅游城市246个,其中共有86座国家历史文化名城榜上有名,占全国优秀旅游城市总数的34.96%,占国家历史文化名城总数的79.6%。约4/5的国家历史文化名城已经具有良好的旅游城市功能,其中绝大部分为中国旅游热点城市,如上海、北京、承德、重庆、杭州、南京、广州、成都、西安、苏州、桂林、昆明、大理、丽江、福州、洛阳、曲阜、敦煌、拉萨等,具有极高的旅游城市知名度,城市旅游已成名牌,同时也是中国王牌专项旅游产品的主要支撑点。许多名城旅游经济发达,入境旅游、出境旅游并举,既是旅游接待地,又是旅游客源输出地,旅游业在桂林、平遥、曲阜、敦煌、凤凰等城市已经成为国民经济的支柱产业。可见,历史文化名城已成为当代旅游的主体,支撑着中国旅游业的大半江山,具有旅游目的地、旅游集散地和旅游中心枢纽的功能,在中国旅游网络体系中有着特殊的地位和价值。

(二)历史文化名城是发展旅游业的基础和中心

旅游业的核心是构成消费者旅游目的的自然景观和人文景观,同时为消费者提供综合吃、住行、游购、娱等多种要素的服务,而文化是旅游服务的灵魂。现代旅游是以城市为中心向四周扩展的,旅游功能正成为现代城市的基本功能。在这两个前提下,具备旅游资源优势、旅游开发优势和较高知名度与美誉度的历史文化名城成为旅游产业布局的纲要和发展的重点。经过20多年的发展,名城的旅游产业体系日趋完善,产业素质明显改善,旅游开发的层次、质量都有了很大提高。实践证明,历史文化名城在旅游发展方面积累了成功的经验,存在巨大的潜力,随着其旅游功能的不断开发,它们在发展旅游业中的基础和中心作用将不断得到强化。

第二节 历史文化名城的旅游开发规划

一、历史文化名城旅游开发的原则

(一)保护第一的原则

历史文化名城的旅游资源属于不可再生的自然和文化资源,其自然景观和人,文物古迹一旦遭到破坏,就无法恢复,任何复制品都不可能具有原有的价值。历史文化名城的旅游开发受尊重历史文化传统这一原则的制约,1997年世界77个国家和地区的政府及私营团体的代表在菲律宾首都马尼拉通过的《关于旅游业社会影响的马尼拉宣言》中着重指出:"旅游发展规划要确保旅游目的地的遗产及其完整性,尊重社会和文化规范,特别是要尊重当地固有的文化传统。"这对于历史文化名城的旅游发展具有特别重要的意义。历史文化名城在进行旅游开发时必须确立"保护是硬道理"的指导思想,坚持"保护第一"的原则。

(二)特色开发的原则

历史文化名城旅游开发要突出自己的异于别地的特色。独特性是旅游业赖以生存和发展的灵魂,旅游产品的独特性越鲜明突出,其吸引力和竞争力就越大,而旅游产品的独特性正来自名城自身的特色。一个没有特色的城市就如同没有个性的人一样,必然会缺乏魅力,城市特色的消失或减少,会使游客的旅游感受和旅游期望产生较大的偏差,从而影响游客对旅游地的感知和评价,降低城市的吸引力。纵观中外历史文化名城所采取的旅游开发措施,基本上是依据城市保护内容的特点而制定的。因此,对历史文化名城来说,无论是名城保护还是旅游发展,彰显名城特色是共同的主题。唯有准确把握名城的特色,才能真正保护好文化遗产的原汁原味,维护其和谐的景观环境,营造良好的文化氛围,使当地居民对名城产生地域认同感和归属感,自觉地保护名城的景观风貌;也才能吸引和引导游客去欣赏具有历史文化价值的建筑空间群体和城市环境,体会名城的历史文化脉承,实现名城旅游经济的腾飞。只有当我们对于名城的特色具有了深入的理性的了解,才能够有的放矢地进行名城的保护和旅游开发,也才有可能酒过对城市特色的再现达到保护名城和吸引游客的目的。①

（三）优势资源与非优势资源开发互补的原则

优势资源指历史文化名城最富价值、最有代表性的资源，是构成名城旅游吸引力和形成拳头旅游产品的主导因素，应作为名城旅游资源开发的重心，给予充分的重视。此类资源开发成功将成为名城最具有不可替代性的旅游品牌，如北京故宫、西安兵马俑、洛阳龙门石窟、杭州西湖、桂林山水、苏州园林等，都有着持久不衰的生命力。特别是对于那些在资源方面总量丰富，景型齐全，但缺少精品景点景区的名城，充分挖掘优势资源是其旅游发展的关键。如重庆的城市文化资源构成包括巴渝文化和抗战文化资源，由于后者在重庆城市发展中，乃至在全中国、全世界历史进程中的特殊地位，完全有条件将抗战文化资源建成重庆市都市旅游的名片与标志。而广州具有岭南文化中心、古代丝绸之路发祥地和经久不衰的外贸港，中国近现代民主革命的策源地等城市特点，其中近现代史迹应是广州历史文化名城重要的组成部分和主要标志，因此构建广州"近、现代史迹旅游中心"当是开发其优势资源的重要举措。

不过，历史文化名城的内涵丰富多彩，有些方面虽然并非该名城的特色与优势所在，但仍有相当的旅游价值，对此类非优势资源的开发将使名城的旅游业更趋于全面和完善，增添活力与动力，同时也有助于缓解主景区的压力，对名城旅游的可持续发展具有重要意义。如杭州旅游素以山水为特色，但杭州古为"东南佛国"，历史上有极为丰富的佛教文化资源，并且曾是构成杭州文化旅游名城的重要内容，至今仍留有多处寺塔建筑和遗迹。积极开发利用佛教旅游资源，全面展现杭州"青山绿水、丝府茶乡、东南佛国、文物之邦"的旅游形象，是新世纪杭州旅游业新的增长点。

（四）物质与非物质资源开发并举的原则

历史文化名城包括物质和文化两个构成部分，这两部分都是宝贵的旅游资源，在开发当中应齐抓并举，不可偏废。物质的旅游资源是显性资源，普遍受到各名城的重视，而非物质资源的软开发是隐性的，易受到忽略。但事实上，传统艺术、民间工艺、民俗节庆、名人轶事、传统产业等传统文化内容和有形的文物是相互依存、相互烘托，共同反映着名城的历史

---

①徐耀新. 历史文化名城名镇名村系列 沙家浜镇[M]. 南京：江苏人民出版社，2018.

文化积淀。随着当前人们对旅游产品的选择日益多样化,对参与性、体验性的要求越来越高,开发非物质资源,对于满足这部分旅游需求起着越来越重要的作用。同时非物质资源也是营造名城文化氛围的要素。历史文化名城毕竟是一个抽象整体的概念,历经沧桑,仅存的历史遗迹不足以反映名城昔日的盛况和文化特征,美学家陈望衡先生多年前曾说:"须知,历史遗存毕竟是死的、静的,如果有了一些具有浓厚传统特色的文化活动,它就活起来了,动起来了。""极具浪漫色彩的楚文化在武汉、江陵、襄阳、长沙、岳阳等楚地历史文化名城中应该随处可以感受得到。然而,令我们感到遗憾的是,楚风、楚韵在这些楚地历史文化名城中表现得太不够了。为什么不可以在公共场所、星级宾馆多出现几幅大型的极具楚风楚韵的壁画呢?屈原的《离骚》《九歌》《九章》为什么不改编成现代歌舞在这些历史文化名城长期演出呢?"这些话极有见地,陈先生的期望今天也正成为现实,物质与非物质资源的共同开发将是名城旅游发展中一个长期的指导原则。

二、文物古迹的旅游开发

文物古迹类型繁复,开发利用方式也有所区别。大致上来说,历史文化名城的文物古迹以建筑(包括古建筑和近现代优秀建筑)及其遗址为主。

(一)建筑类古迹的旅游开发

1.继续原有用途与浏览功能相结合

继续文物原有的用途和功能是利用文物最好的方式。我国现存建筑中一些寺庙和祠堂等仍在发挥着历史的、传统的功能。许多佛教、道教、伊斯兰教和一些民间信仰的宗教寺院仍是信徒顶礼膜拜、举行宗教仪式的场所;部分祠庙建筑如孔庙、禹庙、天后宫,某些宗族祠堂仍延续着祭祀的功能;宁波古老的藏书楼天一阁至今仍有数量可观的藏书。同时,这些建筑也被开辟为旅游景点,作为游览观光的对象。

2.作为博物馆、陈列馆使用

这是宫殿、会馆、民居、名人故居等建筑类古迹很普遍的一种旅游开发方式,如故宫开辟为故宫博物院,祁县乔家大院内设民俗博物馆,南京利用总统府作近代史博物馆,上海孙中山故居、鲁迅故居、宋庆龄故居等名人故居和中国共产党第一次全国代表大会旧址、中国共产党代表团驻沪办事处旧址、中国社会主义青年团中央旧址等开辟为陈列馆、纪念馆,接待游人参观。

3.作为公园开放

古建筑园林作为公园开放非常普遍,如北京昔日的皇家园林颐和园、北海、香山,坛庙建筑天坛、地坛、日坛、月坛、社稷坛、太庙等处开放为公园。

4.作为城市小品景观

对一些占地不多、孤立的古建筑,在城市规划中通过对空间视廊的控制,使之得到突出,成为体现旅游环境氛围的景观小品。如扬州在扩建老城区主干道石塔路、三元路、汶河路时,对道路所经的唐代石塔、宋代魁星阁、明代文昌楼等处有意保存,每一景点周围以绿岛保护,形成路中景观,营造出"从古看到今"的古城旅游环境氛围。

5.对于保护级别较低的古迹点作为旅馆、餐馆、娱乐设施等

此类开发主要注意保持古建筑的原有风格和与周围环境的协调,确保消除对古建筑构成威胁的安全隐患。如南京清凉山公园管理处拟将明清"金陵八家"之首龚贤故居扫叶楼改建为餐馆,引起争议。以下是相关报道:

本报讯,令老南京颇为怀念的扫叶楼素浇面,将可能在南京清凉山重新亮相。据了解,为挖掘清凉山历史文化资源,清凉山公园管理处与相关单位准备将扫叶楼腾出来,开一家以素浇面为特色的餐馆。然而该餐馆的设计效果图昨天亮相后,却引来有关人士的争议。

位于清凉山南侧的扫叶楼,是明末清初画坛上享有盛誉的"金陵八家"之首龚贤的晚年故居。20世纪中叶,扫叶楼卖素面。由于这里的素面入口有韧性,软而不烂,汤汁清亮,香气扑鼻,远近闻名。不少老南京至今还津津乐道扫叶楼素浇面的诱人美味,甚至还有人清楚地记得,当时清凉山素面二角二分钱一大碗,另添五分钱就可以加酥鸡素百叶卷及一份浇头。据清凉山公园管理处负责人介绍,自去年公园免费开放以来,他们一直想从多方面挖掘清凉山的历史文化,其中一个项目便是与相关单位一起,做足以扫叶楼素面为主要内容的餐饮文化,因此作出把扫叶楼改为餐馆的方案。昨天,有关专家看到餐馆的效果图后,却提出了质疑:在扫叶楼开餐

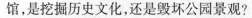

馆,是挖掘历史文化,还是毁坏公园景观?

专门从事园林景观设计的李浩明先生表示,扫叶楼的门本来开设在山坡上,游人由一条小石径沿着山坡而上。餐馆为了弥补这一不足,特别设计了一条长达20米左右的"接引通道"。为了与周边的环境协调一致,"接引通道"被设计成古典风格,看得出是动了一番脑筋。但"接引通道"入口处规则整齐的大理石台阶,显然与公园原有的环境格格不入。居住在清凉山公园附近的一位南师大的教授表示,他经常到清凉山公园散步,对清凉山的地理环境很是熟悉。扫叶楼这一段山坡上的小径比较窄,从效果图上看,"接引通道"的宽度显然增加了不少,如果这样,那么建通道时则要对山坡坡体进行铺加改造,这必然会影响到山坡原来的植被景观以及生态。此外,还有不少专家表示,把扫叶楼这样的古建筑改造为餐馆,最好还要从污染防治、文物保护、消防安全等方面多加考虑,切莫带来遗憾。

(二)古建筑遗址的旅游开发

1.建立遗址公园

对于需冻结保存的古迹点,在不改变古迹原貌的前提下,进行必要的修缮,整治环境,建成遗址公园开放。如北京圆明园遗址公园,南京午朝门遗址公园、宝船厂遗址公园、西安兴庆公园、华清池等。

2.复建景点

历史上一些重要的建筑物由于各种原因已经被毁,根据有关历史资料进行复建,成为具有地方代表性的景点,如武汉黄鹤楼、南昌滕王阁、杭州雷峰塔以及拟复建中的南京大报恩寺等。

三、历史街区的旅游开发

较之单体的建筑或建筑遗址历史街区建筑成群连片,规模更大,不仅有多样的物质遗存,还保留有丰富的传统文化内容,因此,历史街区的旅游开发倾向于集参观、游览购物、娱乐、民俗文化活动为一体的综合开发。

杭州清河坊是近年对历史街区进行旅游开发的一个典型。杭州有名扬天下的西湖并不缺少旅游吸引物,但相对杭州"休闲天堂"的旅游定位来说,西湖以观光为主的旅游功能显得比较单一。清河坊历史文化街区位于吴山脚下,距西湖仅数百米,占地13.66公顷,作为杭州目前唯一保存较完好的旧城区,是杭州悠久历史的一个缩影,具有深厚历史文化底蕴和市井民俗风情,具备综合开发的必要条件。从南宋到近代,河坊街一直是杭城的商业繁华地带,酒楼、茶楼、歌馆多集中于此,曾聚集了杭城最著名的古老商铺,是当时杭州人首选的购物场所和来杭外地客人购买土特产的必到之处。杭州的百年老店,如王星记、张小泉、万隆火腿庄、胡庆余堂、方回春堂、种德堂、保和堂、状元馆、王润兴、义源金店、景阳观、羊汤饭店等均集中在这一带。清河坊的茶文化、药文化、食文化,众多百年老字号商铺的文化,加上各种民间艺人及市井民俗的小摊,充分体现出市井民俗风情特色。从2000年4月起,上城区政府对清河坊的历史建筑群依照"修旧如旧"的原则严格按原有风貌加以保护、同时又开发新的街景。如今清河坊历史街区保留了历史文脉,恢复了方回春堂保和堂、种德堂老字号中药店和万隆火腿庄、王星记扇子、荣宝斋;新引进了世界钱币博物馆、观复古典艺术博物馆、雅风堂馆、浙江古陶器收藏馆、龙泉官窑展馆及各种工艺品、艺术品店和吴越人家手工布艺、太极茶道、太和茶道、绍兴老酒店、香医馆华宝斋虞金顺艺术馆、喜得宝、丽江工艺等符合历史文化氛围的特色店馆,以传统商业、药业和人居文化为内涵,集"游、观,住、吃、购、娱"为一体,再现昔日繁华。一条濒临淹没的千年古街成为典雅古朴的"江南第一名坊",该街区已发展为具有杭城特色、环境典朴、功能完备、管理规范的杭城新的商贸旅游热点。

主客相融,体验普通居民生活是历史街区旅游开发的一种比较成功的模式中。许多旅游者为了寻找一一种不同于本土文化的感受,对名城中普通居民的生活非常感兴趣。按照这种模式,游客与当地居民相互融合,旅游活动和居民生活有机结合在一起,即当地居民依然生活在历史街区内,游客通过参与当地的一些传统文化活动以及与当地居民进行交流,来了解当地的风土人情、民俗习惯,感受和体验普通人的生活。如北京的"胡同游"以及苏州平江历史街区的旅游开发。平江历史街区开设有居民客栈一家居式旅馆,民居与客栈融为一体,使游客与古街居民同吃同住同乐,真正体会枕河人家的生活,身心得到彻底放松。

四、传统文化资源的旅游开发

名城的传统文化资源包罗很广,如语言文学、诗歌、戏曲、曲艺、衣冠服饰、民俗风情、土特名产、风味饮食、工艺美术等。它们作为历史文化名城的文化构成部分,有巨大的旅游开发潜力。

（一）开发为旅游商品

在旅游诸要素中,购物占有很大的比例。名城的地方特产可以转化为有特色的旅游商品、旅游纪念品。如南京雨花石、洛阳唐三彩、西安碑帖扬州漆器等。

（二）开发为节庆旅游产品

挖掘再现传统的民俗节庆活动或依托传统文化资源举办旅游节庆活动,如都江堰清明放水节、大理三月街、洛阳牡丹花会、淮安淮扬美食节、桂林三月三歌节等。

（三）开发为（手）工业旅游产品

一些古老的传统工艺流程可以满足人们求知、求异的审美心理,可以开发为工业旅游项目,如南京的云锦织造、扬州的琢玉工艺等。

（四）开发为休闲娱乐类旅游产品

如对传统的音乐舞蹈进行发掘整理,可以形成特色旅游项目,如丽江纳西古乐表演,西安仿唐乐舞表演等。

（五）开发为主题公园

传统文化资源可作为主题公园开发的母本。如素称"成语典故之乡"的邯郸建造以赵文化、成语典故为主题的邯郸成语典故苑,精选源于邯郸的58条成语典故造成58景,以碑刻、圆雕、浮雕、陶瓷壁画、自然山石等艺术形式表现。

（六）开发为城市景观小品,营造名城文化氛围

将无形的传统文化内容通过物质的形式表现出来,营造名城的文化氛围,提升旅游环境。如以文化墙、碑廊的形式表现文学艺术内容,对历史事件发生地、历史地名加以醒目标识和解说等。

（七）与物质资源结合的综合开发

文化是旅游的灵魂,传统文化资源与物质资源相结合的旅游开发将使旅游产品具有更持久的生命力。近年来扬州"双东"地区"古巷风情游"的得失让我们看到传统文化资源在旅游开发中的重要作用。

据《扬州广电报》报道:

2005年8月10日,晴。东圈门下,古巷风情游的旗帜已不再光鲜,而原本停靠古巷游特色黄包车的地方却不见车的踪影。"也没得人来,这些拉车的赚不到钱,就都走了!"一位住在东圈门附近的老大爷这样告诉记者。

而在两年之前的2003年5月,记者曾亲历那场热闹非凡的"古巷风情游"开通仪式。

当日,沿着"工艺美术馆——个园——东关街——马家巷——汪氏小苑——末圈门街——东圈门城楼"这样一条路线,扬州传统老艺人现场表演的绢花、面塑、剪纸等传统民间艺术吸引了众多参观者,而从一个因南门到汪氏小苑之间的一支迎亲花轿队伍,让市民和游客把东关街、马家巷和东圈门挤得水泄不通。记者还和其他游人一起坐上了特制的古巷游交通工具——人力黄包车,领略了一把扬州"古巷风情游"的独特韵味。

作为2003年扬州"烟花三月旅游节"推出的全新旅游线路,"双东古巷游"一度引来了众多游客。然而,时过境迁,如今,专门来游扬州古巷的人几乎没有。

记者从市区一些旅行社了解到,"古巷风情游"开通后他们曾专门培训导游,做了这条线路,希望能用扬州的小巷文化来吸引他们,可做了一段时间,游客的反应都不好,说没有看到扬州风情,就看到几个独立的个园和汪氏小苑,他们也就把这条线停了。

在马家巷,一位从上海来的游客告诉记者,他觉得扬州的古巷游有点单薄,只是单纯的看看巷子,而且能让人看的巷子就那么一段,而除了巷子别的什么都看不到,他曾去过周庄,发现周庄从居民到建筑都是游客眼中的景色,所有的一切都在吸引游客,而扬州的古巷游在这方面做得明显不足,作为游客,他不会向亲朋好友介绍这样的扬州,这样的线路。

在扬州各旅游公司中流传这样一句话:"'古巷风情游'毫无风情可言,'双东古巷游'如今就是'两点一线'游。'两点'就是个园和汪氏小苑,'一线'就是个园和汪氏小苑之间的那段不长的巷子,这条不长的巷子里,卖的也都是来自天南海北的东西,并无扬州特色。"

扬州老城有"巷城"之称,500多条巷子纵横交错,不仅串起了众多的古典园林、盐商住宅,而且穿插其中的名人故居、官府宅第、盐商住宅、古典园林、古井名木、庵观寺庙等一应俱全,最能代表性地展示扬州明、清、民国时期的历史风貌,是不可多得的文化和旅游资源。其中,最有吸引力和看点的要数东关街、东圈门"双东"街区。在这一占地面积约70公顷的街区内,列入市级以上文物保护单位的有17处,未列入文物保护单位、但有历史遗留价值的传统民居、遗址40多处。"双东"街区两侧街巷肌理完整,格局依旧,巷名都有典故,巷子也很有特色:有直有弯,有长有短,有宽有窄,巷与巷之间巷连巷、巷绕巷、巷里有门、门里有巷、里外相通、纵横交错、七湾八扭、峰回路转,如入"迷宫",另外,扬州的巷子在白天、晚上和雨天走,感觉都是不一样的,而这些都是旅游的"卖点"。而"双东"街区四周交通畅达的优势也给旅游者进入街区游览带来了方便。有如此好的资源,"古巷风情游"却没有操作起来,除了沿线许多景点未能整治开放的原因外,更主要的原因是文化资源开发不够,建筑装修欠缺地方特色,一些经营内容与古街氛围不协调,游客与居民没有情景互动,无法体验古巷里人们实实在在的现实生活,等等,即所谓"有古街,无风情"。

五、"扬州人家"——历史文化名城扬州明清古城的旅游开发研究

(一)明清古城的地域范围与总体特征

扬州明清古城区范围东、南至古运河,北至北护城河,西至二道河,面积5.09平方千米。其总体呈现以下特征:

1.独特的城市格局

明清古城城市格局独特,呈现出"逐水而城、历代叠加""双城街巷体系并存"和"河城环抱、水城一体"的特征。

2.古朴的城市风貌

古城区城市空间平缓,城市肌理匀质细腻,传统民居建筑吸取徽派建筑的特点,造型简洁硬朗,古朴典雅,集"南秀北雄"风格于一体。

3.秀丽的城市园林

扬州是著名的园林城市,整座城市绿荫覆盖,花团锦簇,形成绿色开敞的空间体系。扬州园林自成一派,私家园林、寺观园林、官府园林、祠堂园林等星罗棋布,与山水相融;空间层次收放变幻自由,风格清秀中见雄健。

4.多元的城市文化

以文学、书画、戏曲、民间工艺、宗教、商业为代表,城市文化体现出雅

俗共赏、南北交汇、东西兼容的多元化特征。

5.丰富的历史遗存

古城区各级文物保护单位和有较高价值的传统建筑数量众多。

（二）古城区旅游资源的生存状况

古城区是扬州历史文化名城内涵的重要体现区域,各类文化资源丰富,计有:

1.文物保护单位

扬州市区内先后经政府公布的各级文物保护及控制单位147处,其中老城区内公布的文物保护和控制单位117处,现存91处,占市区总数的近75%。包括全国重点文物保护单位8处(扬州城遗址、个园何园),省级4处(西方寺小盘谷、天主教堂、仙鹤寺),市级74处,市级文物控制单位10处。古城区的各级文物保护单位含遗址、纪念性建筑、宗教建筑、名人故居及私家园林和传统民居5类,以私家园林和传统民居所占数量最多,约占总数的一多半,是文物保护单位的主要部分,主要分布在文昌中路以南、汶河路以东的范围,东关街两侧有少量分布。文物保护单位除部分辟为旅游景点的相对保存较好外,大多数仍作为厂房或居民住宅使用,缺乏正常的保养和修缮,但其周围环境一般是传统民居和改造较少的地段,总体生存环境较好。一些比较重要的文物保护单位如个园何园、小盘谷等周边的建筑高度控制较好,有效地保护了文物环境。但一些文物保护单位,特别是对视线保护要求较高的建筑如准提寺、武当行宫、仙鹤寺、天主教堂、湖南会馆门楼、西方寺等寺庙和纪念性建筑基本上被周边高、大、新的建筑淹没,失去统领周边视线的意义,环境破坏严重。

2.历史建筑

除文物保护单位外,老城区内尚有数量可观地具备一定历史价值的传统建筑,主要是传统民居,也有少量近现代历史特征的其他建筑,共484处,绝大多数分布在文昌路以南、汶河南路以东的地段内,少量分布于东关街、彩衣街、大东门街两侧。

3.宗教建筑

扬州历史上经济极度繁荣,文化交往频繁,带来了宗教的兴旺,佛教道教、伊斯兰教、天主教均有传播,呈现出多元化的特征。古城区遗留有主要宗教建筑31处,部分仍有宗教活动,部分改作他用或废弃。

4.私家园林

扬州园林历史悠久,唐代就有"园林多是宅"之说,清代更是"以园亭胜",古城区内现存私家园林和遗迹30多处,列入文物保护单位者24处。除个园、何园、二分明月楼等作为旅游景点或公园开放外,其余被改机关、学校等占用。

5.老字号

扬州在历史上是著名的商业城市,商业和手工业发达,清朝康乾盛世时闹市区名肆大店鳞次栉比。近一二百年来有记载和实物的老字号计224处,涉及香粉业、纸笔业、油漆业、南北货业、酒业、旱烟业、茶社业、旅馆业、理发业、照相业洗染业、寄售业、酱品业、茶食业、豆食业等多个行业。现古城区内知名度较高且仍在经营的老字号尚有31处,以教场一带最为集中。

6.古井和古树名木

古井和古树名木是古城区传统特色的最好点缀,并对城市的历史、文化、生物、气象、环境保护等方面具有重要作用,是活的文物,从一个侧面反映了扬州不同历史时期的政治和文化活动,也是重要的绿化资源和风景旅游资源。目前古城区保留古井500多处,一级保护的古树名木11株,二级12株,还有大量的三级保护树木。

7.名人遗迹

古城区内以故居、祠堂、寺庵等形式记录其踪迹的历史人物有41位,以历史人物命名的街巷有59条。

8.街区风貌

古城区基本保留了明清以来"逐水而城"、"双城街巷体系并存"以及"河城环抱、水城一体"的城市布局特色。古运河、北护城河、二道河环抱城区,新旧城以小秦淮河为界相邻并存,留有400多条传统街巷。旧城街巷体系排列有序,主次分明,纵横严谨,部分地段保留有唐代里坊制的痕迹;新城会馆园林密集,市场繁荣喧闹,街巷体系呈现自由随意的状态,体现出两种典型的城市设计理念。以仁丰里和湾子街街区为二者的典型代表。仁丰里位于老城区西部中心,较完整地保留了唐代里坊制度的格局;湾子街街区历史上位于新城商业地区,城市格局是典型的"自上而下"设计布局,由此构成自由随机的街巷体系,沿湾子街两侧传统建筑以微妙的角度构成一种"向心式"的弧形空间肌理。

古城区除了旧城中心的文昌阁、四望亭及分布全城的寺庙建筑较突出外,天际线低矮平缓开阔柔和;街巷空间自由多变、幽深古朴、首尾相连、内外相通,形成紧凑细腻的空间肌理;建筑风格兼具北雄南秀,传统民居建筑以徽派风格为基础,造型简洁硬朗,清秀典雅。这些共同组成古城区古朴的城市风貌,至今在局部地区仍得到较完整的体现。传统风貌保存较好的街区相对集中,主要在文昌中路以南、汶河南路以东地段,东关街、大东门街、彩衣街两侧也有成片分布。

9.民风民俗

扬州在衣食住行、岁时节令、民间信仰、土特产品和民间艺术等方面有着丰富多彩的民俗文化资源,如以淮扬美食为代表的华侈、精巧的食俗,以古巷民居为代表的建筑民俗以及岁时节庆、庙会、宗教活动、游艺活动、民间工艺、表演艺术等。

扬州为美食之都,素有"吃在扬州,穿在苏州"的谣言,食肆百品,夸视江表。淮扬菜系始于汉代,传于隋唐,盛于明清。其种类数以千计,名菜有清蒸蟹粉狮子头、扒烧整猪头、拆烩鲢鱼头、将军过桥、大煮干丝、扬州炒饭等。此外,糕点类有包馒类、面饺类、饼酥类、糯食类、油煨类、江粽类,还有豆品类、卤品类、汤羹类、饭粥类等。

扬州老街小巷纵横,有"巷城"的别称,数百条街巷,虽说是"寻常巷陌",但古井琳琅,石板蜿蜒,高墙大壁,成了扬州建筑民俗的一道风景。扬州民居有园林式、会馆式、庭院式、进深式等多种,一般为砖木结构,多用木牌架和青砖小瓦。大户人家庭院内植花木、铺地砖或花街,做门廊漏窗,饰砖雕木雕,而小户人家无厅堂房厢,亦居有所安,追求市井之趣。扬州人家多有堂屋,正对大门处挂中堂画,下有老爷柜,柜上东侧供灶君纸马,中间供"天地君亲师"或佛像观音,西侧供祖宗牌位,并有香炉烛台、瓷瓶瓷镜、笔床茶具之类。中堂是民俗文化的展示区,是物态民俗与社会民俗、精神民俗在家居中的自然而完美地结合。

扬州多水,素称"车马少于船",水上游乐用的画舫最能体现扬州的特色。清代时在城内官河和瘦西湖上,画舫无数,为一时之盛。画舫有"大三张""小三张""丝瓜架""草上飞""双飞燕""牛舌头""太平船"等名称。画舫晚上可张灯结彩,成为"灯船",又多设饮宴,为扬州夜生活的游动场所,并构成闪亮的动态画幅。

岁时民俗如正月除夕,元夕赏灯,清明陆行踏青、舟行游湖、墓祭、放风等,四月初八日浴佛日进香,五月端午解粽、龙舟竞渡,七夕放水陆花灯,八月中秋节陈瓜果、饼饵祀月,九月相馈用糕、出廓登高,"小雪""大雪"期间,腌大菜、猪肉,冬至俗称"大冬",敬神祀祖,供米粉圆子,俗称"大冬大似年,贺节如三节",腊八日,食"腊八粥",除夕有"馈岁""别岁""守岁"之俗,各户贴春联、门神,室内贴年画,烧松盆,燃爆竹,吃年夜饭,祭祖先、分小儿压岁钱等;土特产除了名扬四海的"三把刀"外,还有扬州的酱菜、富春包子、谢馥春鸭蛋粉等著名特色产品。

扬州的民间工艺品十分精湛,诸如漆器、玉雕、剪纸、刺绣、绒花玩具、盆景、雕版书籍、纸扎彩灯、面人等。古城区集中了扬州漆器厂、玉器厂、广陵古籍刻印社等工艺厂家和大批民间艺人。

(三)古城区旅游开发的优势与问题

1.优势

(1)资源的优势

上述分析表明,扬州明清古城区拥有内涵丰富和独具特色的旅游资源,可以开发多种多样的旅游产品,满足不同旅游者不同层次的需要。而且从产权关系来说,有相当部分的房产属公管房,便于收回利用,为旅游开发提供了便利条件。

(2)有一定的开发经验

目前古城区中已拥有一批较为成熟的景点,积累了一定的开发经验。

(3)开发商对旅游投资积极性高

旅游作为一种朝阳产业,目前开发热度较高。尤其是扬州这样一座底蕴深厚、规划翔实、开发前景喜人的城市,对开发商有较强的吸引力。

(4)古城开发利用为民心所向

古城内的居民热切希望通过旅游开发改善现有拥挤、破旧的居住条件、提升生活质量。

2.存在的问题

(1)环境有待改善,缺乏吸引游客体验参与的空间

由于历史的原因,古城区中居住用地占到一半以上,比例偏高,绿化用地面积偏少,除个园、何园两个古园林具备一定绿化规模外,相对较集中

的绿地仅有文津园、北护城河绿化带等地方。大量的民居建筑已非完整意义上的传统民居,且建筑密度过高,厨、卫、暖、气、排水、消防等基础设施存在严重问题,不少房屋破败,很多地段亟须更新。

(2)景观分散,不成系统,缺乏强有力的历史文化感染力

古城区内景观小而散,文物保护单位和历史建筑等散布于各处,彼此缺乏联系,未能系统地组织到城市脉络中,不能凸显与其所处地段、城市格局的关系及历史文化上的内在联系,无法给人以突出的印象和强烈的历史文化震撼。从整体来看,传统特色景观在整个城市景观体系中的地位不够突出,新旧驳杂,不少古建筑和能反映传统风貌的民居被后建房屋所淹没,不能让人充分感受到它们的存在。

(3)现有的历史文化资源未能充分挖掘,保护力度不够

明清古城的历史文化内涵极其博大深厚,但远未得到充分的挖掘,如民俗资源几乎未得到开发,大量美轮美奂的盐商住宅"养在深闺人未识",名人遗踪、遗迹不为人知,民间工艺缺少展示的舞台。对这些历史文化资源的保护力度也远远不够,类似马氏庭院被焚的事件屡见不鲜,古城区的传统风貌受到严重威胁。

(4)道路交通问题和旅游配套设施存在问题

古城区的内部交通和对外交通存在相当多的问题,不够通畅,停车场地严重不足,食、宿、行、游、购、娱等旅游配套设施不完善。

(四)古城区的旅游开发定位

1.从扬州的历史文化看古城区的旅游定位

扬州曾经是中国古代最繁华的商业城市,文化底蕴广博深厚。在中国古代,政治、军事因素是城市产生的重要原因,并形成严格的行政等级城市体系,城市规模的大小同城市政治行政地位的高低成正比,而扬州却因海盐之利和与大运河共生共荣的关系,以商业发达、富庶繁荣名世。早在西汉初年,吴王刘濞"即山铸钱,煮海为盐",大力发展盐运通商,使吴国用饶足,抗衡中央;唐代"广陵大镇,富甲天下",谚称"扬一益二";清代繁华更胜昔日,尤其在盐商的推动下,奢靡、浮华臻于极致。扬州盛世又恰与中国历史上西汉文景、唐贞观开元、清康乾三朝盛世相吻合,正如"顶峰上的顶峰",成为古代商业城市的杰出代表。

繁荣的商业经济直接孕育了丰富多彩的市井文化:以"扬州三把刀"为

代表的饮食文化、茶馆文化、浴室文化声名远播;"广陵十八格"灯谜、"维扬棋派"、扬州风筝瘦西湖沙飞船、扬州养鸟、扬州斗虫等游艺项目尚于民间;漆器、玉雕、剪纸、刺绣、绒花、盆景、雕版书籍、纸扎彩灯、面人等民间工艺品技艺精湛;酱菜、富春包子、谢馥春鸭蛋粉玩具等特色产品久负盛名;岁时节庆、庙会、宗教活动绵延不断;书法、绘画、篆刻、曲艺、戏剧、音乐、园林等多种艺术名家辈出,流派纷呈。这些工巧细致世俗的市井文化内容生动地体现了扬州昔日的奢华风貌,是古城区开展文化休闲旅游的宝贵资源。

2.从扬州的旅游资源看古城区的旅游定位

扬州无山,虽多水却无甚出奇之处,自然旅游资源较为贫乏,可令人称道的乃是以"历史文化名城"为标志的人文旅游资源,尤以古城和古城遗址、园林、运河及名人遗迹、风物民俗、文学艺术为特色。其地理分布,主要集中于蜀冈—瘦西湖风景名胜区和明清古城区两大片,显然,后者无论是面积、资源的种类和数量都大大超过前者,计有:传统街巷400余条,其中以历史人物命名的街巷59条;各级文物、保护及控制单位91处,占市区总数的近75%,其他具备一定历史价值的传统建筑484处,其中包括宗教建筑31处,私家园林或遗迹30多处;知名度较高且仍在经营的老字号31处;历史事件见证地和传说发生地19处。可见,明清古城区是扬州文化的主要物质载体,理应在扬州文化旅游中占据突出地位。

3.从扬州的旅游市场看古城区的旅游定位

旅游业的发展经历了从资源导向向市场导向的转换,旅游产品的成功与否最终取决于市场。从国内外旅游发展的趋势看,随着全民生活水平和素质教育水平的提高,人们的旅游热情会由单纯的游山玩水向休闲型、知识型方向转变,扬州目前以瘦西湖为主的单一的观光型旅游显然难以满足市场的需求。事实上,尽管位于长三角黄金地带,扬州旅游却长期处于一种"边缘化"的状态,吸引力不足,难以留住客人。当前,扬州正在进行运河城市向沿江城市的转型,其旅游业亦应结合自身的资源优势和区位条件进行恰如其分的市场定位,与其他城市错位经营,在长三角占据独立的地位。江南名城,过去有"杭州以湖山胜,苏州以市肆胜,扬州以园林胜"的说法,今天的旅游发展,杭州以湖山胜,苏州古城以园林胜,那么扬州呢?我们认为,扬州明清古城区的文化优势应是旅游业做大做强的绝佳突破口,扬州应旗帜鲜明地亮出自己的口号:扬州古城以文化胜。

综上,扬州明清古城区的旅游开发应定位于以体现古城风貌、文化传承,民俗民风为特色的文化休闲旅游区。

(五)古城区的旅游开发原则

1.整体规划

历史文化名城保护和旅游开发工作中存在的一大问题就是"见木不见林",只见一个个单独的文物古迹点而不见"城"。古城区通常以古城风貌为最大特色,不妨借鉴江南古镇的思路,整体规划设计,着眼于维护整个古城的生态、文态环境,而不是四分五裂的片甚至单独的文物点。扬州在这方面是有优势的。首先,古城区规模适中,5平方千米的面积与平遥古城相当,整体开发完全可行。相反,一些大城市则可能由于面积过大、人口过多等原因,很难做到;而小城镇在规模、气势上又难以匹敌。其次,古城区风貌完整,保持着较为醇厚的原汁原味,只需修旧如旧而无须大造失真的人造景观。此外,扬州的旅游资源有景点小而散的特点,这些景点要形成有强烈吸引力的旅游产品,必须要有依托,如同颗颗明珠,需要串连成链,甚至有珠、有链还不够,还要有华美的盛器才能相得益彰,古朴典雅的老城就是最适合的盛器。

2.滚动开发

我们强调"整体"指的是在观念上、规划上要有整体、全局的概念,并不等于一次性地全部开发到位。事实上,鉴于古城区面积较广,现居住人口众多,资源现状参差不齐,宜采取"点——片——面"滚动开发的战略。扬州古城区已有一些比较成熟的点,如个园、何园、汪氏小苑等,一方面要做好这些点的深度开发,同时要不断增加新的点。古城区的三大历史街区中,以资源集中的东关街历史文化区基础最好,理应先行一步;教场地区的规划已经完成,可着手招商开发;南河下地区盐商豪宅成片,规格高,区位好(毗邻运河),应加强保护,尽快规划,开发为展示盐商文化、民俗文化的场所,并和瘦西湖运河景点相呼应,最终构筑完成古城区的旅游体系。滚动开发的好处还在于可以让景点在不断扩充、完善的过程中,迎合市场,常变常新,从而延长旅游产品的生命周期,实现旅游的可持续发展。

3.社会参与

古城区的旅游开发是一项艰巨繁复的工程,涉及复杂的产权关系,巨额的资金投入,绝非政府部门可以一手包办。应按照旅游产业的经济规律办事,政府规划,社会力量参与,进行市场化运作,允许投资者取得经营权。对于较敏感的文物保护问题,应借助法律的手段,通过法律和契约加以保证。

4.开发与保护并举

古城区作为扬州历史文化名城的重要物质载体,有形的历史遗存和无形的各类文化资源丰富,城市传统风貌犹存,这是我们进行旅游开发的依据,但现状不容乐观。目前古城的风貌已经受到主次干道两侧临街开发、传统建筑物周边环境破坏的侵蚀,文物保护和文物控制单位也有受到破坏的现象,传统民居破旧,环境不佳,因此,首先应对文物保护文物控制单位、传统建筑及现代建筑分别进行保护、修缮整饬改造,凸显名城的古风古韵,不仅要保护好它们本身,而且要尽可能地保持它们在特定的空间中的展示方式,尽最大可能整体保存它们,使之能够更多地完整地传达历史文化信息。对濒于困境的传统文化艺术也要及时抢救。只有做好保护工作,才能使城市拥有持久的文化魅力,旅游开发才不会是无源之水,无本之木。

(六)古城区旅游品牌的打造

1.打造旅游品牌的必要性

提出打造古城区的旅游品牌,是基于以下考虑:

(1)市场拓展的需要

诗仙李白的一句"烟花三月下扬州"令无数人对扬州心驰神往,扬州的旅游知名度不可谓不高;作为首批国家历史文化名城之一,扬州的旅游文化资源不可谓不丰,然而扬州旅游业却长期温而不火,"瘦(西湖)大(明寺)个(园)"似乎成了扬州旅游的全部,一日游绰绰有余。扬州旅游市场要拓展,呼唤内容更充实、更丰富,要有能留住客人的旅游产品,作为体现扬州"历史文化名城和具有传统特色的旅游城市"这一城市性质的主要区域,古城区应该树立自己的旅游品牌。

(2)市场竞争的需要

扬州所处的华东地区是我国老牌的黄金旅游地,资源密集,"名牌"林立,扬州似不占优势:瘦西湖不敌杭州西湖,扬州园林不敌苏州园林,小秦淮更不敌南京秦淮人……扬州确实缺乏自己的个性鲜明、有号召力的旅游品牌,而且似乎也没有哪一种单一的资源可以形成这样的品牌,那么,将古城区的资源整合于一个品牌之下应该是一个合理的选择。

(3)整合古城区旅游资源的需要

古城区的旅游资源数量多,品种全,是优势;而单体规模小,分布散,则是劣势。旅游开发要扬长避短,必须要围绕品牌进行资源整合,凝聚主题,打造板块,连点成线,整体推出。

2."扬州人家"旅游品牌构想

依据上述扬州古城区"文化休闲"的旅游定位及整体开发的思路,提出"扬州人家"旅游品牌构想。

(1)主题:"扬州人家"——品位扬州文化,体验盛世人生

(2)内涵:

①绿杨城郭,深巷园林——"扬州人家"的人居环境

体验扬州"天人和谐"的园林环境。古城区恰为古运河、北护城河和二道河所环抱,又有小秦淮河从新、旧城穿过,可沿河道遍植垂柳,再现"绿杨城郭是扬州"的诗画境界;维护和修复城内散布的古典园林,增建街头小游园,保持住宅的庭院特色,从而由宏观到微观,处处呈现出园林城的意趣;再加上数百条或纵横严谨或自由随意的小巷,尽显典雅、古朴、和谐的人居环境。

②淮左名都,人文荟萃——"扬州人家"的文脉传承

感受扬州厚重精深的历史文化。扬州历史上是繁华都会、军事要地和文化名区,对古城遗址、官衙旧迹、名人遗踪、轶事传说等区别不同情况,采取修缮保护、陈列展览、立牌标识等方式,营造浓浓的历史文化氛围,使游人沉浸于"文化扬州"中,感受"扬州人家"的历史脉搏。

③亦雅亦俗,名城民风——"扬州人家"的生活情趣

领略扬州人雅俗兼容的日常生活。可通过博物馆等形式展示扬州民俗、盐商文化,恢复传统宗教、娱乐、游艺、节庆活动,以让游人走进今日扬州人家等形式展现丰富多彩而独具特色的盛世人生。

(3)构成:根据主题要求和资源状况,打造四大板块:

①河滨活动区——古城区四周沿河地带及小秦淮两岸

顺应游客的近水心理,建设宽幅绿带和步行林荫道,配置休憩及其他相关设施,作为开放的游憩空间。

②历史人文区——双东地区

修葺该地区密集的名人故居、传统商业建筑、宗教建筑、园林等,并结合传统街巷,开辟多条文化旅游线路。

③市井民俗区——教场地区

恢复浴室、茶楼、书场、剧场、手工艺作坊等,集中展示市井文化,提供休闲场所,出售相关旅游商品。

④盐商文化区——南河下地区

整修盐商旧宅、会馆,建设盐商博物馆、民俗博物馆,再现昔日盐商生活和民俗。

第三节 保护前提下历史文化名城的可持续旅游发展

基于全球可持续发展的概念,可持续旅游发展的内涵可表述为:①可持续旅游发展要求旅游与自然、文化和人类生存环境成为一个整体,以不破坏其赖以生存的自然资源、文化资源及其他资源为前提,并能对自然、人文生态环境保护给予资金、政策等全方位支持,从而促进旅游资源的持续利用;②可持续旅游发展应在满足当代人日益增加的多样化需要的同时,保证后代人能公平享有利用旅游资源的权力,满足后代人旅游和发展旅游的需求;③可持续旅游发展必须与当地经济有机结合,以其提供的各种机遇作为发展的基础,满足当地居民长期发展经济提高生活水平的需要;④可持续旅游发展要求摒弃狭隘的区域观念,加强国际交流与合作,充分利用人类所创造的一切文明成果,实现全球旅游业的繁荣和发展。历史文化名城是不可再生的资源,其旅游发展必须在保护的前提下,走可持续之路。

一、旅游发展与历史文化名城保护的互动

历史文化名城蕴藏着丰富而独特的旅游资源,与旅游有着天然的亲和力,特别是随着旅游者文化品位的提高,富于知识性的文化旅游成为国内外旅游发展的一种潮流,人们对具有人文内涵的名城有着特殊的兴趣,名城充分利用得天独厚的旅游资源优势,大力发展旅游业,已成为普遍的现

实,并推动了旅游经济的快速发展。从根本上说,旅游发展和名城保护是互动互利的关系。具体体现在:

(一)名城的文物古迹是发展旅游的基础和依托

许多全国著名的旅游城市和历史文化名城如北京、承德、南京、苏州、曲阜、大理、西安等都依赖其特有的文物古迹来发展旅游业。文物古迹、历史氛围、传统文化是名城重要的旅游吸引物。

(二)发展旅游是发挥名城社会功能的重要形式

对名城一要保护,二要充分发挥其社会功能,后者是名城保护的目的。历史文化名城具有大量的历史遗存,在历史上,它们又往往是政治、经济、文化中心,其文化功能由于历史的延续而部分地被传承,并融进现代人们生活的潜意识,在人们的观念、生活习俗、性格、思维方式以及文学艺术等方面表现出独特性,从而产生强烈的地方文化特征。但用什么样的方式来诠释历史文化名城极其丰富的内涵,展示其历史风貌,以便让全人类都能够从中得到启迪,充分发挥名城的社会功能呢? 旅游业应该说是一种最好的传载形式。旅游者可以通过形形色色的游览活动,去体味历史文化名城内涵的方方面面;旅游业可以和历史文化名城的内在精髓相结合,达到弘扬民族文化的目的。[①]

(三)发展旅游促进名城保护工作的进行

发展旅游对于名城的保护工作具有较大的促进作用,体现在:

1.旅游发展带来文物古迹的修复、重建和复原

如丽江木府的重建以及南京正在进行的对明城墙的维修整饬与明城墙风光带的建设。

2.博物馆等设施得以兴建

博物馆是保护和展示名城物质与文化内容的手段,同时也是旅游吸引物。历史文化名城对兴建博物馆的工作比较重视。以杭州为例,在从20世纪80年代开始的10多年中就建起专题博物馆、名人纪念馆20座,重新扩建博物馆、纪念馆21座,其中中国丝绸博物馆、中国茶叶博物馆、南宋官窑博物馆、良渚文化博物馆等专题博物馆突出体现了杭州名城的特色。

---

①何婷.我国历史文化名城旅游发展现状及对策[J].大众投资指南,2018(5):151,153.

3.地方文化、民族文化得到保护和弘扬

有特色的地方文化、民族文化内容是很好的旅游吸引物,因旅游的发展被挖掘出来,并得以为更多的普通民众所知。

4.文化或文物保护部门通过兴办旅游经营实体

文化或文物保护部门通过兴办旅游经营实体,获得较好的经济效益,从而实现以旅游养文物,更多的经费支持文物的保护维修,并得以稳定队伍,实现自身的良性循环。

5.提高城市的知名度,优化城市环境

为发展旅游,名城积极进行各种宣传活动,塑造城市旅游形象,推出朗朗上口、有号召力的旅游口号,千方百计提高城市的知名度;再加上游客的口碑,名城"声名鹊起"。如湘西凤凰,原本地处偏远,经济落后,几乎被时代遗忘,近年由于旅游的蓬勃发展,被冠以"中国最美丽的小城"之称的这座苗寨名城已成为游人心驰神往的地方。发展旅游对城市环境也提出了更高的要求。如扬州古城区内西方寺朱自清故居、个园、何园等文物保护单位因已辟为旅游景点,保存相对较好。扬州城内众多的古典园林逐步修复,清代名噪一时的园林小盘谷经过修缮,基本恢复当年盛景;长期被占用的个园南部住宅部分将居民迁出,恢复个园历史上典型的前宅后院的宅第园林的完整面貌;清末盐商宅园汪氏小苑整修一新,开放后惊动世人。而大多数未被开发的文物保护单位如浙绍会馆、愿生寺、四岸公所等仍被作为厂房或住宅使用的,则缺乏正常的保养和修缮,乱搭、乱拉、乱建现象严重。再如,瘦西湖是集景式滨水园林群落,清代康乾南巡时,达官巨贾傍水建园,绵延十数里,美不胜收,后遭兵燹战乱,破败不堪。1949年后,历届政府花大力气,按历史遗留的文字图稿,复建、扩建,努力恢复园林文物的本来面貌,再现"两岸花柳全依水,一路楼台直到山"的胜景,使这一景区成为扬州最具代表性的和全国知名的黄金游览线,如今,随着扬州旅游业的稳步发展,瘦西湖景区的扩容与周边环境的整治又在积极进行中。扬州传统的工艺品、土特产品通过旅游者得以流传。1995年以来,扬州积极发展优秀旅游城市的创建工作,综合整治城市环境,荣膺第一批"中国优秀旅游城市称号"。

二、旅游发展对历史文化名城保护的负面影响

尽管旅游业的蓬勃发展可以给城市带来巨大的收益,促进名城历史文化内容的保护,但是旅游业毕竟以获取经济利益为目的,面临双向的选择,既要从资源的实际情况出发,又要考虑客源的市场构成,重视市场需求的导向,在其发展过程中对名城保护造成的负面影响不容忽视。

(一)超负荷的旅游开发造成旅游资源及其环境的破坏

在旅游热点地区,因游客的高度聚集,造成了主要景区拥挤不堪、人满为患的现象,这种超负荷的利用和开发对旅游资源及环境带来极大的破坏,特别是一些文物古迹,由于人流挤、踩、摸爬,损坏严重,加之游客过多,旅游区生活污水,汽车尾气及噪声污染也不断增强;某些旅游区本身设施不够完善或游客素质不高,大量垃圾随意抛撒、堆积,卫生状况堪忧,这样不仅影响旅游景观,而且会对景区土壤及地表水产生污染,最终导致许多自然、人文景观受到侵蚀,危及旅游资源的生命,降低其旅游功能,旅游环境和景区生态系统也受到破坏严重。据调查,北京故宫博物院一直处于超负荷利用状态,年接待游客量超过1500万人,日平均游客4万多人,最高日游客达到10万人,致使馆内许多珍藏受到不同程度的侵蚀、污染。

(二)旅游设施建设对名城风貌的破坏

旅游业的发展需要道路交通、宾馆饭店等一系列配套设施,在兴建过程中,往往为了经济的利益而忽视文物古迹的氛围和城市的古朴风貌。许多现代建筑紧挨着旅游景观或文物古迹分布,这些新建筑的体量、色调、风格与古建筑极不协调,对整个旅游环境气氛造成破坏,这种对旅游资源间接破坏所造成的后果并不亚于对景物景观的直接破坏。如在扬州北护城河北岸扬州史可法祠墓、天宁寺、绿杨村等中式楼阁殿宇一字排开,相互毗邻照应,是乾隆水上游览线的重要景观,而市政府外办、旅游局却在其间建扬州宾馆、西园宾馆、友好会馆等高大建筑,两者的建筑风格截然不同,破坏了这片古典园林群落的和谐美。桂林以山水名世,而现在却豪华宾馆高耸林立,游船满载着世界各地的游客穿梭于漓江的峰峦之间,诗情画意失色不少。有的城市为了满足现代城市对高速、便捷的机动交通的需要,不惜改变历史名城的格局和风貌,甚至直接拆除或迁移文物古迹,遵义老城区的拆除使得其作为革命纪念地标志的遵义会议会址失去依傍,

风貌不再。

（三）传统文化的商业化和娱乐化

旅游业要顺应市场的潮流,更多地利用的是名城传统文化中某些外在的、表层上的东西,利用它的表象,如文物古迹、庙宇、民俗表演、节庆日、历史传说等,从而使游客陶冶情操,获得审美体验。旅游业虽也深入挖掘文化内涵,但表现形式更商业化、娱乐化,并不要求保持文化的原生态,难免会带来文化表现得肤浅和庸俗,因为旅游业更强调娱乐性和享受性,而不是沉重的历史、民族文化反思,一般游客追求的是感官的享受、适当的思考和启迪。旅游业所表现的民族文化具有浅表性和娱乐性,旅游是否能够真正反映地方传统文化的精髓值得怀疑,对于传统文化内涵表现的粗糙性和商业化也是不容回避的。

（四）文物重修,重建中的隐性破坏

为了发展旅游,许多地方对残损的文物或已消失的古迹进行重修、重建。但在重修文物古迹时不能保持原貌和原有的文化内涵,导致隐性破坏。这种隐性破坏往往不为人所注意。如大理崇圣寺重修的雨铜观音殿和建极大钟,两处景点的参与性和可游性一般,对其文化内涵的挖掘也不够,而且雨铜观音殿也破坏了三塔的视廓,新的建筑物与三塔的古朴并不一致。自1924年倒掉了近80年的杭州西湖雷峰塔被重建,尽管新雷峰塔对重构"雷峰夕照"这一历史景观的完整性有一定的作用,但其对文物古迹原真性的损害仍受到有关专家的诟病。至于为发展旅游不惜拆真建假的做法尤其对历史文化名城造成巨大伤害,早些年如北京琉璃厂文化街拆古建筑、建"假古董"的做法至今仍在一些名城中被仿效。

三、历史文化名城保护与旅游发展关系的协调

从上述分析可以看到,旅游发展对历史文化名城的负面影响主要体现在对名域物质与非物质构成部分的显性和隐性(包括对文化遗产的原真性)破坏上,而后者恰是名城发展旅游的前提和基础,因此,协调好历史文化名城保护与旅游发展的关系是实现名城可持续旅游发展的唯一出路。

（一）在保护的前提下发展旅游

历史文化名城发展旅游必须以名城保护为前提,这首先意味着严格遵守有关法律、法规。当前指导我国历史文化名城保护的主要法规是《中华

人民共和国文物保护法》和《中华人民共和国城市规划法》,除此以外还有一些地方性法规。如江苏省2002年出台的《江苏省历史文化名城名镇保护条例》,规定了由于行政机关及其工作人员的工作失误造成历史实物遗存、传统景观风貌受到破坏的,将会受到行政处分直至追究刑事责任。此外,国务院及有关部委的相关政策、已批准的城市总体规划和历史文化名城保护规划等也须遵守。

其次,以保护为前提不能理解成为保护而保护,或原封不动地进行封闭式保护,而是要做到发展中的保护,保护中的发展。《华盛顿宪章》指出历史城镇和城区保护的方式不仅是保存遗址那种博物馆式的保护,而是要适应现代生活,"保护历史城镇与城区意味着这种城镇和城区的保护、保存和修复及其发展并和谐地适应现代生活所需的各种步骤。"在保护的同时要不断地进行"译解",在开发中进行"诠释"。发展旅游时应重视维持并发扬历史遗存的使用功能,展示历史文化名城在一定时间跨度内的物质与文化多样性,保持其活力,促进发展和繁荣,在设计施工上精工细作,注意保留更多的历史信息,注重景观风貌的保护与开发。如广州市通过发展旅游让文物古迹"起死回生",随着蜚声中外的大元帅府、沙面建筑群西关大屋建筑等文物保护单位的逐步修复完善,推出了"近、现代历史一日游""岭南文化一日游""广州精华一日游"等旅游路线,向国内外游客展现广州作为国内首批历史文化名城的风采,成为协调城市发展和保护关系的成功典范。

(二)以彰显城市特色为名城保护与旅游发展的共同主题

城市特色是名城保护和旅游发展的共同基点,只有在此基础上才能实现两者的和谐共进。名城保护方面,应该增强在深刻理解名城历史文化特色基础上的自觉保护意识。目前我国对于历史文化名城的保护还存在脊法制滞后的状况。《文物保护法》基本上是就文物论文物,对文化遗产的环境保护重视不够;《城市规划法》也只要求在编制城市规划时应当注意保护历史文化遗产城市传统风貌、地方特色和自然景观,而对于如何保护历史文化环境各种破坏名城的行为应负什么样的法律责任,在现行法律体系中仍缺乏足够的明确的依据。这种滞后使我国历史文化名城,尤其是历史街区保护处于各自为政的无序状态,在城市的空前发展中面临着对名城的空前破坏,福州三坊巷、襄阳千年古城樊城的拆除就是令人痛心的例子。

有的做法并不违反有关法律和规章制度,无法进行法律追究,却会损害古迹名胜的本身的价值,破坏名城的环境气氛。如北京天坛的南面建起楼群,使祭天的圜丘失去"九天之上"的感觉;扬州瘦西湖景区东面视域内,电视塔高高矗立,大煞风景。类似的情形法律无能为力,只能依靠全民特别是为政者名城保护意识的增强和对名城特色的深入了解来得到解决。

旅游发展方面应当在彰显名城特色的前提下构筑旅游产品体系。当前进一步深入挖掘名城各种旅游资源的潜力,突出特色,以新奇、特异的方式展示古老文明是国内外历史文化名城旅游开发的趋势。我们在从事旅游开发,构筑名城的旅游产品体系时,也必须以彰显名城特色为前提。例如,通过对扬州历史文化内容的分析,其城市特色由以下几方面内容组成:

1.绿杨城郭

表达了扬州自然风光的独特风韵以及由此而产生的人文内涵。

2.运河都会

概括了扬州特殊的地理位置和环境、城市渊源和职能、城市的兴衰变迁以及由此而决定的城市格局、市井文化、民情风俗、宗教传播、对外交流等方面的内容。

3.艺术渊薮

揭示了扬州传统文化中最丰富多彩的内容,是扬州几千年历史城市文明精神层面的集中体现。

4.学术重镇

突出了扬州在中国学术史上的重要地位,代表着扬州传统文化精深的一面。

据此,扬州的旅游产品体系应由以下部分构成:依托风景名胜、园林古迹的观光旅游;依托文物古迹和丰富的文化内容的多种类型的文化旅游(民俗、宗教、饮食、园林、艺术等等)、修学旅游;依托市井文化的休闲旅游;依托工艺特产的购物、(手)工业旅游;依托高品位学术文化内容的学术性会议旅游等。

(三)通过管理来实现旅游中的保护

在协调名城保护与旅游发展关系问题上,政府应当起主导的作用,通过加强管理实现旅游中的保护。首先,在规划的层面上,要重视对名城保护规划与旅游规划的衔接和协调。无论是历史文化名城的保护还是旅游发展都要置于科学的规划控制之下,这已是人们的共识。在名城保护规划中通常都会涉及旅游发展的内容,而在旅游发展规划中,也通常都会强调名城的保护。问题在于名城保护规划和旅游发展规划的制定者和使用者不一致,强调的重点不一样,相互之间缺乏沟通,这就需要政府部门间的协调,甚至可以考虑制定名城保护与旅游发展一体的规划。其次,在旅游产品开发层面上,要突出名城旅游的地域特色和文化内涵,增加知识含量。好的名城旅游产品应当有精心地安排与设计,并达到如下要求:①能够展现名城在自然、人文方面的独特内涵;②使每项旅游内容通过时间组接和空间组接而体现出一种完整的文化历史、美学、科学逻辑,强化旅游活动的整体感;③尽可能使游客在时间和金钱方面效益、费用比最大化;④限制文物古迹核心区的旅游开发,控制核心区的旅游流量,通过扩大外围空间,提供旅游设施来满足旅游的需求。第三,在经营成果分配上,要确保保护优先的前提,首先保证一定比例的保护资金。

参考文献
REFERENCES

[1]陈行,程露,车震宇.建水历史文化名城交通景观基础设施研究[J].园林,2018(3):68-72.

[2]陈昊.新媒体艺术在中国历史文化街区中的应用探析[J].新丝路,2021(5):153.

[3]褚亚玲,强华力.新媒体传播学概论[M].北京:中国国际广播出版社,2018.

[4]代涛.城市规划设计与历史文化名城保护研究[J].建筑工程技术与设计,2016(12).

[5]董文丽,李王鸣.历史文化名城保护规划实施评价研究综述[J].华中建筑,2018,36(1):1-5.

[6]高晓虹,刘宏,赵淑萍,等.中国新闻传播研究 智慧新媒体[M].北京:中国传媒大学出版社,2019.

[7]郭栋.网络与新媒体概论[M].西安:陕西师范大学出版社,2018.

[8]何婷.我国历史文化名城旅游发展现状及对策[J].大众投资指南,2018(5):151,153.

[9]江海旭,李宛陈,常改欣.抚顺市城市文化景观保护与旅游活化路径研究:基于创建历史文化名城的视角[J].边疆经济与文化,2022(3):64-66.

[10]李鹏,舒三友,陈芊芊,等.新媒体概论[M].西安:陕西师范大学出版总社,2018.

[11]林林.中国历史文化名城保护规划的体系演进与反思[J].中国名

城,2016(8):13-17.

[12]刘璨.历史文化名城的现代改造探析[J].周口师范学院学报,2016,33(6):76-77.

[13]刘慧.历史文化名城与数字媒体广告创意研究[M].长春:东北师范大学出版社,2018.

[14]刘倩倩.中国历史文化名城保护规划的体系演进与反思[J].装饰装修天地,2020(10):112.

[15]罗小萍,李韧.新媒体传播及其效果研究[M].北京:中国广播影视出版社,2018.

[16]马骋.文化产业政策与法律导论[M].上海:上海书店,2016.

[17]木基元.云南历史文化名城研究[M].昆明:云南大学出版社,2012.

[18]曲升刚.新媒体背景下政府舆论传播研究[M].长春:东北师范大学出版社,2018.

[19]孙东焕.历史文化古城的保护与开发[J].装饰装修天地,2016(16).

[20]沈俊超.南京历史文化名城保护规划演进、反思与展望[M].南京:东南大学出版社,2018.

[21]王晓静.我国区域与国家级历史文化名城文化政策研究[M].上海:上海交通大学出版社,2019.

[22]熊英伟,杨剑,郭英.城乡规划快速设计[M].南京:东南大学出版社,2017.

[23]徐耀新.历史文化名城名镇名村系列 沙家浜镇[M].南京:江苏人民出版社,2018.

[24]易振宗,张博.广州十三行历史街区建筑风貌特色探微[J].广州城市职业学院学报,2018,12(1):56-63.

[25]喻彬.新媒体写作教程[M].北京:中国传媒大学出版社,2018.

[26]袁艺.历史文化名城保护规划:文化遗产保护作用[J].建筑工程技术与设计,2021(16):20.

[27]张冲.新媒体视域下红色文化在高中历史文化传播研究[J].文存月刊,2020(33):157.

[28]张书畅,李健.河东文物古迹[M].济南:济南出版社,2018.

[29]张廷栖.保护与传承 南通文史文存[M].苏州:苏州大学出版社,2017.

[30]赵秀敏,金淑敏,郑望阳,等.历史文化名城滨水街区的触媒场景与生态位构成法则:以杭州湖滨街区为例[J].中国名城,2021,35(12):81-87.

[31]中国城市规划协会.中国优秀城市规划作品 上 2015-2016[M].武汉:华中科技大学出版社,2017.

[32]朱晓晴.中国旅游文化[M].西安:西北大学出版社,2019.